# 图解

# 仓颉编程 基础篇

刘玥 张荣超 ◎ 著

人民邮电出版社

北 京

图书在版编目（CIP）数据

图解仓颉编程. 基础篇 / 刘玥, 张荣超著. -- 北京：
人民邮电出版社, 2024.7
ISBN 978-7-115-60075-2

Ⅰ. ①图… Ⅱ. ①刘… ②张… Ⅲ. ①程序语言—程
序设计 Ⅳ. ①TP312

中国版本图书馆CIP数据核字(2022)第174001号

## 内 容 提 要

本书以图解的形式，通过丰富的示例和简明的图表，以通俗易懂的方式阐释了仓颉编程语言的核心基础知识。

全书共 15 章，包括仓颉编程语言概述、变量与基本数据类型、操作符、流程控制、函数、面向对象编程（上）、面向对象编程（下）、enum 类型、模式匹配、函数高级特性、泛型、基础 Collection类型、包管理、扩展、标准库中包的应用。其中，"面向对象编程（上）"和"面向对象编程（下）"这两章涉及一系列重要的概念，包括类、对象、封装、继承、多态、重写、抽象类和接口等，本书通过一个小型的电商项目贯穿这两章，详细阐明了这些概念。

本书适合对仓颉编程语言感兴趣的初学者阅读。

◆ 著　　　　刘 玥　张荣超
　　责任编辑　傅道坤
　　责任印制　王 郁　胡 南
◆ 人民邮电出版社出版发行　　北京市丰台区成寿寺路 11 号
　　邮编　100164　电子邮件　315@ptpress.com.cn
　　网址　https://www.ptpress.com.cn
　　北京九州迅驰传媒文化有限公司印刷
◆ 开本：787×1092　1/16
　　印张：24.75　　　　　　　　2024 年 7 月第 1 版
　　字数：611 千字　　　　　　2024 年 7 月北京第 1 次印刷

定价：128.80 元

读者服务热线：(010)81055410　印装质量热线：(010)81055316
反盗版热线：(010)81055315
广告经营许可证：京东市监广登字 20170147 号

# 作者简介

**刘玥**，九丘教育 CEO，曾在高校任教十余年，具有丰富的课堂教学经验，尤其擅长讲授程序设计、算法类课程。

**张荣超**，九丘教育教学总监、华为开发者专家（HDE）、华为首届 HarmonyOS 开发者创新大赛最佳导师、OpenHarmony 项目群技术指导委员会（TSC）委员。

仓颉编程语言是华为完全自研的面向全场景应用开发的通用编程语言。作为一门新的编程语言，仓颉结合了众多的现代编程语言技术。相信随着仓颉编程语言的不断发展，将会吸引更多的开发者加入仓颉的大家庭。

本书作者作为首批受邀参与仓颉编程语言内测的人员，在对仓颉编程语言进行了系统且深入的学习和研究之后，采用广受好评的图解方式，并借助于丰富的示例程序，通俗易懂、深入浅出地阐明仓颉编程语言的基础知识。

为了更快、更好地帮助读者上手仓颉编程语言的学习和开发，本书提供了全彩的知识脉络图和学习路径图、示例源代码以及多种答疑渠道。

由于仓颉编程语言正处于不断完善的过程中，其版本和开发环境也处于快速更新迭代的阶段。自作者参与内测以来，几乎每个月都有一个新的版本更新，至本书付印时，仓颉已更新至0.51.4 版本（2024 年 5 月 7 日发布）。为了确保读者能够顺利搭建好仓颉开发环境并实操书中的示例，本书提供了相应的引导教学视频，欢迎广大读者关注抖音或微信视频号"九丘教育"获取视频教程。之后针对仓颉的更新，作者会在第一时间通过抖音、微信视频号、微信公众号、B 站等平台同步持续更新相关内容（搜索"九丘教育"）。

另外，由于成书时间紧张以及作者水平有限，书中难免有错漏，恳请各位读者批评、指正。欢迎各位读者通过本书发布的各种联系方式与我们交流。

本书在编写过程中，获得了华为编程语言实验室的大力支持，感谢为本书提供了帮助的全体工作人员。感谢人民邮电出版社的傅道坤编辑为本书的顺利出版提供的鼎力支持和宝贵建议。最后，还要向阅读拙作的读者表示衷心的感谢！

## 本书的组织结构

本书分为 15 章，主要内容如下。

- **第 1 章，"仓颉编程语言概述"**：主要介绍了仓颉语言的主要特性、第一个仓颉程序"Hello World"以及仓颉的程序结构。
- **第 2 章，"变量与基本数据类型"**：主要介绍了变量的声明和使用，以及 9 种基本数据类型。
- **第 3 章，"操作符"**：主要介绍了仓颉语言的 6 种常用操作符，以及常用数据类型支持的操作符。
- **第 4 章，"流程控制"**：主要介绍了流程控制的 3 种结构——顺序结构、分支结构和循环结构，此外还介绍了各种流程控制表达式。

- **第 5 章，"函数"**：首先详细介绍了函数的定义、调用和执行，然后介绍了全局变量和局部变量的作用域，最后介绍了函数的重载和递归函数。

- **第 6 章，"面向对象编程（上）"**：首先介绍了类的定义和对象的创建，然后详细介绍了面向对象编程的三大特征——封装、继承和多态，接下来介绍了如何通过组合实现代码复用，最后介绍了 struct 类型。

- **第 7 章，"面向对象编程（下）"**：首先详细介绍了抽象类和接口的用法，然后介绍了仓颉语言的几种子类型关系。

- **第 8 章，"enum 类型"**：首先介绍了 enum 类型的定义、enum 值的创建和模式匹配，然后详细介绍了 Option 这一常见的 enum 类型。

- **第 9 章，"模式匹配"**：首先介绍了仓颉语言的两种 match 表达式和 6 种模式，然后介绍了如何在变量声明、for-in 表达式、if-let 表达式和 while-let 表达式中使用模式。

- **第 10 章，"函数高级特性"**：主要介绍了函数的一些高级特性，具体包括函数作为一等公民的用法、lambda 表达式的定义和使用、嵌套函数和闭包的用法、如何对函数重载进行决议、操作符重载函数的定义和使用、mut 函数在 struct 和 interface 中的用法、调用函数的语法糖等。

- **第 11 章，"泛型"**：首先介绍了如何定义和使用泛型函数及泛型类型，然后介绍了如何通过泛型约束为类型形参添加约束，最后通过示例详细介绍了两个常见的泛型接口——Equatable<T> 和 Comparable<T>。

- **第 12 章，"基础 Collection 类型"**：首先详细介绍了仓颉的 4 种基础 Collection 类型的主要用法，然后介绍了接口 Iterable 和 Iterator，最后介绍了几个用于 Collection 操作的高阶函数。

- **第 13 章，"包管理"**：首先介绍了如何在仓颉源文件中声明包以及顶层声明的两种可见性，然后介绍了如何导入其他包中的顶层声明。

- **第 14 章，"扩展"**：首先介绍了扩展的两种方式——直接扩展和接口扩展，然后介绍了这两种扩展的导出和导入规则。

- **第 15 章，"标准库中包的应用"**：主要介绍了标准库中几个常用包的应用，包括 random 包、math 包、format 包、core 包以及 convert 包。

## 本书读者对象

本书面向对仓颉编程语言感兴趣的初学者。本书包含丰富的示例和图表，措辞简明，即便读者没有任何编程语言的经验，也能较为轻松地理解和掌握仓颉编程语言的核心基础知识。

# 资源与支持

## 资源获取

本书提供如下资源：

- 本书源代码；
- 本书思维导图；
- 异步社区 7 天 VIP 会员。

要获得以上资源，您可以扫描下方二维码，根据指引领取。

## 提交勘误

作者和编辑尽最大努力来确保书中内容的准确性，但难免会存在疏漏。欢迎您将发现的问题反馈给我们，帮助我们提升图书的质量。

当您发现错误时，请登录异步社区（https://www.epubit.com/），按书名搜索，进入本书页面，点击"发表勘误"，输入勘误信息，点击"提交勘误"按钮即可（见下图）。本书的作者和编辑会对您提交的勘误进行审核，确认并接受后，您将获赠异步社区的 100 积分。积分可用于在异步社区兑换优惠券、样书或奖品。

| 图书勘误 | | 发表勘误 |
| --- | --- | --- |
| 页码： 1 | 页内位置（行数）： 1 | 勘误印次： 1 |
| 图书类型： ● 纸书　○ 电子书 | | |

添加勘误图片（最多可上传4张图片）

+

提交勘误

全部勘误　　我的勘误

## 与我们联系

我们的联系邮箱是 fudaokun@ptpress.com.cn。

如果您对本书有任何疑问或建议,请您发邮件给我们,并请在邮件标题中注明本书书名,以便我们更高效地做出反馈。

如果您有兴趣出版图书、录制教学视频,或者参与图书翻译、技术审校等工作,可以发邮件给本书的责任编辑。

如果您所在的学校、培训机构或企业,想批量购买本书或异步社区出版的其他图书,也可以发邮件给我们。

如果您在网上发现有针对异步社区出品图书的各种形式的盗版行为,包括对图书全部或部分内容的非授权传播,请您将怀疑有侵权行为的链接发邮件给我们。您的这一举动是对作者权益的保护,也是我们持续为您提供有价值的内容的动力之源。

## 关于异步社区和异步图书

**"异步社区"**(www.epubit.com)是由人民邮电出版社创办的 IT 专业图书社区,于 2015 年 8 月上线运营,致力于优质内容的出版和分享,为读者提供高品质的学习内容,为作译者提供专业的出版服务,实现作者与读者在线交流互动,以及传统出版与数字出版的融合发展。

**"异步图书"**是异步社区策划出版的精品 IT 图书的品牌,依托于人民邮电出版社在计算机图书领域 30 余年的发展与积淀。异步图书面向 IT 行业以及各行业使用 IT 技术的用户。

# 目录

# 第 1 章
# 仓颉编程语言概述

## 1.1　仓颉编程语言简介

仓颉编程语言是华为自研的面向全场景应用开发的通用编程语言。仓颉结合了众多现代编程语言的技术，其主要特性如图 1-1 和表 1-1 所示。

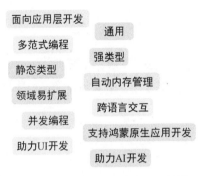

图 1-1　仓颉编程语言的主要特性

表 1-1　仓颉编程语言的特性

| 特性 | 说明 |
| --- | --- |
| 面向应用层开发 | 与面向系统层开发的编程语言不同，仓颉是面向应用层开发的编程语言，注重开发效率的同时，也具备高性能 |
| 通用编程语言 | 与领域编程语言不同，仓颉的诞生不是为了解决特定领域的问题。仓颉是通用编程语言，具有通用的表达力，不局限于特定使用场景，但同时对领域编程具有很好的扩展性 |
| 多范式编程 | 仓颉支持面向对象、函数式和过程式的多范式编程，并不追求纯面向对象或者纯函数式编程 |
| 强类型编程语言 | 与弱类型编程语言不同，仓颉是类型安全的强类型编程语言，可以帮助开发者避免很多不必要的错误，保证了程序的安全性 |
| 静态类型编程语言 | 与动态类型编程语言不同，仓颉是静态类型编程语言，具有强大的类型系统，可以在编译时（而不是运行时）发现和定位程序中的错误。因此，仓颉在大型软件系统以及生命周期很长的应用中，具有很强的优势 |
| 自动内存管理、内存安全 | 仓颉采用垃圾收集机制，支持自动化的内存管理，避免了因为手动管理内存而可能引发的错误和内存泄漏。此外，在程序运行时，会进行各种安全检查，如数组下标越界检查和溢出检查，以进一步确保程序的内存安全。这些功能为开发者提供了一个安全、高效的编程环境，使他们能够更加专注于解决问题和实现功能，而不是管理内存和处理底层错误 |
| 领域易扩展、高效构建领域抽象 | 仓颉的诸多特性，包括高阶函数、尾随 lambda 和操作符重载等，非常有利于内嵌式领域专用语言（eDSL）的构建，能够根据特定领域的需求，提供高度定制化的语言特性和抽象。此外，仓颉还具备基于宏的元编程能力，允许开发者在编译时生成或改变代码。这种元编程特性为开发者提供了深度定制程序语法和语义的可能性，进而构建更符合领域抽象的语言特性 |
| 跨语言交互、兼容多语言生态 | 仓颉可以实现与多种主流编程语言的互通，从而实现对不同语言库的重用和生态系统的兼容。这使得开发者能够在构建应用时自由地选择最合适的工具，同时又能享受到不同语言生态系统的丰富资源，设计更强大、更灵活的解决方案 |
| 高效易用的并发编程 | 仓颉提供了原生的用户态轻量化线程，支持高效易用的并发编程 |
| 支持鸿蒙原生应用开发 | 鸿蒙是面向未来全场景智慧生活方式的分布式操作系统。仓颉目前已经支持鸿蒙原生应用开发 |
| 助力 UI 开发 | UI 开发是构建端侧应用的重要环节，仓颉可以搭建声明式 UI 开发框架，提升 UI 开发效率和体验 |
| 助力 AI 开发 | 仓颉提供了原生自动微分支持，可有效减少 AI 开发中数学运算相关的编码。开发者结合元编程等能力可以快速搭建 AI 开发框架 |

## 1.2 我的第一个仓颉程序: Hello World

### 1.2.1 开发环境搭建

作为一门新的编程语言，仓颉目前正处于快速更新迭代的阶段。为了确保读者能够顺利搭建好开发环境，本书提供了相应的视频教程。读者可以扫描下面的抖音或微信视频号二维码观看视频教程。如果读者在学习仓颉的过程中遇到问题，也可以通过下面的二维码联系我们。

抖音

微信视频号

### 1.2.2 Hello World

在搭建好开发环境之后，我们就可以开始愉快的编程之旅了！下面让我们编写第一个仓颉程序: Hello World。

首先在仓颉工程文件夹下的目录 src 中新建一个文件: hello_world.cj，该文件的名称为 hello_world，扩展名为 cj。在 hello_world.cj 中，输入以下代码，如代码清单 1-1 所示。需要注意的是，代码中所有的有效字符都是英文、半角的字符。

代码清单 1-1　hello_world.cj

```
01  main() {
02      println("Hello, World!")  // 输出字符串"Hello, World!"并换行
03  }
```

在集成开发环境中编译并执行程序，输出结果为:

```
Hello, World!
```

接下来我们解释一下这个示例程序的各个部分（见图 1-2）。

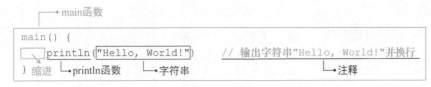

图 1-2　Hello World 程序的各个部分

3

**1. main**

在编译并执行程序之后，系统自动从 main 开始执行花括号中的代码。main 函数是程序执行的入口。作为初学者，我们之后书写的很多代码都是放在 main 中的。如果在将仓颉源程序编译为可执行程序时缺少了 main，将会引发编译错误。

以下是一个不包含任何代码的 main：

```
main() {}
```

在向 main 中添加代码时，所有的代码要添加到 main 的一对花括号之内，并且最好遵循以下编程规范。

- 在左花括号之后换行。
- 换行之后输入代码，花括号中的所有代码作为一个整体，要有一个级别的缩进（一般使用 Tab 键进行缩进）。一个级别的缩进一般是 4 个空格，对于 UI 等多层嵌套使用较多的情况，可以统一使用两个空格。
- 右花括号独占一行。

在代码清单 1-1 中，花括号中的代码只有一行，行首有一个级别的缩进。

**2. 关键字**

仓颉定义了 70 多个关键字，每个关键字都有**特定的用途**。例如，Bool 用于表示布尔类型，if 用于条件判断，func 用于定义函数；等等。关键字是**区分大小写**的。例如，this 和 This 是两个不同的关键字。

代码清单 1-1 中的 main 就是一个关键字。

**3. 使用 println 函数输出字符串**

在程序中，文本内容可以使用字符串来表示（字符串的相关知识和用法详见第 2 章和第 15 章）。

代码清单 1-1 中使用了 println 函数来将字符串 "Hello, World!" 输出到终端窗口并且换行。如果要使用 println 函数输出一些内容，可以将需要输出的内容放在 println 函数的一对圆括号内。例如，使用以下代码输出数字 3：

```
main() {
    println(3)
}
```

**4. 注释**

注释用于说明程序中代码的作用，是对程序的解释和补充说明。在编译并执行程序时，所有的注释都会被忽略。

仓颉的注释包括两种：单行注释（//）和多行注释（/\*...\*/），分别用于书写单行注释和多行注释。

单行注释使用"//"表示，"//"之后的内容即是注释的内容，注释的内容不能跨越多行。对于单行注释，建议放在对应代码的右侧或上方：当放在右侧时，注释与代码之间至少需要留有一个空格；当注释过长时，建议将注释放在对应代码的上方，且注释与代码保持相同的缩进级别。

在代码清单 1-1 中，单行注释被放在代码的右侧。如果改为放在代码的上方，则如下所示：

```
main() {
    // 输出字符串"Hello, World!"并换行
    println("Hello, World!")
}
```

多行注释以"/*"开头，以"*/"结尾，"/*"和"*/"中间即是注释的内容，注释的内容可以跨越多行。对于多行注释，建议放在对应代码的上方，注释与代码保持相同的缩进级别。如果是文件头注释，建议放在仓颉源文件的开头，不使用缩进。

下面的示例代码在仓颉源文件的开头添加了一个多行注释（文件头注释），其中列出了作者、联系方式等信息。注释第 2 ～ 4 行开头的"*"不是必需的，添加"*"是为了增加注释的可读性。

```
/*
 * 作者：刘玥 张荣超
 * 抖音/微信视频号/微信公众号：九丘教育
 * 图解仓颉编程，一图胜千言！
 */

main() {
    println("Hello, World!")  // 输出字符串"Hello, World!"并换行
}
```

注释是程序的重要组成部分。清晰、简洁的注释可以大大提高程序的可读性和可维护性。作为初学者，应该在开始学习编程时就养成编写注释的良好习惯。

## 1.3　仓颉程序结构

仓颉程序以仓颉源程序文件为基本单位。仓颉源程序文件的扩展名为 cj，程序的主要结构如图 1-3 所示。在 cj 文件的顶层，可以定义一系列的变量、函数以及自定义类型（包括 class、struct、interface 和 enum 类型）。此外，cj 文件中也可能包含一些其他代码，例如包声明、导入顶层声明的代码等。

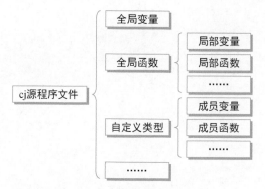

图 1-3　仓颉程序的主要结构

在源文件顶层定义的变量和函数分别称为全局变量和全局函数。在全局函数和自定义类型

内部，同样可以定义变量和函数。在全局函数中定义的变量和函数分别称为局部变量和局部函数（或称嵌套函数）；在自定义类型中定义的变量和函数分别称为成员变量和成员函数（在 interface 和 enum 类型中仅支持定义成员函数，不支持定义成员变量）。在局部函数或成员函数内部也可以定义局部变量和局部函数。

　　图 1-4 展示了一个仓颉源程序。程序的第一行代码是包的声明，之后定义了两个全局变量 x 和 y、两个全局函数 fn1 和 fn2、一个 class 类型 C、一个 struct 类型 S 以及 main 函数。函数 fn1 中定义了一个局部变量 i 和一个局部函数 fn3，class 类型 C 中定义了一个成员变量 j 和一个成员函数 fn4。

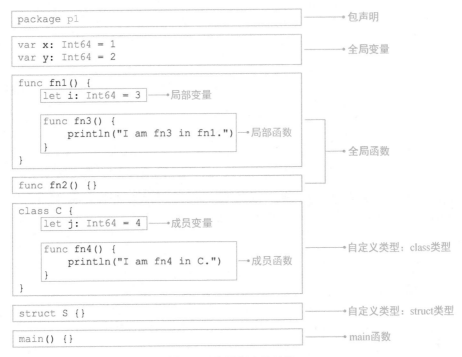

图 1-4　仓颉程序的结构

# 第 2 章
# 变量与基本数据类型

## 2.1 变量的概念

在进行程序设计时，我们总是会使用到各种数据。例如，在某个装修的场景中要将一面墙贴上墙纸，这时就需要计算墙的面积。假设这面墙的墙宽为 4 米，墙高为 3 米，那么我们可以编写如代码清单 2-1 所示的代码。在这段代码中，涉及两个数据（4 和 3），这种数据在仓颉中被称为字面量。同理，类似的数据如 3.14159、"Hello, World!" 也是字面量。

代码清单 2-1 calc_area.cj

```
01  main() {
02      println(4 * 3)   // 4和3是字面量，输出: 12
03  }
```

使用以上程序固然可以计算出这一面特定的墙的面积，但当需要计算另一面墙的面积时，由于墙宽和墙高不一定是 4 米和 3 米，以上代码就不再适用了。同时，我们知道，一面墙的面积总是可以用墙宽乘以墙高这一固定的公式计算得到。那么，能不能写出一个程序，可以计算出任意墙宽和墙高的墙面积呢？解决方案是使用变量来存储数据。

变量可以理解为存储数据的"储物箱"，其作用是保存数据以便于后续使用。在处理变量时，需要关注三个核心要素：变量名、数据类型和变量值，如图 2-1 所示。

图 2-1 变量的三要素

举个例子，假设有三件物品：录音笔、数码相机和笔记本电脑，分别存储在不同大小的储物箱中。为了区分这些箱子，我们给每个储物箱一个名字，即变量名。

那么，何为数据类型呢？对于某个数据来说，它的数据类型决定了两个方面：存储这个数据需要多少存储空间（即需要系统分配多大的内存）；这个数据可以参与哪些运算，或者说可以对它进行哪些操作。例如，数字 4 和 3 可以进行各种算术运算和比较运算。而字符串 "Hello, World!" 则不能进行算术运算。如果用上面的例子来类比，那么录音笔需要小型储物箱，数码相机需要中型储物箱，而笔记本电脑需要大型储物箱，这是存储空间的区别。从操作上来说，录音笔用于录音或播放音频文件，数码相机用于拍照或拍摄视频，而笔记本电脑用于处理文档和编程等。仓颉为开发者提供了丰富的数据类型，本书将在后续的章节详细介绍。

至于变量值，即为储物箱中存储的数据值，相当于储物箱中的录音笔、数码相机和笔记本电脑。在程序中，可变变量的变量值是可以随时修改的。在将新的数据存入变量时，新值就会替换旧的变量值。

简言之，变量可以看作一块带有名字的内存空间，其用途是存储数据。理解了这些之后，我们就可以开始学习如何使用变量了。

## 2.2 变量的声明和使用

### 2.2.1 变量的声明

对代码清单 2-1 做一些修改，得到代码清单 2-2。在这段代码中，声明了两个变量 width 和 height，分别表示墙面的宽度和高度（对应的是第 2、3 行代码）。

代码清单 2-2 calc_area.cj

```
01  main() {
02      var width: Int64 = 4      // 变量声明，变量width表示墙宽
03      let height: Int64 = 3     // 变量声明，变量height表示墙高
04
05      println(width * height)   // 输出结果仍然为12
06  }
```

在使用变量时，首先需要*声明*变量（或称*定义*变量）。声明变量时需要清楚地指明变量名和数据类型（如果没有显式地指明数据类型，则由编译器自动推断）。一般情况下，我们在声明的同时会对变量进行*初始化*（即给变量指定初始值）。

声明变量的语法格式如下：

**let|var** 变量名 [: 数据类型] [ = 初始值]

这是本书的第一个语法说明，各部分的涵义如下（本书的语法说明都遵循以下约定）。

- 品红色的粗体字表示关键字，如"**let**""**var**"。
- 非粗体字的部分需要根据需求填写，如"变量名""数据类型"等。
- 符号"|"表示多个并列的关键字，并且在这些并列的关键字中只能取其中一个，如关键字"let"和"var"只能二选一。
- 由一对方括号"[]"括起来的部分是可选的，即该部分不是必须要填写的，可以缺省，如"：数据类型"和" = 初始值"。
- 为了提高程序代码的可读性，建议在某些符号（如"："","）后面加上一个空格，在某些操作符（如"=""+"）的左右各加上一个空格，如图 2-2 所示。

图 2-2 变量声明

关键字 let 和 var 是*可变性修饰符*，变量声明中必须包含可变性修饰符。另外，变量声明中还可以包含其他修饰符，如可见性修饰符（详见第 6 章）。

回到代码清单 2-2，其中声明了两个 Int64 类型的变量：一个名为 width，初始值为 4；另一个名为 height，初始值为 3。

```
var width: Int64 = 4
let height: Int64 = 3
```

### 1. 不可变变量和可变变量

在仓颉中，根据可变性的不同，变量被分为不可变变量和可变变量（见图 2-3）。不可变变量指的是初始化后数据不可以发生改变的变量，使用关键字 let 声明；对不可变变量只能执行一次"存"操作。可变变量指的是初始化后数据可以发生改变的变量，使用关键字 var 声明；对可变变量可以执行多次"存"操作，每次存入的新数据都会替换掉原先的旧数据。

```
let  ──→  不可变变量
var  ──→  可变变量
```

图 2-3　不可变变量和可变变量的声明关键字

对于计算墙纸面积的例子来说，假设计算的总是同一户的墙的面积，那么墙的高度一般是一个固定不变的量，因此可以使用关键字 let 声明为不可变变量，而墙的宽度可能是变化的，因此可以使用关键字 var 声明为可变变量。

### 2. 标识符

变量名属于标识符的一种。仓颉程序中的变量名、函数名、类型名等，统称为标识符。仓颉标识符分为普通标识符和原始标识符。

**普通标识符**的命名规则如下。

- 一个合法的普通标识符名称可以有两种开头：以一个英文字母开头，或是以任意数量连续的下画线（_）加上一个英文字母作为开头。之后可以是任意长度的英文字母、数字或下画线。
- 不可以使用关键字作为普通标识符，因为每个关键字都有其特殊的用途。
- 区分大小写，如 height 和 Height 是两个不同的标识符。

普通标识符的命名规则如图 2-4 所示。

图 2-4　普通标识符的命名规则

**原始标识符**的命名规则如图 2-5 所示。原始标识符是由一对反引号（`）括起来的普通标识符或关键字。原始标识符主要用在需要将关键字作为标识符使用的场景。

图 2-5　原始标识符的命名规则

在给标识符命名时，必须严格遵守命名规则，符合命名规则的标识符名称为合法标识符，不符合命名规则的标识符名称为非法标识符。如果程序中包含了非法标识符，会导致编译错误。

以下示例都是合法的标识符名称：

```
group_8     group8_     group8     x1y2z3
_xyz        _x1y2z3      __x123     x1_y2_z3
class1      Class        `class`    _class
```

以下示例都是非法的标识符名称：

```
8group   // 普通标识符的首字符不能是数字
class    // class是关键字，不能用关键字做普通标识符
`_123`   // _123不是一个合法的普通标识符，原始标识符的一对反引号中只能是合法的普通标识符或关键字
```

除了必须要遵守的命名规则，我们还建议给标识符命名时遵守一定的命名规范。命名规则指的是"必须这样命名"，而命名规范指的是"推荐这样命名"。最基本的命名规范是"见名知意"，即使用一个或多个有意义的单词组合来命名标识符。

对于一般的变量名，推荐采用小驼峰命名风格，即如果变量名由几个单词构成，那么第一个单词的首字符小写，后面每个单词的首字符大写，其余字符都小写，中间不使用下画线，例如，totalPrice、numberOfGoods。

> 注：对于一些具有特殊用途的变量，可以使用其他的命名风格，本书后面的示例会涉及这样的变量。

### 3. 缺省数据类型

在变量声明中，当初始值的类型明确时，编译器可以根据初始值自动推断变量的数据类型，此时可以缺省（即省略不写）数据类型。例如，下面两行代码是等效的。

```
let height: Int64 = 3
```

```
let height = 3    // 缺省了数据类型
```

至于各种字面量属于哪种数据类型，将在第 3 章介绍。

### 4. 变量的初始化

仓颉要求每个变量在使用前必须完成初始化，否则会导致编译错误。例如，代码清单 2-3 中变量 y 的初始值为 x * 3，而 x 并未被初始化，因此引发了编译错误。

代码清单 2-3　initialization_of_variables.cj

```
01  main() {
02      let x: Int64  // 在声明x时并未对x进行初始化
03      var y: Int64 = x * 3  // 编译错误：不能使用未初始化的变量x
04      println(y)
05  }
```

若要避免上述错误，可以在声明时给 x 指定一个初始值，例如将第 2 行代码修改为：

```
let x: Int64 = 6
```

一般情况下，仓颉要求在声明时就对变量进行初始化，仅在一些特定的情况下才可以在声明时缺省变量初始值。例如，仓颉允许在定义局部变量时不指定初始值（此时必须指明数据类型），但是在该变量第一次被读取之前，必须要完成初始化工作。使用如下的赋值表达式可以对变量进行初始化：

变量名 = 初始值

其中，"="是赋值操作符，其作用是将"="右边的初始值赋给左边的变量。

修改代码清单 2-3，在其中使用两个赋值表达式对变量 x 和 y 进行初始化，得到代码清单 2-4。

代码清单 2-4　initialization_of_variables.cj

```
01  main() {
02      let x: Int64
03      x = 6   // 对x进行初始化
04      var y: Int64
05      y = x * 3    // 对y进行初始化
06      println(y)  // 输出: 18
07  }
```

### 2.2.2　变量的使用

在完成变量的初始化工作之后，就可以使用变量了。对变量的使用，包括读取和存入两种操作。

#### 1. 读取变量值

通过变量名可以读取变量中存储的数据（变量值），如代码清单 2-2 中的第 5 行代码：

```
println(width * height)
```

这行代码通过变量名 width 和 height 分别读取了这两个变量的值 4 和 3，并且进行了乘法运算，计算出了墙的面积。

#### 2. 存入新的变量值

对于可变变量，可以随时通过赋值表达式来给变量存入新的变量值。在存入新值后，旧值就被新值替换掉了。**赋值表达式**的语法格式如下：

变量名 = 新值

其中，"="是赋值操作符，在 2.2.1 节已经介绍过了，其作用是将"="右边的新值赋给左边的变量。赋值完成后，变量值就被更新为新值了。

**新值可以是各种表达式**。在仓颉中，表达式（expression）是一个宽泛的概念，只要能够返回一个值，就可以称为表达式。简单的表达式由操作数（参与操作的数据）和操作符构成，其中操作符是可选的。例如，字面量 4 就是一个最简单的表达式；由字面量 4 和 3 以及算术操作符"*"构成的式子 4 * 3 也是一个表达式；println 函数的调用以及赋值表达式也都是表达式，如图 2-6 所示。除了这些表达式，仓颉中还有条件表达式、循环表达式、match 表达式等复杂的表达式，后面会一一介绍。

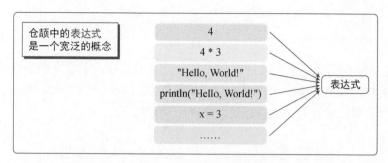

图 2-6 一些简单的表达式

回到本章开头计算墙纸面积的例子。对于另一面同样高度但宽度为 5 米的墙，可以通过修改可变变量 width 的值来计算墙的面积，而不用修改计算面积的那行代码。修改过后的程序如代码清单 2-5 所示。

代码清单 2-5 calc_area.cj

```
01  main() {
02      var width: Int64 = 4
03      let height: Int64 = 3
04      println(width * height)  // 输出：12
05
06      width = 5  // 修改width的值
07      println(width * height)  // 输出：15
08  }
```

通过第 6 行的赋值表达式，变量 width 的值由原来的 4 变为 5。当程序执行到第 7 行代码时，就会使用 width 的最新值 5 参与运算。程序运行时各变量的变化过程如图 2-7 所示。

| width | height | 输出 | |
|---|---|---|---|
| 4 | - | - | ❶ var width: Int64 = 4 |
| 4 | 3 | - | ❷ let height: Int64 = 3 |
| 4 | 3 | 12 | ❸ println(width * height) |
| 5 | 3 | - | ❹ width = 5 |
| 5 | 3 | 15 | ❺ println(width * height) |

图 2-7 对变量值的修改

另外，在该程序中，墙高 height 被定义为不可变变量。任何尝试修改变量 height 值的操作都会导致编译错误。我们可以在代码清单 2-5 的第 7 行后面添加如下代码：

```
height = 4  // 编译错误：不能对已经完成初始化的不可变变量进行赋值
```

此时编译无法通过。如果需要随时修改变量的值，那么应该使用关键字 var 将变量定义为可变变量。

## 2.3 基本数据类型

在 2.1 节中，我们已经了解了数据类型的概念及其重要性，本节将介绍仓颉的基本数据类型。仓颉的基本数据类型有 9 种（见图 2-8）：整数类型、浮点类型、布尔类型、字符类型、字符串类型、元组类型、区间类型、Unit 类型和 Nothing 类型。

图 2-8　仓颉的基本数据类型

### 2.3.1 整数类型

整数类型用于表示整数，分为有符号（signed）整数类型和无符号（unsigned）整数类型，如图 2-9 所示。

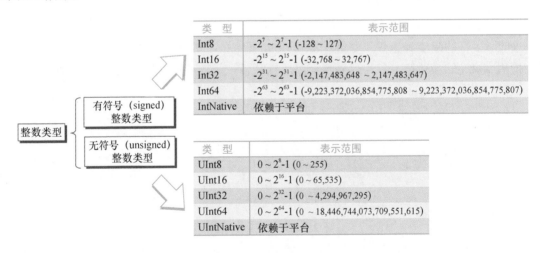

| 类　型 | 表示范围 |
| --- | --- |
| Int8 | $-2^7 \sim 2^7-1$ $(-128 \sim 127)$ |
| Int16 | $-2^{15} \sim 2^{15}-1$ $(-32,768 \sim 32,767)$ |
| Int32 | $-2^{31} \sim 2^{31}-1$ $(-2,147,483,648 \sim 2,147,483,647)$ |
| Int64 | $-2^{63} \sim 2^{63}-1$ $(-9,223,372,036,854,775,808 \sim 9,223,372,036,854,775,807)$ |
| IntNative | 依赖于平台 |

| 类　型 | 表示范围 |
| --- | --- |
| UInt8 | $0 \sim 2^8-1$ $(0 \sim 255)$ |
| UInt16 | $0 \sim 2^{16}-1$ $(0 \sim 65,535)$ |
| UInt32 | $0 \sim 2^{32}-1$ $(0 \sim 4,294,967,295)$ |
| UInt64 | $0 \sim 2^{64}-1$ $(0 \sim 18,446,744,073,709,551,615)$ |
| UIntNative | 依赖于平台 |

图 2-9　仓颉的整数类型

有符号整数类型包括 5 种，类型名称均以 Int 开头，后面所接的数字或单词表示存储一个该类型的数据所需的二进制位数。例如，Int8 表示存储时需要 8 个二进制位，IntNative 表示存储时需要的位数与平台相关。与有符号整数类型相对应，无符号整数类型也包括 5 种，类型名称均以 UInt 开头。

对于一个 N 位的有符号整数类型，由于其最高位为符号位（表示正负号），因此其表示范围为 $-2^{N-1} \sim 2^{N-1} - 1$；而对于 N 位的无符号整数类型，由于没有符号位，因此其表示范围为

$0 \sim 2^N - 1$。

编程时选择哪种整数类型，取决于实际需求。建议在 Int64 类型适合的情况下，首选 Int64 类型，因为 Int64 类型的表示范围足够大，并且可以在进行某些运算时避免不必要的类型转换。

程序中用于表示"具有明确数据类型的、固定的值"称为字面量。仓颉默认的数制是十进制，不过仓颉的整数类型字面量除了可以使用十进制表示，还可以使用二进制、八进制和十六进制表示。各种数制的整数类型字面量格式如表 2-1 所示。

表 2-1　整数类型字面量的格式

| 数制 | 前缀 | 举例 |
| --- | --- | --- |
| 十进制 | 无 | 18 |
| 二进制 | 0b 或 0B | 0b10010 或 0B10010 |
| 八进制 | 0o 或 0O | 0o22 或 0O22 |
| 十六进制 | 0x 或 0X | 0x12 或 0X12 |

由表 2-1 可知，十进制整数字面量没有前缀，二、八、十六进制整数字面量的前缀均以数字"0"开头，后面分别是字母"b""o""x"，大小写均可。例如，十进制整数字面量 18 对应的二进制数是 0b10010 或 0B10010，对应的八进制数是 0o22 或 0O22，对应的十六进制数是 0x12 或 0X12。

为了提高可读性，在任意进制的整数字面量中可以使用下画线（_）作为分隔符。例如，十进制数 18 对应的二进制数可以改进为 0b0001_0010，十进制数 10000000000 可以改进为 10_000_000_000。

在使用整数类型字面量时，可以在字面量后面加上类型后缀，以明确整数字面量的类型。整数类型字面量与类型后缀的对应关系如表 2-2 所示。

表 2-2　整数类型字面量的类型后缀

| 类型后缀 | 整数类型 | 类型后缀 | 整数类型 |
| --- | --- | --- | --- |
| i8 | Int8 | u8 | UInt8 |
| i16 | Int16 | u16 | UInt16 |
| i32 | Int32 | u32 | UInt32 |
| i64 | Int64 | u64 | UInt64 |

以下是一些使用了类型后缀的整数类型字面量的示例。

```
18i8      // Int8类型的字面量18
0b10010u16   // UInt16类型的字面量0b10010
0x1ai64   // Int64类型的字面量0x1a
```

## 2.3.2　浮点类型

浮点类型用于存储具有小数部分的实数，包括 3 种（见图 2-10）：Float16（半精度浮点类型）、Float32（单精度浮点类型）和 Float64（双精度浮点类型），在存储浮点数时使用的二进制位数分别为 16 位、32 位和 64 位。Float16 可以表示的数值范围最小并且数值精度最低，Float64 可以表示的数值范围最大并且数值精度最高。在多种浮点类型都适合的情况下，建议选择精度最高的 Float64 类型，因为浮点数可能会产生一定的存储误差和计算误差。

图 2-10　浮点类型

在代码清单 2-6 中，我们将一个小数位数较多的浮点类型字面量分别存入 3 个不同精度类型的浮点类型变量 x（Float16 类型）、y（Float32 类型）和 z（Float64 类型），然后读取变量值，可以发现变量中存储的值发生了改变。

代码清单 2-6　float_precision.cj

```
01  from std import format.*
02
03  main() {
04      let x: Float16 = 0.1234567890123456789
05      let y: Float32 = 0.1234567890123456789
06      let z: Float64 = 0.1234567890123456789
07
08      println(x.format(".18"))    // 输出: 0.123474121093750000
09      println(y.format(".18"))    // 输出: 0.123456791043281555
10      println(z.format(".18"))    // 输出: 0.123456789012345677
11  }
```

在默认情况下，println 函数输出浮点数时只输出小数点后的 6 位数字。为了观察 x、y 和 z 的精度，在代码第 1 行导入了标准库 format 包中的所有 public 顶层声明，以便于调用 format 函数控制浮点数的输出精度（相关知识详见第 13 章和第 14 章）。在第 8 ～ 10 行使用 println 函数输出浮点类型变量时调用了 format 函数将输出精度指定为小数点后 18 位。

Float16 类型的精度约为小数点后 3 位，Float32 类型的精度约为小数点后 6 位，Float64 类型的精度约为小数点后 15 位。

浮点类型字面量可以使用两种数制表示：十进制和十六进制，并且可以使用科学记数法，结构如图 2-11 所示。

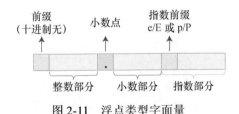

图 2-11　浮点类型字面量

十进制浮点型字面量的各种形式如表 2-3 所示。一个十进制浮点型字面量至少要包含一个整数部分或一个小数部分。如果没有小数部分只有整数部分，则必须包含指数部分。指数部分以 e 或 E 为前缀，底数为 10。

表 2-3　十进制浮点型字面量的各种形式

| 整数部分 | 小数部分 | 指数部分 |
| --- | --- | --- |
| 〇 | 〇 | 〇或 X |
| X | 〇 | 〇或 X |
| 〇 | X | 〇 |

注：〇表示包含该部分，X 表示不包含该部分。

表 2-4 中展示的均是合法的十进制浮点型字面量。

表 2-4　十进制浮点型字面量举例

| 十进制浮点型字面量 | 对应的数值 |
| --- | --- |
| 3.14 | 3.14 |
| .12 | 0.12 |
| 10.0 | 10（浮点型） |
| 1.23e-4 | $1.23 \times 10^{-4}$ |
| 2E3 | 2000（浮点型） |
| .63E2 | $0.63 \times 10^{2}$（即 63，浮点型） |

十六进制浮点型字面量的各种形式如表 2-5 所示。一个十六进制浮点型字面量以 0x 或 0X 为前缀，至少包含一个整数部分或一个小数部分，同时**必须包含指数部分**，指数部分以 p 或 P 为前缀，底数为 2。

表 2-5　十六进制浮点型字面量的各种形式

| 前缀 | 整数部分 | 小数部分 | 指数部分 |
| --- | --- | --- | --- |
| 〇 | 〇 | 〇 | 〇 |
| 〇 | 〇 | X | 〇 |
| 〇 | X | 〇 | 〇 |

注：〇表示包含该部分，X 表示不包含该部分。

表 2-6 中展示的均是合法的十六进制浮点型字面量。

表 2-6　十六进制浮点型字面量举例

| 十六进制浮点型字面量 | 对应的数值 |
| --- | --- |
| 0x1.23p0 | 0x1.23 |
| 0X4p2 | $0X4 \times 2^{2}$ |
| 0X.5P4 | $0X0.5 \times 2^{4}$ |

与整数类型字面量类似，浮点类型字面量也可以使用下画线（_）作为分隔符。

在使用**十进制**浮点型字面量时，也可以在字面量后面加上类型后缀，以明确浮点型字面量的类型。浮点型字面量与类型后缀的对应关系如表 2-7 所示。

表 2-7　十进制浮点型字面量的类型后缀

| 类型后缀 | 浮点类型 |
| --- | --- |
| f16 | Float16 |
| f32 | Float32 |
| f64 | Float64 |

以下是一些使用了类型后缀的十进制浮点型字面量的示例：

```
3.14f16     // Float16类型的字面量3.14
1.2345f32   // Float32类型的字面量1.2345
97.86f64    // Float64类型的字面量97.86
```

### 2.3.3  布尔类型

布尔类型使用 Bool 来表示，只有两个字面量：true 和 false，用于表示逻辑上的真或假。虽然布尔类型比较简单，但在程序中可以用作标志以及用于各种条件判断。布尔类型是一种很常用的数据类型。

### 2.3.4  字符类型

字符类型用于表示单个 Unicode 字符，使用 Rune 表示。字符类型字面量有 3 种形式：单个字符、转义字符和通用字符，它们均是由一对单引号（'）括起来的。

注：在之前的版本中，字符类型使用 Char 表示。当前仓颉已经引入了 Rune，目前 Rune 与 Char 短期共存（用法相同），未来 Char 将会被删除。因此，在当前版本的官方文档中有很多地方字符类型是使用 Char 表示的，本系列图书（包括《图解仓颉编程：基础篇》及《图解仓颉编程：高级篇》）引用的文档内容均与官方文档的写法保持一致。

#### 1. 单个字符

单个字符的字面量是将某个 Unicode 字符（反斜线 "\" 除外）定义在一对单引号中，例如：

```
let rune1: Rune = 'A'
let rune2: Rune = '*'
let rune3: Rune = '仓'
let rune4: Rune = '颉'
```

#### 2. 转义字符

转义字符以反斜线（\）开头，反斜线的作用是对其后面紧跟的一个字符进行转义，从而表示某个具有特定含义的字符。对于某些字符，例如，换行符、回车符、水平制表符、退格符等，无法使用单个字符的形式来表示，就可以使用转义字符来表示。常用的转义字符如表 2-8 所示。

表 2-8  常用的转义字符

| 转义字符 | 含义 | 作用 |
| --- | --- | --- |
| \n | 换行符 | 将当前位置移到下一行的开头 |
| \r | 回车符 | 将当前位置移到本行的开头 |
| \t | 水平制表符 | 将当前位置移到下一个制表位 |
| \b | 退格符 | 从当前位置回退一个字符 |
| \\ | 反斜线 | 表示 Rune 或 String 类型中的反斜线 |
| \' | 单引号 | 表示 Rune 或 String 类型中的单引号 |
| \" | 双引号 | 表示 Rune 或 String 类型中的双引号 |

以下示例代码声明了几个变量，初始值为常用的转义字符：

```
// n是newline的首字母
let newLine: Rune = '\n'
// t是table的首字母
let tab: Rune = '\t'
// b是backspace的首字母
let backspace: Rune = '\b'
// 反斜线表示转义字符，因此在Rune和String类型中使用"\\"表示反斜线
let backslash: Rune = '\\'
// Rune类型是用一对单引号定义的，因此在Rune类型中使用"\'"表示单引号
let singleQuote: Rune = '\''
```

### 3. 通用字符

通用字符的单引号内以"\u"开头，后面加上定义在一对花括号"{}"中的 1 ～ 8 个十六进制数，即可表示对应的 Unicode 值所代表的字符。例如，"仓"字的十六进制 Unicode 编码为 4ed3，字符 ' 仓 ' 可以表示为通用字符 \u{4ed3}'；"颉"字的十六进制 Unicode 编码为 9889，字符 ' 颉 ' 可以表示为通用字符 \u{9889}'。

```
let rune5: Rune = '\u{4ed3}'   // "仓"的十六进制Unicode编码为4ed3
let rune6: Rune = '\u{9889}'   // "颉"的十六进制Unicode编码为9889
```

通用字符的优点是可以表示所有 Unicode 字符，缺点是可读性差，因为 Unicode 编码很难记忆。

## 2.3.5 字符串类型

上一节介绍的字符类型用于表示单个 Unicode 字符，本节介绍的字符串类型用于表示多个 Unicode 字符。字符串类型使用 String 来表示，用于表示文本数据，其中可以包含 0 到多个有序的 Unicode 字符。

### 1. 字符串类型字面量

字符串类型字面量有 3 种形式：单行字符串字面量、多行字符串字面量和多行原始字符串字面量。

#### ■ 单行字符串字面量

单行字符串字面量以一对双引号定义，双引号内可以是任意数量的任意 Unicode 字符（双引号和单独出现的"\"除外），并且只能书写在同一行，不允许跨越多行。与字符类型字面量一样，字符串中也可以使用转义字符。以下声明中使用的都是合法的单行字符串字面量：

```
let str1: String = ""      // 空字符串
let str2: String = "爱"   // 只包含一个字符的String
let str3: String = "Hello Cangjie"   // 包含多个字符的String
let str4: String = "Hello\tCangjie"   // String中可以使用转义字符
let str5: String = "\"你好仓颉\""      // 单行字符串字面量中的双引号必须使用转义字符
```

单行字符串字面量是以双引号定义的，因此如果在字符串内部出现了双引号，会导致错误。程序在读取单行字符串字面量时，将左起的第 1 个双引号作为字符串开始的标记，双引号

之后的字符就是字符串本身的内容，直到遇到第 2 个与之配对的双引号，表示字符串结束。因此，表示字符串界限的双引号总是成对出现的（定义 Rune 类型的单引号同理）。在使用 println 函数输出字符串时，表示界限的一对双引号本身不会被输出：

```
println("你好仓颉")  // 输出：你好仓颉
```

如果需要在字符串中使用双引号，可以使用转义字符。例如，上面例子中的 str5，里面使用了两个转义的双引号，如果使用 println(str5) 将 str5 输出，结果为：

```
"你好仓颉"
```

需要注意的是，反斜线（\）不能单独出现在 Rune 或 String 类型的字面量（多行原始字符串除外）中，例如：'\' 和 "Hello\Cangjie"。由于反斜线的作用是对其后面的字符进行转义，因此 '\' 中的反斜线会对其后面的第 2 个单引号进行转义，使得该字符只有定义左边界限的单引号而没有与之配对的右边的单引号；"Hello\Cangjie" 中的 "\C" 会被当作转义字符去理解（但 "\C" 不是一个合法的转义字符）。在 Rune 或 String 类型的字面量中，使用转义字符 "\\" 来表示反斜线 "\"。

代码清单 2-7 演示了转义字符的用法。

代码清单 2-7　escape_characters.cj

```
01   main() {
02       let str: String = "ab\rcd\be\tf\ng"
03       println(str)
04   }
```

代码的第 2 行定义了一个包含了 7 个英文字符及 4 个转义字符的 String 类型变量 str，第 3 行使用 println 函数输出了 str。输出时，首先打印字符 'a' 和 'b'；遇到回车符 '\r' 之后将当前位置移到本行的开头，相当于把打印的字符 'a' 和 'b' 都删掉了；接着打印字符 'c' 和 'd'；遇到退格符 '\b' 之后将当前位置回退一个字符，相当于把字符 'd' 删掉了；然后打印字符 'e'；遇到水平制表符 '\t' 之后将当前位置移到下一个制表位；然后打印字符 'f'；再打印换行符 '\n'，将当前位置移到下一行的开头；最后打印字符 'g'。程序输出结果如下：

```
ce      f
g
```

在代码清单 2-7 中，回车符、退格符和换行符等转义字符的用法都是很清晰的，下面着重解释一下**水平制表符**。水平制表符的作用是将当前位置移到下一个制表位。在仓颉中，一个制表符的宽度为 8 个字符。假设当前位置在第 1 ～ 8 列中的某一列，那么水平制表符会使当前位置移到下一个制表位，即第 9 列，从该列开始输出后面的内容；假设当前位置在第 9 ～ 16 列中的某一列，那么水平制表符会使当前位置移到第 17 列，从该列开始输出后面的内容；以此类推。例如，当使用 println 输出字符串 "Hello\t 欢迎学习仓颉 \t 加油 " 时，输出结果将如图 2-12 所示。

第 1 ～ 5 列为 "Hello" 这 5 个字符，当前位置在第 6 列；接着水平制表符将当前位置移动到下一个制表位即第 9 列，输出 "欢迎学习仓颉"；由于一个汉字占 2 个字符的宽度，所以这 6 个字需要 12 个字符的宽度，当前位置到了第 21 列；然后水平制表符将当前位置移到了下一个制表位即第 25 列，输出"加油"；整个字符串输出的宽度为 28 个字符。

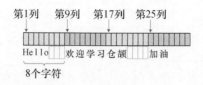

图 2-12　水平制表符的应用示例

在编程时，水平制表符常用于控制输出文本的对齐。

在代码清单 2-8 中，str1 和 str2 包含的人名长度不同，导致输出的结果不整齐，不是很美观。

代码清单 2-8　usage_of_tab.cj

```
01   main() {
02       let str1: String = "唐僧 孙悟空 哪吒"
03       let str2: String = "猪悟能 沙悟净 赤脚大仙"
04       println(str1)
05       println(str2)
06   }
```

编译并执行以上代码，输出结果为：

```
唐僧 孙悟空 哪吒
猪悟能 沙悟净 赤脚大仙
```

当然，我们可以通过在 str1 中增加空格来调整长度，不过更好的方法是使用水平制表符来控制对齐。将代码修改一下，在 str1 和 str2 中加入水平制表符。对第 2 行和第 3 行代码作如下修改：

```
let str1: String = "唐僧\t孙悟空\t哪吒"
let str2: String = "猪悟能\t沙悟净\t赤脚大仙"
```

再次编译并执行代码，输出结果如下：

```
唐僧     孙悟空   哪吒
猪悟能   沙悟净   赤脚大仙
```

从输出结果可以看出，在输出文本的适当位置添加水平制表符可以使得输出结果整洁、美观，便于阅读。

■ **多行字符串字面量**

多行字符串字面量和单行字符串字面量类似，不同的是多行字符串字面量允许跨越多行。多行字符串字面量以 3 对双引号定义：以 3 个双引号开头，紧接着必须换行（否则编译报错），然后是字面量的内容（可以跨越多行），最后以 3 个双引号结尾。以下声明中使用的都是合法的多行字符串字面量：

```
let str1: String = """
    """

let str2: String = """
```

> 人生得意须尽欢，
> 莫使金樽空对月。
> 天生我材必有用，
> 千金散尽还复来。"""

### ■ 多行原始字符串字面量

多行原始字符串字面量以若干对井号（#）和一对双引号定义：以一到多个井号加上一个双引号开始，接着是字符串内容，最后以一个双引号加上与开始时相同个数的井号结束。字符串内可以是任意数量的任意 Unicode 字符，并且可以跨越多行。以下声明中使用的都是合法的多行原始字符串字面量：

```
let str1: String = #""""#
let str2: String = ##"\"##
let str3: String = ###"
    你好，
    仓颉
    "###
```

多行原始字符串字面量中的所有内容都会保持原样（转义字符不会被转义），常常用于表示文件路径、网络地址等。例如，对于 C 盘 temp 目录下的文件 note.txt，用单行字符串字面量来表示的话，不能写为 "C:\temp\note.txt"，因为其中的 "\t" 和 "\n" 会被当作转义字符，不能正确表示文件路径。对反斜线进行转义，写为 "C:\\temp\\note.txt" 是可以的。但这只是一个层次很少的文件路径，如果路径的层次很多，这样表示是比较烦琐、不易阅读的，此时可以选择多行原始字符串字面量。上述路径可写为：

```
#"C:\temp\note.txt"#
```

### 2. 字符串的拼接

使用操作符 "+" 可以对字符串进行拼接。例如，下面代码的输出结果是完整的字符串 " 祝大家龙年大吉 "。

```
println("祝大家" + "龙" + "年大吉")
```

另外，也可以使用复合赋值操作符 "+=" 来对字符串进行拼接。例如：

```
var str: String = "先天下之忧而忧"
str += "\n后天下之乐而乐"   // 相当于 str = str + "\n后天下之乐而乐"
println(str)
```

以上代码的输出结果为：

```
先天下之忧而忧
后天下之乐而乐
```

在拼接字符串时必须注意操作数的类型。只有当左操作数和右操作数均为 String 类型时，才可以使用 "+" 进行拼接，否则会导致编译错误。在使用以下复合赋值表达式时：

```
String类型可变变量 += 操作数
```

其中的操作数类型也只能为 String 类型。

举例如下:

```
var str: String = "xy"

println(str + "z")   // 编译通过

str += "z"   // 编译通过
println(str)

// 编译错误：不能拼接 String 类型和 Rune 类型
println(str + 'z')
println('z' + str)

// 编译错误：不能拼接 String 类型和整数类型
println(str + 3)
println(3 + str)
```

如需拼接 String 类型与其他类型的数据，可以先调用 toString 函数将其他非 String 类型转换为 String 类型，然后再通过"+"或"+="进行拼接。我们来看代码清单 2-9。

代码清单 2-9　string_splicing.cj

```
01  main() {
02      var r: Float64 = 1.6   // 圆的半径为1.6
03      var info: String
04      info =
05          "半径:" + r.toString() + " 圆周率:" + 3.14.toString() +
06          " 面积:" + (3.14 * r * r).toString()
07      println(info)
08  }
```

编译并执行以上代码，输出结果为:

半径:1.600000 圆周率:3.140000 面积:8.038400

在编程时，如果一行代码过长，为了方便阅读，可以考虑在合适的位置换行（建议在操作符或连接符后面换行），然后在下一行添加一个缩进。如以上代码中的第 4 ～ 6 行其实是一行完整的代码，只不过分别在赋值操作符"="和连接操作符"+"之后进行了换行操作并添加了缩进使代码对齐。

尽管使用上述方式可以实现各种不同类型的数据与字符串的拼接，但这种方式比较烦琐，不仅容易出错，而且代码的可读性也很差。因此，在实际操作时，推荐使用插值字符串。

### 3. 插值字符串

插值字符串用于向**单行或多行字符串字面量**插入不同类型的表达式。通过将表达式插入字符串中，可以有效避免字符串拼接时的类型转换问题。插入的表达式被称作插值表达式，插值表达式的语法格式如下:

```
${表达式}
```

插值字符串中的每个插值表达式的值都会被计算出来，最终得到的仍是一个字符串。下面使用插值字符串来实现代码清单 2-9 的功能。对代码稍做修改，得到代码清单 2-10。

代码清单 2-10　interpolation_string.cj

```
01  main() {
02      var r: Float64 = 1.6    // 圆的半径为1.6
03      var info: String
04      info = "半径:${r} 圆周率:${3.14} 面积:${3.14 * r * r}"
05      println(info)
06  }
```

第 4 行代码使用了一个插值字符串，其中插入了 3 个插值表达式 ${r}、${3.14} 和 ${3.14 * r * r}，编译并执行以上代码，输出的结果和代码清单 2-9 是完全相同的，但是却避免了类型转换，并且代码更简洁，可读性更高。

插值表达式中除了包含简单的表达式，还可以包含一个或多个声明或表达式，中间以分号作为分隔符。当对插值字符串求值时，每个插值表达式将会自左向右依次执行其中的声明或表达式，最后一项的值即为该插值表达式的值。代码清单 2-11 中的第 3 行代码使用了一个插值表达式，其中包含一个赋值表达式（对 width 进行初始化）、一个声明（声明变量 height）和一个算术表达式（计算面积）。该插值表达式的值为最后一项算术表达式 width * height 的计算结果。

代码清单 2-11　calc_area.cj

```
01  main() {
02      var width: Float64
03      println("墙的面积:${width = 4.5; let height: Float64 = 3.0; width * height}")
04  }
```

编译并执行以上代码，输出结果为：

墙的面积: 13.500000

通过上面几个示例的对比，可以发现插值字符串比一般的字符串拼接方法更简洁、更灵活以及更容易阅读，在本书后面的示例中我们会经常使用这种表示方式。

3 种字符串类型字面量的主要特点如图 2-13 所示。

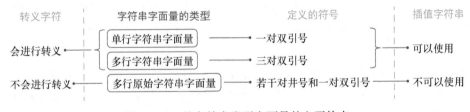

图 2-13　3 种字符串类型字面量的主要特点

## 2.3.6　元组类型

元组类型用于将两个或两个以上的类型组合在一起，形成一个新的类型。元组类型可以使用以下两种形式来表示：

```
(T1, T2, …… , TN)
```

或

```
(typeParam1: T1, typeParam2: T2, …… , typeParamN: TN)
```

其中，T1 到 TN 可以是任意类型，typeParam1 到 typeParamN 是类型参数名，类型间使用 "," 连接。对于一个元组类型，要么为每一个类型加上类型参数名，要么统一不加，不允许混合使用。类型参数名建议使用**小驼峰命名风格**来命名。元组必须至少是二元的。例如，下面是两个元组类型的示例：

```
(id: Int64, price: Float64)   // 带类型参数名的二元组类型
(Int64, Float64, String)  // 不带类型参数名的三元组类型
```

元组的长度是固定的，在定义后，它的长度不能再被更改。元组类型是不可变类型，即一旦创建了一个元组类型的实例，其内容不能再被修改。当我们说 t 是 T 类型的实例时，表示的是：t 是一个 T 类型的值。

元组类型的字面量使用以下形式来表示：

```
(e1, e2, …… , eN)
```

其中，e1 到 eN 都是表达式，各个表达式之间使用逗号作为分隔符，e1 到 eN 的类型必须与元组类型中的 T1 到 TN 一一对应。

以下的示例代码定义了一个 (String, String, Int64) 类型的三元组 tup，并且使用元组类型的字面量为 tup 定义了初始值。tup 即是一个 (String, String, Int64) 类型的实例。

```
var tup: (String, String, Int64) = ("Beijing", "China", 2022)
```

如果使用带类型参数名的形式来定义 tup，以上代码也可以写作：

```
var tup: (city: String, country: String, year: Int64) = ("Beijing", "China", 2022)
```

元组的第 1 个元素的索引是 0，第 2 个元素的索引是 1……第 N 个元素的索引是 N-1。使用如下的下标语法可以访问元组的元素：

```
元组名 [ 索引 ]
```

下面这行代码使用这种方式访问了 tup 的 3 个元素：

```
println("city: ${tup[0]}\tcountry: ${tup[1]}\tyear: ${tup[2]}")
```

输出结果为：

```
city: Beijing    country: China   year: 2022
```

元组类型字面量的元素类型及索引如图 2-14 所示。

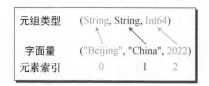

图 2-14　元组类型字面量

在使用下标语法访问元组元素时，要注意避免索引越界。对于一个包含了 N 个元素的元组，其元素索引的取值范围为 0 ～ N-1，索引越界将会导致错误。举例如下：

```
var tup: (String, String, Int64) = ("Beijing", "China", 2022)   // 索引范围为 0 ～ 2
println(tup[3])   // 编译错误：元组的索引不能越界
```

如前所述，元组类型是不可变类型，元组的实例不能被修改。例如，以下代码尝试修改 tup[2]，将会引发编译错误。

```
tup[2] = 2008   // 编译错误：不能对元组元素进行赋值
```

尽管元组实例不能被修改，但是如果声明的可变变量是元组类型，那么可以对该变量重新赋值。在对元组类型的可变变量重新赋值时，必须要赋予该变量与该元组类型完全一致的表达式。相应的示例如代码清单 2-12 所示。

代码清单 2-12　tuple_type.cj

```
01  main() {
02      var tup: (String, String, Int64) = ("Beijing", "China", 2022)
03      println("city: ${tup[0]}\tcountry: ${tup[1]}\tyear: ${tup[2]}")
04
05      tup = ("Beijing", "China", 2008)   // 对 tup 重新赋值
06      println("city: ${tup[0]}\tcountry: ${tup[1]}\tyear: ${tup[2]}")
07  }
```

编译并执行以上代码，输出结果为：

```
city: Beijing    country: China   year: 2022
city: Beijing    country: China   year: 2008
```

### 2.3.7　区间类型

区间类型用于表示拥有固定步长的数值序列，使用 Range<T> 来表示。Range<T> 是一个泛型类型（详见第 11 章），T 可以理解为一个类型占位符，可以将其替换为多种不同的类型。最常用的 Range<Int64> 用于表示整数区间。

每个区间都包含 3 个值：start、end 和 step，分别表示序列的起始值、终止值和步长（序列中前后相邻两个元素的差值）。start 和 end 的类型都是 T 被替换的类型，step 的类型是 Int64。

区间类型字面量有两种表示形式："左闭右开"区间和"左闭右闭"区间。格式如下：

```
start..end[ : step]    // 左闭右开区间
start..=end[ : step]   // 左闭右闭区间
```

两者都表示从 start 开始，以 step 为步长，到 end 为止的区间，区别是左闭右开区间不包含 end，左闭右闭区间包含 end。step 的值不能为 0，缺省的 step 值为 1。在书写区间类型时，建议符号".."或"..="前后不加空格，":"前后各加上一个空格。

例如，如果一个区间内包含整数 2、4、6、8，那么该区间可以写作（见图 2-15）：

```
2..10 : 2    或    2..=8 : 2
```

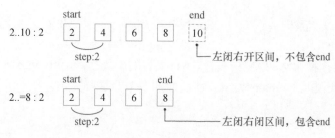

图 2-15　区间类型示例

再如，如果一个区间内包含整数 9、6、3、0，那么该区间可以写作：

```
9..-1 : -3    或    9..=0 : -3
```

另外，区间有可能是空的（不包含任何元素）。区间为空的条件如图 2-16 所示。

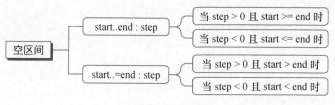

图 2-16　空区间

以下是一些区间类型的示例：

```
let range1: Range<Int64> = 0..5 : 1   // 不包含终止值5，序列为：0、1、2、3、4
let range2 = 0..=5 : 1    // 包含终止值5，序列为：0、1、2、3、4、5
let range3 = 0..5   // 缺省step，step为1，与range1相同
let range4 = 10..0 : -2    // 不包含终止值0，序列为：10、8、6、4、2
let range5 = 10..=0 : -2    // 包含终止值0，序列为：10、8、6、4、2、0
let range6 = 10..0 : 1    // 空区间
let range7 = 0..=10 : -2   // 空区间
```

## 2.3.8　Unit 类型

仓颉的某些表达式的类型是 Unit。Unit 类型的值和字面量都只有一个：()，其形式是一对空的圆括号。

如前所述，每个表达式都有一个值。例如，表达式 2 + 3 的值是 5，表达式 6 * 4 的值是 24。对于 Unit 类型的表达式，我们只关心它的副作用而不关心它本身的值。例如，对于表达式 a = 8，我们只关心它的副作用——将整数字面量 8 赋给了变量 a，至于该表达式本身的值，我们并不关心。再如，表达式 println(9)，它的副作用是将 9 输出，对于该表达式本身的值，我们也不关心。表达式 a = 8 和 println(9) 的类型都是 Unit。

### 2.3.9　Nothing 类型

Nothing 类型是一种特殊的类型，它是所有类型的子类型。Nothing 类型不包含任何值。仓颉的某些表达式的类型是 Nothing 类型，在后面的章节会进行介绍。

## 2.4　小结

本章主要学习了以下 3 点内容。

**1. 变量的概念**

变量是一块带有名字的内存空间，其用途是存储数据。变量的 3 个核心要素是变量名、数据类型和变量值，如图 2-17 所示。

图 2-17　变量三要素

仓颉变量必须先声明后使用。

**2. 变量的声明和使用**

仓颉使用关键字 let 或 var 声明变量，一个变量在同一作用域内只能声明一次，不能重复声明。声明变量时，使用关键字 let 和 var 来区分不可变变量和可变变量。对变量的命名必须符合标识符的命名规则，最好能够遵循建议的命名规范。如果初始值的类型是明确的，那么可以缺省变量的数据类型。除了一些特定的情况，在声明时需要同时对变量进行初始化。

使用变量的操作有读取和存入两种，通过变量名可以读取变量的当前值，通过赋值表达式可以存入新值。

**3. 基本数据类型**

仓颉的基本数据类型有 9 种，各种数据类型的用途、使用要点和注意事项如图 2-18 所示。

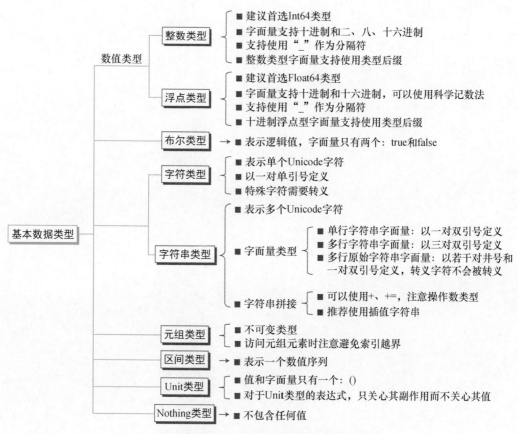

图 2-18  仓颉的基本数据类型小结

# 第 3 章
# 操作符

## 3.1　概述

操作符是一种特殊的符号，通过操作符可以对相应数据类型的操作数进行各种操作。例如，在 2.1 节介绍了可以使用"*"求积，"*"就是一个操作符；在 2.3 节介绍了可以使用"元组名 [ 索引 ]"这一方式访问元组元素，"[]"也是一个操作符。

本章主要介绍仓颉的 6 种常用操作符，如图 3-1 所示。

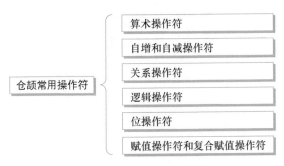

图 3-1　仓颉的常用操作符

## 3.2　算术操作符

算术操作符用于对数值类型的操作数进行各种算术运算。算术操作符包括一个一元前缀算术操作符和 6 个二元算术操作符，如图 3-2 所示。

图 3-2　仓颉的算术操作符

所谓一元操作符，指的是只需要一个操作数的操作符。所谓前缀，指的是需要将操作符放在操作数前面。对应的还有一元后缀操作符，需要将操作符放在操作数后面。

例如，负号（-）就是一个一元前缀操作符，对应的用法为：

```
-操作数      // 操作符在操作数前面，与操作数中间无空格，如：-5
```

而二元操作符则需要两个操作数，如乘号（*），对应的用法为：

```
操作数A 二元操作符 操作数B      // 操作符左右应加上空格增加可读性，如：4 * 3
```

尽管上面的例子使用的操作数都是很简单的整数类型字面量，但其实任何数值类型的表达式都可以作为算术操作符的操作数，不管该表达式有多复杂。由数值类型操作数和算术操作符组成的表达式，也称为算术表达式。

## 3.2.1 运算规则

操作符在对操作数进行各种运算时必须要遵循一定的运算规则。不同的操作符有不同的运算规则。

**1. 基本运算规则**

仓颉的部分算术操作符与数学运算的规则是完全一致的，如 "-（负号）" 表示负数的符号，"*" 用于求积，"+" 用于求和，"-（减法）" 用于求差。另外，仓颉的算术运算也有一些与数学规则或数学符号不一样的地方，本节主要介绍这些区别以及一些注意事项。

■ **幂运算**

由于代码编辑窗口存在输入限制，不能使用上标的方式来表示幂运算，因此仓颉使用 "**" 来表示乘方运算。举例如下：

```
2 ** 3   // 相当于2³，计算结果为8
9.0 ** 0.5  // 相当于9.0⁰·⁵，计算结果为3.0
```

■ **商和余数**

与除运算有关的操作符有两个：除法（/）和取模（%）。其中，"/" 用于求商，"%" 用于求余数。

使用除法（/）操作符时需要注意，如果两个操作数均是浮点类型，那么运算结果也是浮点类型；如果两个操作数均是整数类型，那么运算结果也是整数类型（只保留商的整数部分）。举例如下：

```
10.0 / 5.0 // 结果为2.0
10.0 / 4.0 // 结果为2.5
8.0 / 5.0 // 结果为1.6
10 / 5  // 结果为2
10 / 4  // 结果为2
-10 / 3 // 结果为-3
-8 / 5  // 结果为-1
```

余数是指除法中被除数未被除尽的部分，余数的取值范围为 0 到除数之间（不包括除数本身），如图 3-3 所示。

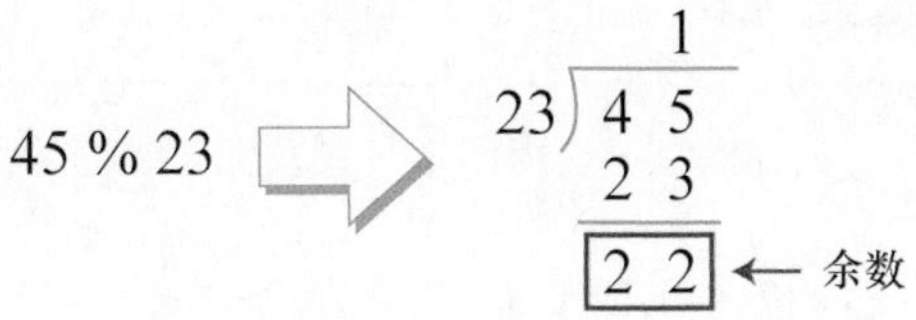

$$45 \% 23 \quad \Rightarrow \quad 23\overline{)\begin{array}{c} 1 \\ 4\ 5 \\ 2\ 3 \\ \hline \boxed{2\ 2} \end{array}} \leftarrow 余数$$

图 3-3　求余运算

仓颉使用取模（%）操作符来计算余数，该操作符**只适用于整数类型**。举例如下：

```
10 % 5 // 结果为0
10 % 4 // 结果为2
5 % 10 // 结果为5
```

### ■ "+"的另一种用途

操作符"+"除了可以作为算术操作符对两个数值类型的操作数求和，还可以作为连接符对字符串进行拼接（见 2.3.5 节）。

### 2. 操作符的优先级

如果算术表达式中出现了一个以上的算术操作符，则在运算时需要按照*操作符优先级*的高低来进行：优先级高的先运算，优先级低的后运算；相同优先级的操作符按照结合性来确定运算的顺序。仓颉的算术操作符优先级从高到低依次为：负号＞乘方＞乘除（乘法、除法、取模）＞加减（加法、减法）。当算术运算中出现各种优先级不同的操作符时，运算顺序如图 3-4 所示。

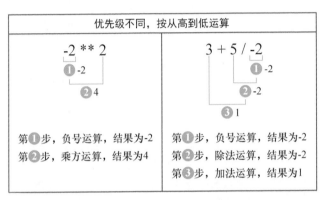

图 3-4　算术操作符的运算顺序

如果有需要，可以使用圆括号"()"来提升运算的优先级，如图 3-5 所示。

| 多个同级括号，从左到右运算 | 多个括号嵌套，从内到外运算 |
| --- | --- |
| (2 + 5) * ( 7 - 3 )<br>❶7　❷4<br>❸28 | 16 / (2 * (7 - 3))<br>❶4<br>❷8<br>❸2 |
| 第❶步，加法运算，结果为7<br>第❷步，减法运算，结果为4<br>第❸步，乘法运算，结果为28 | 第❶步，减法运算，结果为4<br>第❷步，乘法运算，结果为8<br>第❸步，除法运算，结果为2 |

图 3-5　使用圆括号提升优先级

除了可以用于提升优先级，也可以在复杂的表达式中加上一些圆括号使得程序更易读。例如，可以将算术表达式 6 * -7 + 8 * 9 写为 (6 * (-7)) + (8 * 9)。

### 3. 操作符的结合性

操作符的*结合性*是指操作符和操作数的结合方式，可分为从左到右结合（*左结合*）和从右到左结合（*右结合*）两种方式，对应的运算顺序如图 3-6 所示。如果一个表达式中（在没有圆括号的情况下）相同优先级的多个操作符是左结合的，那么在运算时从左至右运算；如果相同优先级的多个操作符是右结合的，那么在运算时从右至左运算。

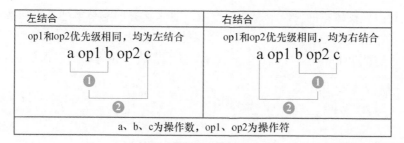

图 3-6  操作符的结合性

例如，算术操作符 "*" 是左结合的，"**" 是右结合的。具体示例如图 3-7 所示。

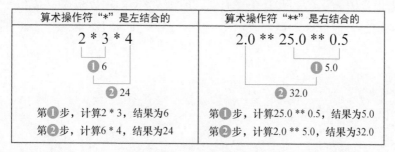

图 3-7  操作符结合性的示例

在本节介绍的各种算术操作符中，负号（-）和乘方（**）是右结合的，其他算术操作符都是左结合的。

## 3.2.2  算术运算对类型的要求

仓颉是强类型语言，对参与运算的操作数类型有严格的要求。二元算术操作符（"**" 除外）的**两个操作数类型必须完全一致**，算术运算才可以进行，否则会引发编译错误。

例如，以下代码声明了两个不同的整数类型变量 intA（Int8 类型）和 intB（Int16 类型），若对它们求和，会导致编译错误。

```
let intA: Int8 = 16
let intB: Int16 = 30
println(intA + intB)  // 编译错误：无法对 "Int8" 和 "Int16" 类型使用二元操作符 "+"
```

操作符 "**" 的操作数类型必须满足特定的要求。对于以下表达式：

```
操作数A ** 操作数B
```

操作数 A 和操作数 B 的类型必须是表 3-1 所示的 3 种情况中的一种。

表 3-1  乘方运算的操作数类型

| 操作数 A | 操作数 B |
| --- | --- |
| Int64 类型 | UInt64 类型 |
| Float64 类型 | Int64 类型 |
| Float64 类型 | Float64 类型 |

除了以上对二元操作符的操作数类型的要求，**算术运算的结果类型与操作数的类型也是一致的**（乘方运算的结果类型与操作数 A 的类型保持一致）。

例如，假设有两个 Int64 类型的变量 x 和 y，以下表达式的运算结果都是 Int64 类型：

```
-x
x + y
x * y
x ** 8u64
```

在进行算术运算时，必须要注意各种数值类型的表示范围，避免"溢出"错误。

例如，以下代码声明了两个 Int8 类型的变量，x 的初始值为 64，y 的初始值为 2，那么计算 x * y 就会溢出。因为 x 和 y 均为 Int8 类型，所以 x * y 的结果也应该是 Int8 类型，但是 64 与 2 相乘的积为 128，而 Int8 类型的表示范围为 -128 ～ 127，128 超出了 Int8 的表示范围，导致"溢出"。

```
let x: Int8 = 64
let y: Int8 = 2
println(x * y)  // 溢出错误
```

### 3.2.3　类型推断

对于合法的字面量，编译器可以自动推断其类型。例如，"Hello, World!" 会被推断为 String 类型，因为它是使用一对双引号括起来的；0..10 会被推断为区间类型，因为它使用了区间操作符".."；(true, "yes") 会被推断为 (Bool, String) 的二元组类型；等等。

在没有类型上下文的情况下，整数类型的字面量会被推断为 Int64 类型，浮点类型的字面量会被推断为 Float64 类型。如果有类型上下文，编译器会根据上下文将相应的字面量推断为合适的类型。图 3-8 列举了 3 种常见的类型推断的情况。

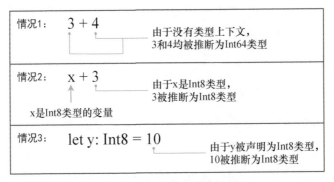

图 3-8　类型推断情况举例

在代码清单 3-1 的第 2 行声明了一个变量 x，由于缺省了 x 的类型，编译器需要根据初始值来推断 x 的类型。初始值是一个算术表达式 3 + 4，但是此时没有类型上下文，所以 3 和 4 均被推断为 Int64 类型。表达式的计算结果为 7，也为 Int64 类型，因此 x 被推断为 Int64 类型。

代码清单 3-1　type_inference.cj

```
01   main() {
02       let x = 3 + 4
03       let y = x * 6
04       println(y)   // 输出: 42
05   }
```

第 3 行代码声明了一个变量 y，在声明时缺省了 y 的类型，此时需要根据初始值 x * 6 来推断 y 的类型。因为"*"运算要求操作数类型相同，而 x 是 Int64 类型，所以字面量 6 被推断为 Int64 类型，y 也被推断为 Int64 类型。

### 3.2.4　数值类型的类型转换

如前所述，仓颉对操作数类型的要求十分严格。一般来说，不同类型的操作数之间不能进行运算。**仓颉不支持不同类型之间的隐式转换，类型转换必须显式地进行。**

如果在某些场合确实需要对不同类型的操作数进行运算，可以对操作数的类型进行转换。例如，考虑以下表达式：

```
2i8 * 64i8
```

在以上表达式中，Int8 类型的 2 乘以 Int8 类型的 64，结果应该为 Int8 类型的 128，这个结果溢出了。要让这个表达式能够正常执行，必须要对操作数进行类型转换。仓颉支持使用以下方式得到一个值为 e 的类型 T 的实例：

```
T(e)
```

其中，T 可以是各种**数值类型**，如 Int8、Int32、UInt64 等，e 可以是一个数值类型的表达式。

例如，我们可以使用如下方式将上面示例中参与运算的操作数转换为 Int64 类型：

```
Int64(2i8) * Int64(64i8)
```

在各种数值类型之间进行类型转换时，需要遵循一定的转换规则。

**1. 整数类型之间互相转换的规则**

待转换的整数必须要在目标整数类型的表示范围之内，转换才可以正常进行。

例如，有一个 Int8 类型的变量 x，其值若为 127，则可以使用 UInt8(x) 得到一个值为 127 的 UInt8 类型的实例（注意 x 的类型始终为 Int8，并没有发生改变）；x 的值若为 -127，则不可以使用 UInt8(x) 进行转换，因为此时 x 的值超出了 UInt8 类型的表示范围（0 ～ 255）。

再如，有一个 Int64 类型的变量 y，其值为 10，那么可以使用以下方式进行转换：Int8(y)、Int16(y)、UInt8(y)……因为 y 的值均在这些整数类型的表示范围内。

**2. 浮点类型之间互相转换的规则**

浮点类型之间转换时也需要注意不同类型的表示范围。另外，如果是精度高的浮点类型向精度低的浮点类型转换，将会出现精度损失。举例如下：

```
let x: Float64 = 1.123456
println(x)   // 输出: 1.123456
println(Float16(x))   // 输出: 1.123047，损失了精度
```

**3.　整数类型和浮点类型之间互相转换的规则**

整数类型在向浮点类型转换时，必须要在目标浮点类型的表示范围之内。浮点类型在向整数类型转换时，也必须要在目标整数类型的表示范围之内，且转换之后，浮点数的小数部分直接被截断，只保留整数部分。举例如下：

```
let x: Float64 = 3.9
println(Int8(x))  // 输出: 3
```

综上所述，基于以下 3 个方面的原因，建议在使用整数类型和浮点类型时，优先选择 Int64 类型和 Float64 类型。

- Int64 类型的表示范围较大，不容易引发溢出错误；Float64 类型的精度较高，可以较好地保证浮点运算的精度。
- 在没有类型上下文的情况下，Int64 和 Float64 是仓颉默认的整数类型和浮点类型。
- 使用默认的类型可以避免在运算中进行不必要的类型转换。

关于各种数值类型之间的转换规则，可以简化为图 3-9。

图 3-9　数值类型的转换规则

## 3.3　自增和自减操作符

自增操作符（++）用于将操作数的值加 1，自减操作符（--）用于将操作数的值减 1。自增和自减操作符都是**一元后缀操作符**，只能用于**整数类型可变变量**的运算，用法如下：

```
// 操作符在操作数后面，操作符与操作数之间没有空格
操作数++
操作数--
```

举例如下：

```
var i: Int8 = 10
i++
println(i)  // 输出: 11
```

示例代码先声明了一个 Int8 类型的可变变量 i，初始值为 10，接着使用表达式 i++，将 i 的值加 1，所以最后输出的结果为 11。

自增（自减）操作符和操作数构成的表达式也称为自增（自减）表达式，例如：i++、j--。自增（自减）表达式的类型为 Unit，值为 ()。对于表达式 i++ 或 i--，我们关心的主要是它的副

作用——将 i 的值加 1 或减 1，因此在使用自增和自减操作符时要注意以下情况。

```
var i: Int8 = 10
var j = i++   // j的类型为Unit，值为()
```

上面的第 2 行代码并不会将 i 的值 11 赋给 j，而是会将表达式 i++ 的值 () 赋给 j，并且 j 的类型会被推断为表达式 i++ 的类型，即 Unit 类型。

自增操作符和自减操作符的优先级是相同的。

## 3.4 关系操作符

关系操作符用于对操作数进行比较运算，所有的关系操作符都是**二元**的，用法如下：

```
操作数A 关系操作符 操作数B       // 操作符左右应加上空格增加可读性
```

其中，操作数 A 和操作数 B 的类型必须完全一致。仓颉的关系操作符如图 3-10 所示。

| 优先级 | 关系操作符 |
|---|---|
| 高 | < （小于）、<= （小于等于 ）、> （大于）、>= （大于等于） |
| 低 | == （相等）、!= （不等） |

图 3-10　仓颉的关系操作符

### 3.4.1 运算规则

本节主要介绍关系操作符的运算规则。

**1. 基本运算规则**

由操作数和关系操作符构成的表达式也称为关系表达式，对于以下关系表达式：

```
操作数A 关系操作符 操作数B
```

其运算结果是布尔类型：如果操作数 A 和操作数 B 的实际关系与给出的关系操作符一致，则该表达式结果为 true，否则为 false。举例如下：

```
3 > 5    // 结果为false
5 >= 5   // 结果为true
3 != 5   // 结果为true
```

**2. 运算优先级**

仓颉的关系操作符优先级从高到低为：大小关系比较操作符 > 相等不等操作符。各种大小关系比较操作符（<、<=、>、>=）的优先级是相同的，相等和不等操作符（==、!=）的优先级是相同的。

**3. 各种类型支持的关系操作符**

在仓颉中，整数类型、浮点类型、字符类型以及字符串类型支持所有的关系操作符，布尔类型和 Unit 类型只支持相等和不等这两个关系操作符。

### 3.4.2 数值类型的关系运算

对于数值类型，关系运算比较的是数值大小。

需要注意的是，由于浮点类型的精度问题，对于浮点类型数据的运算可能会产生一定的误差，因此应该避免在浮点运算的结果之间直接进行判等运算。例如：

```
(0.3 - 0.1) == 0.2   // 结果为false
```

正确的做法是以两者之差的绝对值是否足够小来判断两个操作数是否相等，示例见代码清单 3-2。

代码清单 3-2　float_comparison.cj

```
01  from std import math.abs  // 导入标准库math包中的绝对值函数abs
02
03  main() {
04      println(abs((0.3 - 0.1) - 0.2) <= 1e-6)  // 输出: true
05  }
```

代码第 1 行导入了标准库 math 包中的 abs 函数，用于求绝对值。代码第 4 行通过比较 0.3 - 0.1 与 0.2 之差的绝对值是否小于等于 1e-6（$10^{-6}$）来判断两者是否相等。

### 3.4.3 字符类型及字符串类型的关系运算

对于字符类型和字符串类型，关系运算比较的是字符对应的 Unicode 值的大小。在常见字符中，数字字符 '0' ～ '9' 的 Unicode 值是 48 ～ 57，大写英文字母 'A' ～ 'Z' 的 Unicode 值是 65 ～ 90，小写英文字母 'a' ～ 'z' 的 Unicode 值是 97 ～ 122。举例如下：

```
'a' < 'A'  // 'a'的Unicode值为97,'A'为65，结果为false
'x' >= '9'  // 'x'的Unicode值为120,'9'为57，结果为true
```

仓颉使用 T(e) 的方式对字符及其 Unicode 值进行相互转换，如图 3-11 所示。

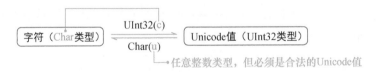

图 3-11　字符和 Unicode 值的转换

使用 UInt32(c) 可以获得字符 c 对应的 Unicode 值（UInt32 类型）；使用 Char(u) 可以得到 Unicode 值 u 对应的字符，如果 u 不是合法的 Unicode 值，会导致错误。举例如下：

```
println(UInt32('a'))   // 输出: 97，因为'a'的Unicode值为97
println(UInt32('仓'))   // 输出: 20179，因为'仓'的Unicode值为20179
println(Char(20179))   // 输出: 仓
```

对于字符串类型的关系运算，规则要稍微复杂一些，可总结为以下 3 点（见图 3-12）：

- 逐位比较，遇大则大；

- 长大短小；
- 完全相同，才是相等。

在对两个字符串进行比较时，首先运用规则 1，对两个字符串逐位进行比较，即先比较两个字符串的第 1 个字符，如果相等则继续比较两个字符串的第 2 个字符；以此类推，直到出现两个字符串中的某一位字符不相等的情况。此时，这两个不相等字符的比较结果就是两个字符串的比较结果，比较结束，无论后续有没有其他字符。

如果规则 1 无法比较出两个字符串的大小，例如，对于字符串 "abc" 和 "abcd"，前面 3 个字符是完全相同的，那么就运用规则 2 进行比较，长的字符串大，短的字符串小。因此，表达式 "abc" > "abcd" 的运算结果为 false。

如果前两条规则均不适用，那么一定符合规则 3，即两个字符串一定是相等的。

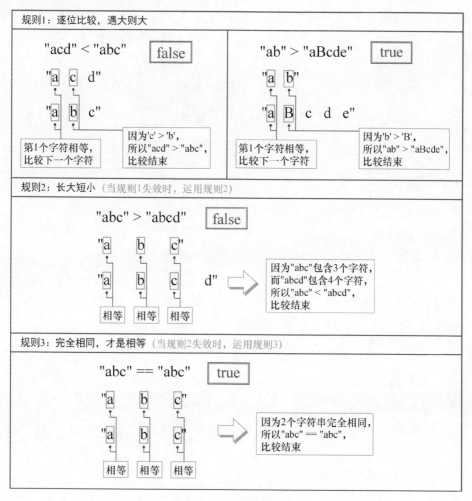

图 3-12　字符串的比较

### 3.4.4　布尔类型及 Unit 类型的关系运算

布尔类型及 Unit 类型都只支持相等（==）和不等（!=）的关系运算。举例如下：

```
var i: Int8 = 2
println((i > 3) == false)    // 输出: true

let f: Float32 = 1.8
println((f <= 2.3) != true)  // 输出: false

let b = (i = 18)  // 将赋值表达式的值作为初始值赋给变量 b, b 的类型为 Unit, 值为 ()
println(b == ())  // 输出: true
```

## 3.5　逻辑操作符

逻辑操作符用于对**布尔类型**操作数进行逻辑运算，包括一个一元前缀操作符逻辑非（!）和两个二元操作符逻辑与（&&）、逻辑或（||）。仓颉的逻辑操作符如图 3-13 所示。

| 操作数个数 | 逻辑操作符 |
| --- | --- |
| 一元 | !（逻辑非） |
| 二元 | &&（逻辑与） |
| | ||（逻辑或） |

高↑优先级低↓

图 3-13　仓颉的逻辑操作符

逻辑操作符的用法如下：

```
!操作数     // 操作符在操作数前面，操作符与操作数之间没有空格

// 操作符左右应加上空格增加可读性
操作数 A && 操作数 B
操作数 A || 操作数 B
```

由**布尔类型**操作数和逻辑操作符构成的表达式也称为逻辑表达式或布尔表达式。逻辑表达式的运算结果与关系表达式一样也是布尔类型。

逻辑操作符的运算规则如表 3-2 和表 3-3 所示。

表 3-2　逻辑非的运算规则

| A | !A |
| --- | --- |
| true | false |
| false | true |

表 3-3　逻辑与和逻辑或的运算规则

| A | B | A && B | A \|\| B |
| --- | --- | --- | --- |
| true | true | true | true |
| true | false | false | true |
| false | true | false | true |
| false | false | false | false |

**逻辑非**的运算规则很简单，即对操作数的逻辑值取反。**逻辑与**运算时，只有当两个操作数均为 true 时，运算结果才为 true，否则为 false。**逻辑或**运算时，只要两个操作数中至少有一个为 true，运算结果即为 true，否则为 false。

逻辑操作符的优先级从高到低为：逻辑非 > 逻辑与 > 逻辑或。

另外，逻辑与（&&）和逻辑或（||）在运算时具有逻辑短路的特性，即逻辑与和逻辑或在

进行逻辑运算时，如果根据已经计算的部分就能确定整个表达式的结果，那么就不再计算剩下的部分。举例如下（见图 3-14）。

- 在计算表达式 3 > 5 && 1 <= 2 时，先计算表达式 3 > 5（关系操作符的优先级高于逻辑操作符），结果为 false，此时已经可以确定整个逻辑表达式的值为 false（因为只要操作数中有 false 值，逻辑与的计算结果一定为 false），因此程序不会再计算表达式 1 <= 2 的值。

- 在计算表达式 3 < 5 && 1 <= 2 时，由于表达式 3 < 5 的值为 true，此时无法确定整个逻辑表达式的值，因此程序将会继续计算表达式 1 <= 2 的值，结果为 true。根据前后两个关系表达式的结果，整个逻辑表达式的计算结果为 true。

- 同理，在计算表达式 3 < 5 || 1 > 2 时，由于表达式 3 < 5 的值为 true，此时已经可以确定整个逻辑表达式的值为 true（因为只要操作数中有 true 值，逻辑或的计算结果一定为 true），因此程序不会再计算表达式 1 > 2 的值。

- 在计算表达式 3 > 5 || 1 <= 2 时，由于表达式 3 > 5 的值为 false，此时无法确定整个逻辑表达式的值，因此程序将会继续计算表达式 1 <= 2 的值，结果为 true。根据前后两个关系表达式的结果，整个逻辑表达式的计算结果为 true。

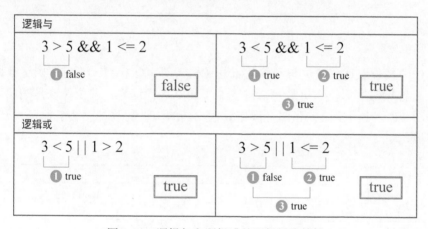

图 3-14　逻辑与和逻辑或的逻辑短路特性

# 3.6　位操作符

位操作符只能用于对**整数类型**进行位运算，包括一个一元前缀操作符和 5 个二元操作符。仓颉的位操作符如图 3-15 所示。

图 3-15　仓颉的位操作符

一元位操作符按位取反（!）的用法如下：

| | |
|---|---|
| !操作数 | // 操作符在操作数前面，操作符与操作数之间没有空格 |

其他二元位操作符的用法如下：

| | |
|---|---|
| 操作数A 位操作符 操作数B | // 除左移和右移操作符之外，其他操作符均要求两个操作数是相同的整数类型 |

在二元位操作符中，左移（<<）和右移（>>）运算的两个操作数可以是不同的整数类型，按位与（&）、按位异或（^）和按位或（|）运算的两个操作数必须是相同的整数类型。由整数类型操作数和位操作符构成的表达式也称为位表达式。

位运算的执行过程为：首先将操作数转换为二进制数；接着按位对二进制操作数进行运算；最后将计算结果转换为十进制整数，运算结束。

位操作符（左移、右移除外）的运算规则如表 3-4 和表 3-5 所示。

表 3-4 按位取反的运算规则

| A | !A |
|---|---|
| 1 | 0 |
| 0 | 1 |

表 3-5 按位与、按位异或和按位或的运算规则

| A | B | A & B | A ^ B | A \| B |
|---|---|---|---|---|
| 1 | 1 | 1 | 0 | 1 |
| 1 | 0 | 0 | 1 | 1 |
| 0 | 1 | 0 | 1 | 1 |
| 0 | 0 | 0 | 0 | 0 |

位运算中的**按位取反、按位与**和**按位或**与逻辑运算有些相似，不过逻辑运算是对布尔值 true 和 false 进行运算，而位运算是对二进制的 1 和 0 进行运算。**按位异或**是当两个操作数为不同的二进制数时，结果为 1；当两个操作数为相同的二进制数时，结果为 0。按位运算的示例如图 3-16 所示。

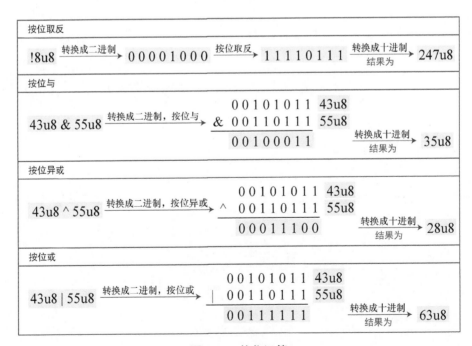

图 3-16 按位运算

左移、右移的运算规则如图 3-17 所示。操作符的左操作数是待操作的整数，右操作数是左移或右移的位数。在运算时，首先将待操作的整数转换为二进制补码，然后进行移位操作：对于正数，左移时右侧补 0，右移时左侧补 0，移动完成后将结果转换为十进制，移位操作完成；对于负数，左移时右侧补 0，右移时左侧补 1，移动完成后将结果转换为十进制，移位操作完成。

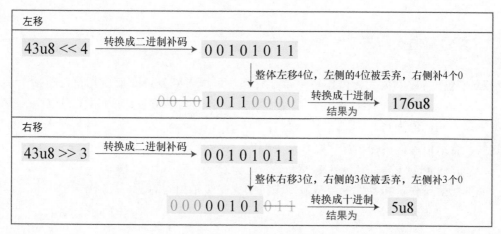

图 3-17    左移、右移运算

# 3.7    赋值操作符和复合赋值操作符

赋值操作符和复合赋值操作符用于给变量赋值。

## 3.7.1    赋值操作符

赋值操作符（=）在 2.2.1 节已经介绍过了，其用法如下：

```
变量名 = 表达式    // 赋值表达式的类型为Unit，值为()
```

在使用赋值操作符时，需要注意以下两点。

**1. 赋给变量的表达式类型必须与变量类型一致**

由于仓颉是静态强类型语言，在给变量赋值时提供的表达式类型必须与变量类型一致，否则会引发编译错误。举例如下：

```
let x = 3 + 4
var y: Int8
y = x    // 编译错误：类型不一致时不能赋值
```

以上代码中的 x 为 Int64 类型，而 y 为 Int8 类型。尽管 x 的值在 Int8 类型的表示范围内，但由于类型不一致，该赋值表达式会引发编译错误。若要使这个表达式正常执行，可以进行类型转换，将第 3 行的赋值表达式改为：

```
y = Int8(x)   // 类型一致时才可以赋值
```

### 2. 赋值给数值类型的变量时要避免溢出错误

在赋值给数值类型的变量时，必须要注意数值类型的表示范围，避免溢出错误。举例如下：

```
let x: Int8
x = 128   // 溢出错误
```

### 3.7.2 复合赋值操作符

将赋值操作符跟其他二元操作符复合在一起，可以得到复合赋值操作符，包括 \*\*=、\*=、/=、%=、+=、-=、<<=、>>=、&=、^=、|=、&&=、||=。与赋值表达式一样，复合赋值表达式的类型也是 Unit，值为 ()。

这些复合赋值操作符的运算规则都是类似的，例如：x += a 等价于 x = x + a，x <<= a 等价于 x = x << a，x &&= a 等价于 x = x && a。

仓颉的赋值操作符和各种复合赋值操作符的优先级是相同的。

# 3.8 操作符的优先级和结合性

前面介绍了仓颉的 6 种常用操作符，这 6 种操作符的优先级和结合性如图 3-18 所示。

| 操作数个数 | | 操作符 | 结合性 | |
|---|---|---|---|---|
| 高 ↑ 优先级 低 ↓ | 一元 | ++（自增）、--（自减） | 无 | 自增和自减操作符 |
| | | !（逻辑非）、!（按位取反）、-（负号） | 右结合 | |
| | 二元 | \*\*（乘方） | 右结合 | 算术操作符 |
| | | \*（乘法）、/（除法）、%（取模） | 左结合 | |
| | | +（加法）、-（减法） | 左结合 | |
| | | <<（左移）、>>（右移） | 左结合 | |
| | | <（小于）、<=（小于等于）、>（大于）、>=（大于等于）== （相等）、!=（不等） | 无 | 关系操作符 |
| | | &（按位与）^（按位异或）\|（按位或） | 左结合 | 位操作符 |
| | | &&（逻辑与）\|\|（逻辑或） | 左结合 | 逻辑操作符 |
| | | =、\*\*=、\*=、/=、%=、+=、-+、<<=、>>=、&=、^=、\|=、&&=、\|\|= | 无 | （复合）赋值操作符 |

图 3-18　常用操作符的优先级和结合性

本章介绍的各种操作符的优先级从高到低为：

- 一元操作符 > 二元操作符；
- 在一元操作符中，自增和自减操作符优先级最高；
- 在二元操作符中，算术操作符 > 关系操作符 > 位操作符（左移、右移除外）> 逻辑操作符 > 赋值操作符和复合赋值操作符。

当然，如有需要，我们总是可以使用圆括号来提升运算的优先级。

## 3.9 小结

本章主要学习了仓颉的 6 种常用操作符。各种常用数据类型支持的操作符如表 3-6 所示。

表 3-6 常用数据类型支持的操作符

| 数据类型 | 支持的操作符 |
|---|---|
| 整数类型 | 自增和自减操作符 |
| | 算术操作符 |
| | 关系操作符 |
| | 位操作符 |
| | 赋值操作符 |
| | 部分复合赋值操作符（**=、*=、/=、%=、+=、-=、<<=、>>=、&=、^=、\|=） |
| 浮点类型 | 算术操作符（% 除外） |
| | 关系操作符 |
| | 赋值操作符 |
| | 部分复合赋值操作符（**=、*=、/=、+=、-=） |
| 布尔类型 | 逻辑操作符 |
| | 部分关系操作符（==、!=） |
| | 赋值操作符 |
| | 部分复合赋值操作符（&&=、\|\|=） |
| 字符类型 | 关系操作符 |
| | 赋值操作符 |
| 字符串类型 | 关系操作符 |
| | + |
| | 赋值操作符 |
| | 部分复合赋值操作符（+=） |
| Unit 类型 | 部分关系操作符（==、!=） |
| | 赋值操作符 |

在使用本章介绍的各种操作符时，需要特别注意：仓颉是一种强类型语言，除左移、右移和乘方之外的所有二元操作符，均要求两个操作数的类型是完全一致的；如有需要，可以进行必要的类型转换。

注：以上关于操作符数据类型的要求均是指在没有发生操作符重载的前提下。例如，使用"+"或"+="连接 String 类型时，就发生了操作符重载。关于操作符重载的相关内容详见第 10 章。

# 第 4 章
# 流程控制

## 4.1　概述

流程控制提供了控制程序执行的方法。如果没有各种流程控制表达式，程序就只能按照线性的方式来执行，无法根据具体需求来调整代码的执行顺序。举个例子，假设我们想模拟统计学中的一个实验：抛一个硬币 1000 次，分别统计正面和反面出现的次数。这个实验可以通过生成随机布尔值的方式来模拟。生成的布尔值是 true 代表硬币正面朝上，false 代表硬币反面朝上，这样重复生成 1000 次随机布尔值，每出现一次 true 或 false 就将相应的计数器加 1。该实验对应的程序流程图如图 4-1 所示。

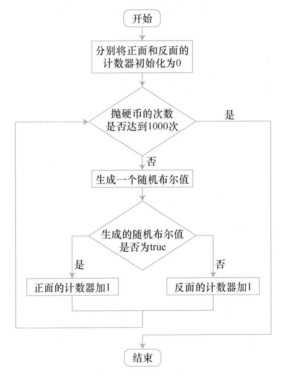

图 4-1　模拟抛硬币的程序流程图

流程图是对程序流程的一种图形表示，它使用规定的图形符号来描述特定的操作，并使用带箭头的线把这些符号连接起来，以表示执行的先后顺序。常用的流程图图形符号如图 4-2 所示，图形符号内的文字用于说明具体的操作内容。

| 图形符号 | 名　称 | 含　义 |
|---|---|---|
| ▱ | 输入/输出 | 数据的输入与输出 |
| ▭ | 操作 | 各种形式的数据操作 |
| ◇ | 判断 | 根据条件满足与否选择不同路径 |
| ▱ | 起止 | 流程的起点和终点 |
| → | 流程线 | 连接各个符号，表示执行顺序 |

图 4-2　流程图图形符号

程序设计中的 3 种基本结构为顺序结构、分支结构和循环结构。无论多么复杂的问题，其算法都可以表示为这 3 种基本结构的组合。所谓算法，可以简单地理解为问题的程序化解决方案。这 3 种基本结构的流程图如图 4-3 所示（其中，（c）和（d）同为循环结构）。

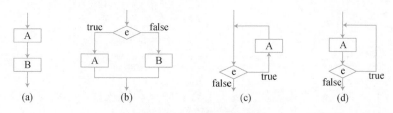

图 4-3  3 种基本结构

图 4-3（a）是顺序结构，其中的操作 A 和操作 B 按顺序执行（前面的示例代码都属于顺序结构）。

图 4-3（b）是分支结构，也称为选择结构。程序在执行时，先对条件 e 进行判断，若 e 为 true，则执行操作 A，然后分支结构结束；若 e 为 false，则执行操作 B，然后分支结构结束。操作 A 和操作 B 都可以是由若干行代码组成的代码块。

图 4-3（c）和图 4-3（d）是两种循环结构。循环结构用于在一定条件下重复多次地执行某些操作。图 4-3（c）中的循环是先对条件 e 进行判断，若 e 为 false，则不执行 A，循环结束；若 e 为 true，则执行 A，然后再对条件 e 进行判断，根据 e 的值决定要不要进行下一次循环。图 4-3（d）中的循环是先执行一次 A，再对条件 e 进行判断，然后根据 e 的值决定要不要进行下一次循环。图 4-3（c）和图 4-3（d）中的 A 即是需要重复执行的操作，该操作可能是一个代码块，被称为循环体。

图 4-1 中也包括了分支结构和循环结构，如图 4-4 所示。

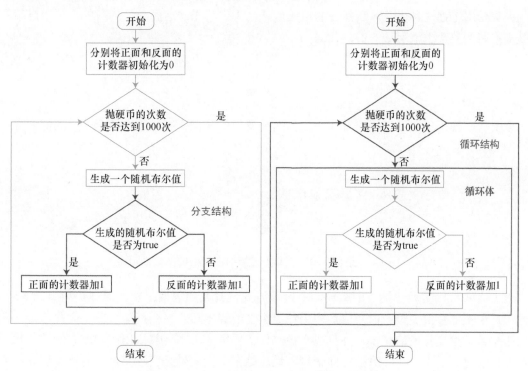

图 4-4  示例流程图中的分支结构和循环结构

所谓"流程控制"，就是在顺序结构的基础上，通过分支结构和循环结构控制程序的执行流程。

## 4.2  顺序结构

顺序结构在执行时，程序代码从上到下一行行地按顺序执行，中间没有任何判断和跳转。本节以交换变量的例子来说明一下顺序结构。

假设有两个 Int64 类型的变量 a 和 b，其值分别为 20 和 10。现在要将这两个变量的值交换，应该如何做呢？首先下面的做法肯定是错误的：

```
a = b
b = a
```

以上代码是一个顺序结构，其执行过程中变量 a 和变量 b 的值变化过程如图 4-5 所示。开始时 a 和 b 的值分别为 20 和 10，执行第 1 行代码之后，b 的值被赋给 a，a 的值变为 10，b 的值没有变化。执行第 2 行代码之后，a 的当前值 10 被赋给 b，b 的原值 10 被新值 10 替换。

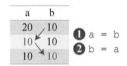

图 4-5  错误交换方式的变量值变化过程

如果使用上面这种方式，变量 a 的原始值就会丢失，无法达到交换的目的。使用以下方式可以交换两个整数类型变量的值，代码如下：

```
a = a + b
b = a - b
a = a - b
```

以上代码使用了算术运算的方式来交换两个变量值，在执行过程中两个变量的值的变化过程如图 4-6 所示。

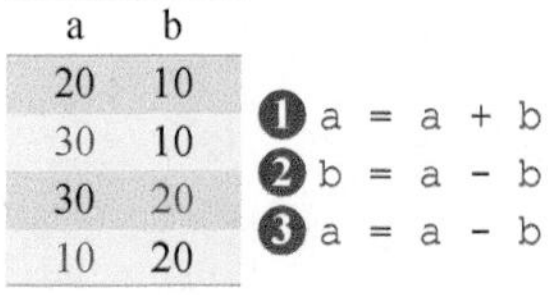

图 4-6  通过算术运算交换方式的变量值的变化过程

以上方式可以实现变量值的交换，不过该方式也有其局限性：它的原理是利用算术运算，因此不适用于非数值类型；而数值类型中浮点类型的算术运算又会产生误差，因此这种方式只适用于整数类型变量值的交换，并且在交换时还需要考虑算术运算溢出的问题。通常，我们在交换变量值时会引入一个临时的中间变量，通过这个中间变量来实现交换，具体实现如代码清单 4-1 所示。

代码清单 4-1　exchange_values_of_variables.cj

```
01  main() {
02      var a = 20
03      var b = 10
04      var temp: Int64   // 定义临时变量，需要与a和b的类型一致
05      println("交换前：a = ${a}  b = ${b}")
06
07      // 实现交换
08      temp = a
09      a = b
10      b = temp
11      println("交换后：a = ${a}  b = ${b}")
12  }
```

编译并执行以上代码，输出结果为：

```
交换前：a = 20  b = 10
交换后：a = 10  b = 20
```

该程序的基本原理和执行过程如图 4-7 所示。先将 a 的原值存入 temp，再将 b 的值赋给 a，最后将 temp 中存储的 a 的原值赋给 b，从而完成交换。这种方式适用于任何数据类型的变量值交换（要求参与交换的变量类型相同），非常实用。

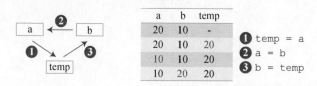

图 4-7　通过引入中间变量的方式交换变量值

# 4.3　分支结构

分支结构根据判断条件的取值选择性地执行分支代码。仓颉提供了 if 表达式来实现分支结构。if 表达式有 3 种形式，下面逐一介绍。

注：还有一种特殊的 if 表达式（if-let 表达式）用于模式匹配，详见第 9 章。

## 4.3.1　单分支的 if 表达式

单分支的 if 表达式只包含一个分支，其语法格式如下：

```
if (条件) {
    代码块
}
```

单分支的 if 表达式以关键字 if 开头；if 后面是判断条件，**该条件必须是一个布尔类型的表达式**，并且要以一对圆括号括起来；条件之后是代码块。由一对匹配的花括号及其中可选的声明和表达式的序列组成的结构被称为块（block）。单分支 if 表达式的代码块的书写格式为：

- 左花括号跟在条件后面；
- 在左花括号之后换行书写块中的代码，代码块中的所有代码作为一个整体需要一个级别的缩进；
- 右花括号独占一行，不缩进。

单分支 if 表达式的执行流程如下所示（见图 4-8）。

- 步骤 1：检查条件的值是否为 true。
- 步骤 2：如果条件的值为 true，执行代码块；执行完代码块之后，继续执行 if 表达式后面的代码。
- 步骤 3：如果条件的值为 false，不执行代码块，直接执行 if 表达式后面的代码。

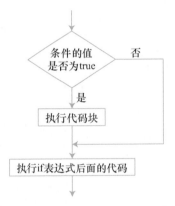

图 4-8　单分支 if 表达式的执行流程

单分支 if 表达式中的代码块是否会被执行是由条件的值决定的。如果条件的值为 false，那么代码块会被跳过，不会被执行。

以下示例代码用于根据会员积分判断会员等级。假设会员积分（memberPoints）满足 0 < memberPoints ≤ 1000，则会员等级（memberGrade）为白银会员。对应的代码如下：

```
if (memberPoints > 0 && memberPoints <= 1000) {
    memberGrade = "白银会员"
}
```

首先需要注意条件的写法。0 < memberPoints ≤ 1000 是一种数学上的表述，在仓颉中这个条件应写作 memberPoints > 0 && memberPoints <= 1000。这是一个由操作数、关系操作符以及逻辑操作符构成的表达式，其结果为布尔类型。因为关系操作符的优先级高于逻辑操作符（参见第 3 章），这个表达式的计算过程如图 4-9 所示。首先计算关系表达式 memberPoints > 0，若结果为 false，则根据操作符 "&&" 逻辑短路的特性，整个表达式的值为 false；若 memberPoints > 0 的值为 true，则计算关系表达式 memberPoints <= 1000 的值，最后根据前后两个关系表达式的值来计算逻辑与（&&）的结果。

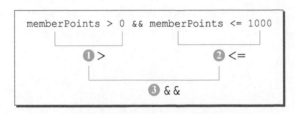

图 4-9　条件表达式的计算过程

这个表达式限定了只有当 memberPoints 的值大于 0 并且小于等于 1000 时，该表达式的运算结果才为 true。

代码块也可以包含多行代码。例如，可以在上面 if 表达式的代码块中添加两行代码：

```
if (memberPoints > 0 && memberPoints <= 1000) {
    // 若条件为true，代码块中的3行代码会按顺序执行
    memberGrade = "白银会员"
    println("您的会员等级是：${memberGrade}。")
    println("您可以享受的会员折扣为：95折。")
}
```

如果执行到该 if 表达式时，memberPoints 的值在 0 ～ 1000 之内，则条件为 true。执行该段代码后输出结果为：

```
您的会员等级是：白银会员。
您可以享受的会员折扣为：95折。
```

如果执行到该 if 表达式时，memberPoints 的值不在 0 ～ 1000 之内，则条件为 false。执行该段代码后不会有任何输出。

## 4.3.2　双分支的 if 表达式

双分支的 if 表达式包含两个分支，其语法格式如下：

```
if (条件) {
    代码块1
} else {
    代码块2
}
```

双分支的 if 表达式以关键字 if 开头；if 后面是判断条件，该条件必须是一个**布尔类型**的表达式，并且要以一对圆括号括起来；条件之后是代码块；在代码块的右花括号后面是关键字 else；关键字 else 后面是另一个代码块。

在书写时，代码块中的所有代码作为一个整体都需要一个级别的缩进；在所有的左花括号之后换行；所有的右花括号独占一行，除非后面跟着同一表达式的剩余部分（如 else）。

双分支 if 表达式的执行流程如下所示（见图 4-10）。

■　步骤 1：检查条件的值是否为 true。

■　步骤 2：如果条件的值为 true，执行代码块 1；执行完代码块 1 之后，继续执行 if 表达式后面的代码。

- 步骤 3：如果条件的值为 false，执行代码块 2；执行完代码块 2 之后，继续执行 if 表达式后面的代码。

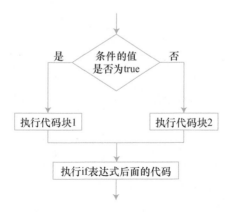

图 4-10　双分支 if 表达式的执行流程

双分支 if 表达式的两个分支中必有一个被执行，至于具体执行哪个分支则取决于条件的值。

下面修改一下上一小节的示例。若会员积分等于 0，则判断为非会员，否则判断为会员。修改后的代码如下：

```
if (memberPoints == 0) {
    memberGrade = "非会员"
} else {
    memberGrade = "会员"
}
println("您的会员等级是:${memberGrade}。")
```

执行到该 if 表达式时，根据 memberPoints 的取值不同，输出的结果也不同，不同的输出结果如图 4-11 所示。

图 4-11　双分支 if 表达式运行示例

### 4.3.3　嵌套的 if 表达式

如果希望匹配更多的条件，可以使用嵌套的 if 表达式。这种嵌套的 if 表达式可以看作多分支的 if 表达式，其语法格式如下：

```
if (条件1) {
    代码块1
} else if (条件2) {    // else if分支可以有任意多个
```

```
    代码块2
} ……
    ……
} else if （条件n) {
    代码块n
}[ else {        // else分支是可选的
    代码块n+1
}]
```

以上 if 表达式对应的流程图如图 4-12 所示。

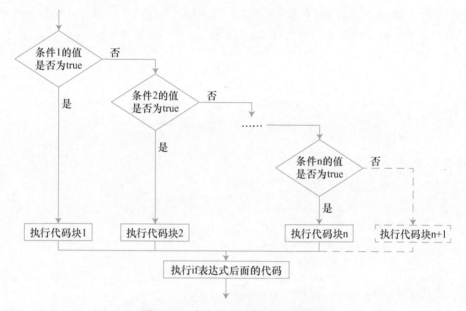

图 4-12　嵌套的 if 表达式的流程图

对应的执行流程如下所示。

- 步骤 1：若条件 1 的值为 true，则执行代码块 1，并跳到步骤 6。若条件 1 的值为 false，则测试条件 2 的值。
- 步骤 2：若条件 2 的值为 true，则执行代码块 2，并跳到步骤 6。若条件 2 的值为 false，则继续测试下一个条件的值，以此类推。
- 步骤 3：如果某个条件为 true，则执行对应的代码块，并跳到步骤 6。如果某个条件为 false，则继续测试下一个条件的值。
- 步骤 4：如果所有条件均为 false，且有 else 分支，则执行 else 分支中的代码块 n+1，并跳到步骤 6。
- 步骤 5：如果所有条件均为 false，且没有 else 分支，则不执行任何代码，并跳到步骤 6。
- 步骤 6：if 表达式执行结束，继续执行 if 表达式后续的代码。

由以上流程可知，这种嵌套的 if 表达式有以下 4 个特点。

### 1. 每一条分支都有可能执行到

根据条件的取值不同，每一条分支都有被执行的可能性。

### 2. 有可能不执行任何一条分支

如果最后没有 else 分支，并且所有的条件值均为 false，那么将不会执行任何一条分支。

### 3. 最多只能执行一条分支

只要有一个条件的值为 true，那么立刻执行该条件后的代码块并结束 if 表达式，不再对后面的条件进行测试。因此，不管这个 if 表达式包含多少个分支，最多只能执行其中一条分支。

### 4. 条件测试有严格的先后顺序

只有当前面的条件值为 false 时，后面的条件才会被测试。

下面仍然以判断会员等级的例子来说明嵌套的 if 表达式的用法。假设会员等级（memberGrade）和会员积分（memberPoints）的关系如图 4-13 所示。

$$
\left\{
\begin{array}{ll}
非会员 & 会员积分 = 0 \\
白银会员 & 0 < 会员积分 \leqslant 1000 \\
黄金会员 & 会员积分 > 1000
\end{array}
\right.
$$

图 4-13　会员等级

对应的代码如下：

```
main() {
    var memberPoints = 0   // 会员积分
    var memberGrade = ""   // 会员等级

    if (memberPoints == 0) {
        memberGrade = "非会员"
    } else if (memberPoints > 0 && memberPoints <= 1000) {
        memberGrade = "白银会员"
    } else if (memberPoints > 1000) {
        memberGrade = "黄金会员"
    }

    println("您的会员等级是:${memberGrade}。")
}
```

以上代码中的 if 表达式的实质结构如图 4-14 所示。

```
if (条件1) {
    代码块1
} else {
    if (条件2) {
        代码块2
    } else {
        if (条件3) {
            代码块3
        }
    }
}
```

⇒

```
if (memberPoints == 0) {
    memberGrade = "非会员"
} else {
    if (memberPoints > 0 && memberPoints <= 1000) {
        memberGrade = "白银会员"
    } else {
        if (memberPoints > 1000) {
            memberGrade = "黄金会员"
        }
    }
}
```

图 4-14　嵌套的 if 表达式

在 if 表达式中嵌入了 if 表达式，由此形成了"嵌套"结构。根据执行到该 if 表达式时 memberPoints 的取值不同，输出的结果也不同，不同的输出结果如图 4-15 所示。

| 数据示例1 | 数据示例2 | 数据示例3 |
| --- | --- | --- |
| memberPoints: 0 | memberPoints: 550 | memberPoints: 2550 |
| 输出结果为： | 输出结果为： | 输出结果为： |
| 您的会员等级是：非会员。 | 您的会员等级是：白银会员。 | 您的会员等级是：黄金会员。 |

图 4-15　嵌套的 if 表达式运行示例

如前所述，if 表达式的条件测试有严格的先后顺序，因此在书写条件时，可以按照一定的顺序将条件写得简练一些。以上面的代码为例，在会员积分一定大于等于 0 的前提下，条件 1 为 memberPoints == 0，那么条件 2 可以直接写为 memberPoints <= 1000。因为条件 2 测试的前提是条件 1 的值为 false，所以条件 2 被测试是有一个隐含条件的，即 memberPoints 一定是大于 0 的。对于包含很多条件且条件的取值范围是逐渐扩大或缩小的情况，按照条件变化的顺序来书写可以使代码更简洁。下面继续扩充示例程序，多增加一些会员等级，会员等级（memberGrade）和会员积分（memberPoints）的对应关系如图 4-16 所示。

> 非会员　　　会员积分 = 0
> 白银会员　　0 < 会员积分 ≤ 1000
> 黄金会员　　1000 < 会员积分 ≤ 5000
> 铂金会员　　5000 < 会员积分 ≤ 10000
> 钻石会员　　会员积分 > 10000

图 4-16　会员等级

对应的代码如下：

```
main() {
    var memberPoints = 12550   // 会员积分
    var memberGrade = ""       // 会员等级

    if (memberPoints == 0) {
        memberGrade = "非会员"
    } else if (memberPoints <= 1000) {
        memberGrade = "白银会员"
    } else if (memberPoints <= 5000) {
        memberGrade = "黄金会员"
    } else if (memberPoints <= 10000) {
        memberGrade = "铂金会员"
    } else {
        memberGrade = "钻石会员"
    }

    println("您的会员等级是：${memberGrade}。")
}
```

根据 memberPoints 的取值不同，输出的结果也不同，不同的输出结果如图 4-17 所示。

| 数据示例1 | 数据示例2 |
|---|---|
| memberPoints：5550<br>输出结果为：<br>**您的会员等级是：铂金会员。** | memberPoints：12550<br>输出结果为：<br>**您的会员等级是：钻石会员。** |

图 4-17　嵌套的 if 表达式运行示例

在进行程序设计时，确保代码的健壮性是十分重要的，这包括考虑到程序可能接收了错误数据的情况。以会员积分为例，虽然我们假设会员积分总是大于等于 0 的，但这只是一种理想的情况。实际操作中可能会由于人为失误导致输入错误的数据，程序应该能够妥善处理这种情况。为了避免错误数据的影响，我们可以给上面的 if 表达式添加一个额外的条件判断，如果 memberPoints 是负数则输出一条信息通知用户。另外，我们不希望这个用于错误处理的分支与会员等级的处理逻辑混淆，相应的解决方案是在现有的 if 表达式外面再"套"一个 if 表达式，形成又一层嵌套结构。修改过后的代码如代码清单 4-2 所示。

代码清单 4-2　member_grade.cj

```
01  main() {
02      var memberPoints = 15550   // 会员积分
03      var memberGrade = ""  // 会员等级
04
05      if (memberPoints >= 0) {   // 在会员积分合法的情况下，进一步判断会员等级
06          if (memberPoints == 0) {
07              memberGrade = "非会员"
08          } else if (memberPoints <= 1000) {
09              memberGrade = "白银会员"
10          } else if (memberPoints <= 5000) {
11              memberGrade = "黄金会员"
12          } else if (memberPoints <= 10000) {
13              memberGrade = "铂金会员"
14          } else {
15              memberGrade = "钻石会员"
16          }
17          println("您的会员等级是：${memberGrade}。")
18      } else {
19          println("对不起，会员积分不可以为负数。")
20      }
21  }
```

以上代码对应的流程图如图 4-18 所示。

根据 memberPoints 的取值不同，输出的结果也不同，不同的输出结果如图 4-19 所示。

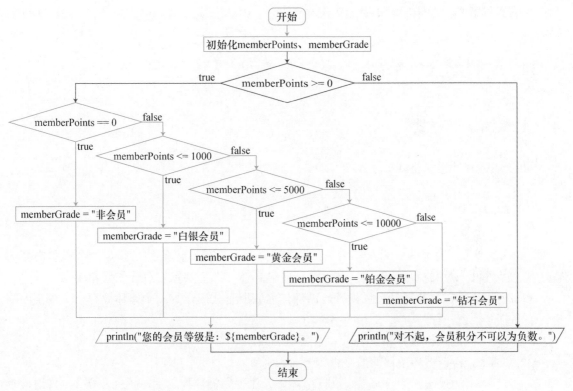

图 4-18　示例代码对应的流程图

| 数据示例1 |
| --- |
| memberPoints：15550 |
| 输出结果为： |
| 您的会员等级是：钻石会员。 |

| 数据示例2 |
| --- |
| memberPoints：-12550 |
| 输出结果为： |
| 对不起，会员积分不可以为负数。 |

图 4-19　嵌套的 if 表达式运行示例

## 4.4　循环结构

循环结构用于当循环条件成立时重复执行循环体。设想一下，现在需要输出 1～3 之内的所有自然数，根据我们已经学过的知识，可以使用以下代码来实现：

```
println(1)
println(2)
println(3)
```

如果需要输出 1～1000 之内的所有自然数，就需要 1000 行代码，这些代码都是重复的 println 表达式，唯一的区别在于要输出的自然数不同。显然，这种实现方式是不可取的。通过循环结构，可以避免这样的重复代码，减少代码量。

仓颉提供了 3 种循环表达式用于实现循环结构：while 表达式、do-while 表达式和 for-in 表达式。

注：还有一种特殊的while表达式（while-let表达式）用于模式匹配，详见第9章。

### 4.4.1 while 表达式

while 表达式的语法格式如下：

```
while （循环条件） {
    循环体
}
```

while 表达式以关键字 while 开头；while 之后是循环条件，该条件必须是一个**布尔类型**的表达式，并且以一对圆括号括起来；条件之后是循环体，即需要重复执行的代码块。

书写循环体时在左花括号之后换行，循环体内的所有代码作为一个整体要有一个级别的缩进，右花括号独占一行。

while 表达式的执行流程如下所示（见图 4-20）。

- 步骤 1：检查循环条件的值是否为 true。
- 步骤 2：如果条件为 true，则执行循环体。执行完循环体之后，返回步骤 1，再次检查条件。
- 步骤 3：如果条件为 false，则退出循环，并继续执行 while 表达式后面的代码。

while 表达式中的循环体可能被执行 0 到多次。

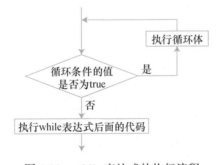

图 4-20　while 表达式的执行流程

下面的示例代码用 while 表达式输出了 1 ～ 10 之内的所有自然数。

```
main() {
    var i = 1

    while (i < 11) {
        print("${i}\t")   // print 函数在输出内容后不会换行
        i++
    }
}
```

编译并执行以上代码，输出结果为：

| 1 | 2 | 3 | 4 | 5 | 6 | 7 | 8 | 9 | 10 |
|---|---|---|---|---|---|---|---|---|----|

在以上代码中，while 表达式的执行流程如图 4-21 所示。执行到 while 表达式时，i 的值为 1，首先测试循环条件 i < 11，条件为 true，接着执行循环体中的两行代码，先输出插值字符串 "${i}\t"，此刻 "${i}\t" 的值为 "1        "，接着执行 i++ 使 i 的值变为 2，第一次循环结束；然后再测试循环条件，条件仍然为 true，再执行一次循环体……如此重复，直到 i 的值变为 11，循环条件变为 false，循环结束。

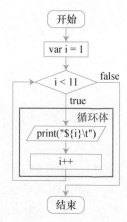

图 4-21　输出 1 ～ 10 的程序流程图

以上代码中使用了 print 函数而不是 println 函数。函数 print 与 println 的主要区别是 print 在输出内容后不会换行，println 在输出内容后会自动换行。例如，对于以下 3 行代码：

```
print(1)
print(2)
print(3)
```

执行后输出结果为：

```
123
```

如果将上述 3 行代码中的 print 替换为 println，输出的结果将是 3 行。在上面的示例程序中使用 println 函数时输出结果将有 10 行。当输出内容较多时，使用 println 可能会使输出结果不易阅读。

对于需要多次输出的程序，可以考虑使用 print 函数将多次输出的内容输出到同一行。如果一行输出的内容过多，可以在合适的位置添加换行的代码。例如，对于上面的示例程序，可以每输出 5 个数字就换行。具体实现时，我们需要一个计数器，每当计数器是 5 的倍数时就换行。计数器即用于计数的变量。示例程序中的变量 i 就可以作为计数器，因为 i 的值刚好就是已输出数字的个数。判断一个数是否是另一个数的倍数，或者说是否能被整除，是通过取模（%）运算来实现的。如果余数为 0，则可以整除；如果余数不为 0，则不能整除。修改上面示例中的 while 表达式，使之每输出 5 个数字就换行。代码如下：

```
while (i < 11) {
    print("${i}\t")

    // 如果i是5的倍数，则换行
    if (i % 5 == 0) {
        print("\n")   // 通过输出换行符实现换行
    }

    i++
}
```

编译并执行以上代码，输出结果为：

```
1       2       3       4       5
6       7       8       9       10
```

上面的示例已经说明了 while 表达式的基本工作原理。下面再看一个例子。

对于数字序列：

```
1, 2, 4, 7, 11, ……
```

计算并输出该序列的**前 10 项**、**前 10 项的和**以及**前 10 项的积**。

通过观察不难发现，这个数字序列的第 2 项与第 1 项的差为 1，第 3 项与第 2 项的差为 2……后一项与前一项的差是以 1 为步长递增的，如图 4-22 所示。

图 4-22　数字序列的特征

具体实现如代码清单 4-3 所示。

代码清单 4-3　summation_and_product.cj

```
01  main() {
02      var i = 1  // 表示项数
03      var a = 1  // 表示第 i 项的值
04      var d = 1  // 表示第 i+1 项和第 i 项的差
05      var sum = 0  // 表示前 10 项的和，初始值为 0
06      var product = 1  // 表示前 10 项的积，初始值为 1
07
08      while (i < 11) {
09          print("第${i}项：${a}\t")  // 输出第 i 项的值 a
10          // 每输出 5 项换行
11          if (i % 5 == 0) {
12              print('\n')
13          }
14          sum += a  // 累加，求和
15          product *= a  // 累乘，求积
```

```
16          a += d   // 计算下一项的值
17          d++
18          i++
19      }
20
21      println("前10项的和为:${sum}")   // 输出前10项的和
22      println("前10项的积为:${product}")   // 输出前10项的积
23  }
```

编译并执行程序,输出结果为:

```
第1项:1        第2项:2        第3项:4        第4项:7        第5项:11
第6项:16       第7项:22       第8项:29       第9项:37       第10项:46
前10项的和为:175
前10项的积为:10702393856
```

程序首先对各变量进行了定义和初始化(第 2 ~ 6 行),其中用于存储和与积的变量初始值分别为 0 与 1。第 8 ~ 19 行是 while 表达式,在循环体中,首先输出当前项的值 a,如果当前行已经输出了 5 项,则换行;接着将当前项加到和 sum 上、乘到积 product 上;然后计算下一项的值,存入 a;计算完下一项后,将后一项与前一项的差 d 加 1,以便于下一次计算;最后将计数器 i 加 1,开始下一轮的计算;当 i 的值变为 11 时循环条件变为 false,while 表达式结束。while 表达式结束后输出前 10 项的和与积,程序结束。程序在运行时,前 3 轮循环中各变量的变化如图 4-23 所示。

| | i | a | d | sum | product |
|---|---|---|---|---|---|
| 各变量初始值 | 1 | 1 | 1 | 0 | 1 |
| 第1次循环结束后 | 2 | 2 | 2 | 1 | 1 |
| 第2次循环结束后 | 3 | 4 | 3 | 3 | 2 |
| 第3次循环结束后 | 4 | 7 | 4 | 7 | 8 |

图 4-23  变量值的变化过程

### 4.4.2  do-while 表达式

do-while 表达式的语法格式如下:

```
do {
    循环体
} while (循环条件)
```

do-while 表达式以关键字 do 开头;do 之后是循环体,书写时在左花括号之后换行,循环体内的所有代码作为一个整体要有一个级别的缩进,在右花括号之前换行;右花括号之后是关键字 while 引导的循环条件,该条件必须是一个**布尔类型**的表达式,以一对圆括号括起来。

do-while 表达式的执行流程如下所示(见图 4-24)。

■ 步骤 1:执行循环体中的代码。
■ 步骤 2:检查循环条件的值是否为 true。

- ■　步骤 3：如果条件为 true，返回步骤 1，再次执行循环体。
- ■　步骤 4：如果条件为 false，则退出循环，并继续执行 do-while 表达式后面的代码。

do-while 表达式中的循环体可能被执行一到多次。

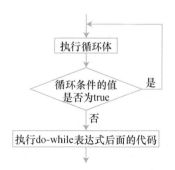

图 4-24　do-while 表达式的执行流程

下面以两个例子来说明 do-while 表达式的用法。

示例 1

利用欧几里得算法计算两个非 0 自然数的最大公约数。

欧几里得算法是由古希腊数学家欧几里得提出的，又称辗转相除法，用于计算两个非 0 自然数的最大公约数，其流程如下所示（见图 4-25）。

- ■　步骤 1：输入两个非 0 自然数的值，分别存入变量 m 和 n。
- ■　步骤 2：计算 m 除以 n 的余数 r。
- ■　步骤 3：将 n 的值赋给 m。
- ■　步骤 4：将 r 的值赋给 n。
- ■　步骤 5：检查 r 的值。如果 r 不为 0，返回步骤 2 继续循环。如果 r 为 0，退出循环。
- ■　步骤 6：输出 m 的值，该值即为 m 和 n 的最大公约数。

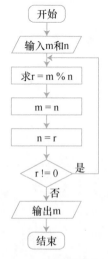

图 4-25　欧几里得算法流程图

具体实现如代码清单 4-4 所示。

代码清单 4-4 euclid_algorithm.cj

```
01  main() {
02      var m = 63
03      var n = 72
04      var r = 0
05
06      do {
07          r = m % n
08          m = n
09          n = r
10      } while (r != 0)
11
12      println("最大公约数为: ${m}")
13  }
```

编译并执行程序，输出结果为：

最大公约数为: 9

程序在运行时，各变量值的变化过程如图 4-26 所示。

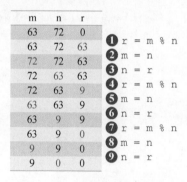

图 4-26 变量值的变化过程

示例 2

计算斐波那契数列的前 10 项并输出。斐波那契数列指的是这样一个数列：

1, 1, 2, 3, 5, 8, 13, 21, 34, 55, 89, ......

该数列的第 1 项和第 2 项均为 1，从第 3 项开始，每一项都等于前 2 项之和。
具体实现如代码清单 4-5 所示。

代码清单 4-5 fibonacci_sequence.cj

```
01  main() {
02      var a = 1   // 当前项的前面第2项，初始值为数列第1项的值
03      var b = 1   // 当前项的前一项，初始值为数列第2项的值
04      var c = 0   // 当前项，通过前2项之和计算得到
05      var i = 3   // 计数器，用于计项数
06      print("第1项: ${a}\t第2项: ${b}\t")   // 输出第1项和第2项
```

```
07
08        do {
09            c = a + b  // 计算当前项
10            a = b
11            b = c
12            print("第${i}项：${c}\t")
13            if (i % 5 == 0) {
14                print("\n")
15            }
16            i++
17        } while (i < 11)
18    }
```

编译并执行程序，输出结果为：

```
第1项：1      第2项：1      第3项：2      第4项：3      第5项：5
第6项：8      第7项：13     第8项：21     第9项：34     第10项：55
```

程序中定义了 4 个变量 a、b、c 和 i，其中 c 表示当前正要计算的项，a 和 b 分别表示 c 的前 2 项，i 用于计项数。程序开始时，a 表示第 1 项，值为 1；b 表示第 2 项，值为 1；从第 3 项开始计算，因此 i 的初始值为 3。接下来进入循环，首先通过第 9 行代码计算出当前项的值，接着通过第 10、11 行代码将项往后移，准备下一次的计算，然后通过第 12 行代码将当前项输出到当前行，第 13 ～ 15 行控制每行输出 5 个项，最后将计数器 i 加 1，循环直到 i 的值变为 11 之后结束。前 3 轮循环中变量值的变化过程如图 4-27 所示。

| i | a | b | c | |
|---|---|---|---|---|
| 3 | 1 | 1 | 0 | |
| 3 | 1 | 1 | 2 | ❶ c = a + b |
| 3 | 1 | 1 | 2 | ❷ a = b |
| 3 | 1 | 2 | 2 | ❸ b = c |
| 4 | 1 | 2 | 2 | ❹ i++ |
| 4 | 1 | 2 | 3 | ❺ c = a + b |
| 4 | 2 | 2 | 3 | ❻ a = b |
| 4 | 2 | 3 | 3 | ❼ b = c |
| 5 | 2 | 3 | 3 | ❽ i++ |
| 5 | 2 | 3 | 5 | ❾ c = a + b |
| 5 | 3 | 3 | 5 | ❿ a = b |
| 5 | 3 | 5 | 5 | ⓫ b = c |
| 6 | 3 | 5 | 5 | ⓬ i++ |

图 4-27　前 3 轮循环中变量值的变化过程

## 4.4.3　for-in 表达式

for-in 表达式主要用于遍历序列，如区间。遍历指的是将序列的所有元素依次访问一遍。

注：for-in 表达式可以遍历实现了 Iterable 接口的类型实例，详见第 12 章。区间类型已经扩展了 Iterable 接口。

for-in 表达式的语法格式如下：

```
for (循环变量 in 序列) {
    循环体
}
```

for-in 表达式以关键字 for 开头，for 之后是定义在一对圆括号内的循环条件。循环条件的格式为"循环变量 in 序列"，其中循环变量（或称迭代变量）是自定义的，不必事先声明，其类型与序列元素的类型一致，关键字 in 后面引导的是需要遍历的序列（如区间、数组等，目前我们学过的只有区间）。循环条件之后是循环体，其书写要求与 while 表达式一样。

for-in 表达式的执行流程如下所示（见图 4-28）。

■ 步骤 1：初始化迭代器，使其指向序列的开始位置。
■ 步骤 2：检查迭代器是否已经遍历完序列中的所有元素。如果已遍历完，跳到步骤 5。
■ 步骤 3：从序列中获取当前迭代器指向的元素，将其赋给循环变量并执行循环体内的代码。
■ 步骤 4：移动迭代器到序列中的下一个元素，然后返回步骤 2。
■ 步骤 5：结束循环，继续执行 for-in 表达式之后的代码。

如果关键字 in 之后的序列为空（即不包含任何元素），循环体将不会被执行。

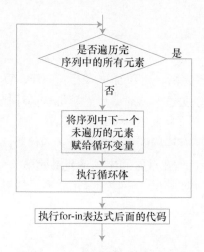

图 4-28　for-in 表达式的执行流程

需要注意的是，在 for-in 表达式中，**循环变量的作用范围只限于该 for-in 表达式的循环体内，超出范围则无效；在循环体中，可以读取循环变量的值**，但不允许修改循环变量的值。

下面的示例代码使用 for-in 表达式输出了 1 ~ 10 之内的所有自然数。

```
main() {
    for (i in 1..11) {
        print("${i}\t")
    }
}
```

编译并执行以上代码，输出结果为：

| 1 | 2 | 3 | 4 | 5 | 6 | 7 | 8 | 9 | 10 |
|---|---|---|---|---|---|---|---|---|----|

　　对比 4.4.1 节中使用 while 表达式输出相同内容的代码，可以发现，在**循环次数确定**的情况下，使用 for-in 表达式代码更简洁。

　　如果在 for-in 表达式的循环体内没有访问循环变量，在编译源文件时编译器会给出警告信息。例如：

```
main() {
    for (i in 0..3) {
        println("重要的事情要说三遍！")    // 在循环体内没有访问循环变量i
    }
}
```

编译时编译器给出的警告信息为：

```
warning: unused variable:'i'
```

　　警告信息用于指示代码中可能存在的问题。这些问题不足以阻止程序的编译过程，但可能会导致运行不稳定或者非预期的行为。使用通配符（_）代替循环变量可以消除这种警告信息（相关知识详见第 9 章）。

```
// 使用通配符代替循环变量
for (_ in 0..3) {
    println("重要的事情要说三遍！")
}
```

　　在 for-in 表达式的循环条件之后，可以加上 where 条件，以实现对序列元素的过滤。该条件是一个布尔类型的表达式，以关键字 where 引导。每次循环执行前，会先计算此表达式，如果为 true 则执行循环体，否则直接进入下一次循环。

　　例如，找出 1 ～ 100 之内所有这样的数：该数是 3 的倍数，却不是 9 的倍数。首先可以确定搜索的区间范围为 1..=100，显然在该区间内满足要求的第一个数是 3，因此可以将搜索区间进一步缩小为 3..100 : 3，这样就能够保证只搜索 3 的倍数，以减少循环的次数。然后添加一个 where 条件，排除 9 的倍数，实现代码如下：

```
main() {
    for (i in 3..100 : 3 where i % 9 != 0) {   // where条件
        print("${i} ")
    }
}
```

编译并执行以上代码，输出结果为：

```
3 6 12 15 21 24 30 33 39 42 48 51 57 60 66 69 75 78 84 87 93 96
```

　　接下来的示例使用了 for-in 表达式来判断一个正整数是不是素数。

　　素数（也称质数）是指在大于 1 的自然数中，除了 1 和它本身以外不再有其他因数的自然数。最小的素数是 2。

　　素数问题是数论中一个很经典的问题。从素数本身的定义出发，可以得出如下的判断思路：如果一个大于 1 的正整数 n，不能被 2 ～ n - 1 中的任何一个自然数整除，那么 n 即是一个素数；否则，n 不是一个素数。这个判断条件还可以进一步简化，因为 n 除了它本身之外的最大因数不可能比 n / 2 还大，所以判断的范围可以进一步缩小到 2 ～ n / 2。事实上，在数学上已经论证了，只要 2～$\sqrt{n}$ 之间没有 n 的因数，即可以判断 n 是素数。考虑到数据类型的问题，本例选择验证 2 ～ n / 2 这个范围。具体实现如代码清单 4-6 所示。

代码清单 4-6　is_prime.cj

```
01  main() {
02      var n = 43   // 待判断的正整数
03      var flag = true   // 标志, 初始值为true
04
05      for (i in 2..=(n / 2)) {
06          if (n % i == 0) {
07              flag = false
08          }
09      }
10
11      if (flag) {
12          println("${n}是素数")
13      } else {
14          println("${n}不是素数")
15      }
16  }
```

变量 n 是需要判断的正整数（第 2 行）；布尔类型的变量 flag 是表示 n 是否为素数的标志，初始值为 true（第 3 行）。第 5 ～ 9 行代码通过 for-in 表达式验证 2 ～ n / 2 之间有没有 n 的因数，如果发现 n 的某一个因数 i（使 n % i ＝＝ 0 为 true），就将 flag 的值设置为 false。在 for-in 表达式结束之后，检查 flag 的值。如果 flag 的值为 true，则说明在刚刚的验证中没有发现 n 的任何一个因数，n 是素数；否则说明在 2 ～ n / 2 之间存在 n 的因数，n 不是素数。

执行到 for-in 表达式时，根据 n 的取值不同，输出的结果也不同，不同的输出结果如图 4-29 所示。

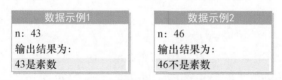

图 4-29　示例程序的数据示例

考虑这样一种情况：如果 n 的值为 1 会怎么样？如果 n 为 1，那么 for-in 表达式的条件就变为：

```
i in 2..=0
```

2..=0 是一个空区间，该 for-in 表达式的循环体根本不会被执行。因此，当 n 为 1 时，n 会被判断为素数。同理，当 n 为 2 时 n 也会被判断为素数，不过因为 2 本身就是素数，倒是没什么问题。通过在 for-in 表达式前面（第 4 行）插入以下代码，可以避免 1 被判断为素数。

```
// 排除1的影响
if (n < 2) {
```

```
        flag = false
    }
```

以上示例程序使用了一种穷举法的策略去判断一个正整数是否为素数。穷举法的基本思想是：对可能的解决方案进行逐一尝试，直到找到正确的解决方案或穷尽所有的可能性。以破解一个 6 位数密码为例，可以使用穷举法从 000000 开始试，然后是 000001、000002；以此类推，直到找到正确的密码。这种方法的缺点是可能需要进行大量尝试，优点是只要有足够的时间和计算资源，总是能找到解决方案。在处理规模较小的问题时，穷举法是一种可行的策略。然而，对于较大规模的问题，穷举法可能会非常耗时，甚至无法在合理的时间内找到解。

对于以上的素数问题，使用了穷举法去尝试所有可能的因数，直到找到一个可以整除 n 的因数，或者穷尽所有的可能性。这种方法对于比较小的数来说是可行的，对于非常大的数，穷举法的效率较低，这时通常需要其他更高效的算法。

### 4.4.4　break 表达式

break 表达式用于**循环表达式的循环体**内，其作用是立即终止当前循环。当 break 表达式被执行之后，循环立即被终止，循环体中剩下的代码将不会再被执行，然后开始执行循环表达式之后的代码。break 表达式通常与 if 表达式结合使用。

在某些情况下，我们可能不必等到循环条件不成立时才退出循环，而是可以选择提前结束循环。例如，在前面素数的示例中，只要找到了 n 的一个因数，就可以判定 n 不是素数，没有必要再继续检查序列中剩下的元素，这时就可以使用 break 表达式提前结束循环。我们可以将代码清单 4-6 中的 for-in 表达式修改为：

```
for (i in 2..=(n / 2)) {
    if (n % i == 0) {
        flag = false
        break  // 一旦发现n的因数，就提前结束循环
    }
}
```

假设输入的 n 是一个很大的合数，例如 20000，在不使用 break 表达式的情况下，这个 for-in 表达式要检查 2..=10000 之间所有的数，即需要循环 9999 次。在使用了 break 表达式之后，在检查到 2 时就已经发现了 20000 的一个因数，直接将 flag 设置为 false 并退出循环，即循环了 1 次。对比之下，可以发现使用 break 表达式大大减少了循环的次数，提高了程序的效率。

在另外一些情况下，循环条件可能比较复杂，或者难以预先确定。这时，我们可以在循环体内部决定何时退出循环。一种常见的思路是先通过 while (true) 构造一个无限循环，在循环体内部，当满足某个或某些条件时，就通过 break 退出循环（相当于将循环条件转移到了循环体中）。

下面看一个例子。对于等差数列：

```
1, 2, 3, 4, 5, ……
```

计算其前 n 项的和与积，要求当和超过 100 或积超过 500000 或 n 达到 50 时立即停止计算，

并输出当时的项数、和与积。

这个问题有 3 个结束条件，并且无法预知哪个条件先成立，因此可以先构造一个无限循环，然后在需要时使用 break 表达式退出循环。具体实现如代码清单 4-7 所示。

代码清单 4-7　usage_of_break.cj

```
01  main() {
02      var i = 1   // 表示当前项的值
03      var sum = 0   // 表示和
04      var product = 1   // 表示积
05
06      while (true) {
07          sum += i
08          // 若 sum > 100，则立即退出循环
09          if (sum > 100) {
10              break
11          }
12
13          product *= i
14          // 若 product > 500000，则立即退出循环
15          if (product > 500000) {
16              break
17          }
18
19          i++
20          // 若 i == 50，则立即退出循环
21          if (i == 50) {
22              break
23          }
24      }
25      println("i:${i}  sum:${sum}  product:${product}")
26  }
```

编译并执行以上代码，输出结果为：

```
i:10  sum:55  product:3628800
```

## 4.4.5　continue 表达式

continue 表达式用于**循环表达式的循环体**内，其作用是立即终止本次循环，开始下一次循环。continue 表达式通常与 if 表达式结合使用。

例如，结合使用 if 表达式和 continue 表达式可以实现 for-in 表达式的 where 条件。前面的示例程序可以改写为：

```
main() {
    // 搜索 1 ~ 100 之间所有是 3 的倍数却不是 9 的倍数的自然数
    for (i in 3..100 : 3) {
        if (i % 9 == 0) {
            continue   // 如果 i 是 9 的倍数，则立即结束本次循环，开始下一次循环
```

```
            }
            print("${i} ")
        }
    }
```

## 4.4.6 循环的嵌套

将一个循环表达式放在另一个循环表达式的循环体内，可以构成嵌套的循环结构。在嵌套循环中，只需将内层循环当作外层循环的循环体来看待就可以了。

请看以下代码：

```
main() {
    // 外层循环
    for (i in 0..3) {
        // 内层循环
        for (j in 4..7) {
            println("i: ${i}  j: ${j}")
        }
    }
}
```

编译并执行以上代码，输出结果为：

```
i: 0  j: 4
i: 0  j: 5
i: 0  j: 6
i: 1  j: 4
i: 1  j: 5
i: 1  j: 6
i: 2  j: 4
i: 2  j: 5
i: 2  j: 6
```

外层的 for-in 表达式每循环一次，内层的 for-in 表达式都完整执行一次（循环 3 次）。

仓颉对循环嵌套的层数没有限制。不过，考虑到程序的效率，应当尽量避免书写过于复杂的嵌套循环。

代码清单 4-8 使用嵌套循环输出了九九乘法表。

代码清单 4-8　multiplication_table.cj

```
01  main() {
02      for (i in 1..=9) {  // i控制行
03          for (j in 1..=i) {  // j控制列
04              print("${j}*${i}=${i * j}\t")  // 输出第 i 行的所有元素，从1*i到i*i
05          }
06          print("\n")  // 一行输出结束后，换行
07      }
08  }
```

编译并执行以上代码，输出结果为：

```
1*1=1
1*2=2    2*2=4
1*3=3    2*3=6    3*3=9
1*4=4    2*4=8    3*4=12    4*4=16
1*5=5    2*5=10   3*5=15    4*5=20   5*5=25
1*6=6    2*6=12   3*6=18    4*6=24   5*6=30   6*6=36
1*7=7    2*7=14   3*7=21    4*7=28   5*7=35   6*7=42   7*7=49
1*8=8    2*8=16   3*8=24    4*8=32   5*8=40   6*8=48   7*8=56   8*8=64
1*9=9    2*9=18   3*9=27    4*9=36   5*9=45   6*9=54   7*9=63   8*9=72   9*9=81
```

程序中外层循环的循环变量 i 控制行号，取值范围为 1 ～ 9。内层循环的循环变量 j 控制列号，因为第 1 行只输出到 1*1，第 2 行只输出到 2*2……所以第 i 行只输出到 i*i，j 的取值范围为 1 ～ i。当外层循环循环了 1 次时，内层循环循环了 i 次。

当 break 表达式和 continue 表达式位于嵌套循环中时，break 或 continue 只作用于它们所在的**当前循环**。例如，当 break 位于一个双重 for-in 表达式嵌套的内层循环中时，执行 break 只会结束内层循环，对外层循环没有影响。

我们可以将代码清单 4-8 修改为代码清单 4-9。

代码清单 4-9   multiplication_table.cj

```
01  main() {
02      for (i in 1..=9) {
03          for (j in 1..=9) {
04              // 如果j > i，则换行并使用break退出内层循环
05              if (j > i) {
06                  print("\n")
07                  break
08              }
09              print("${j}*${i}=${i * j}\t")
10          }
11      }
12  }
```

编译并执行以上代码，得到的结果和代码清单 4-8 是一样的。在这段代码中，内层循环的循环变量 j 的取值范围为 1 ～ 9，这与实际的九九乘法表是不符的，因此在内层循环中使用了一个 if 表达式来判断 j 和 i 的关系，只要 j > i 为 true，则立刻换行并使用 break 退出内层循环，接着外层的 for-in 表达式开始下一次循环。由此可见，内层循环中的 break 表达式只作用于内层循环，并不会影响外层循环。

再看一个例子：找到比 86 大的最小的素数。

虽然之前已经介绍了判断某个特定的正整数是否为素数的方法，但这个例子要找的是比 86 更大的最小素数。由于无法事先知道这个数具体是多少，我们只能从 86 开始逐一向上检查，直到找到一个素数为止。在这种无法预先确定循环次数的情况下，通常选择 while 表达式或 do-while 表达式。具体实现如代码清单 4-10 所示。

代码清单 4-10   prime_searcher.cj

```
01  main() {
02      var n = 86
```

```
03          var isPrime: Bool    // 标志，表示是否是素数
04
05          while (true) {
06              n++
07
08              // 判断n是不是素数
09              isPrime = true    // 每次判断前需要将isPrime置为true
10              for (i in 2..=(n / 2)) {
11                  if (n % i == 0) {
12                      isPrime = false
13                      break    // 退出的是内层的for-in表达式
14                  }
15              }
16
17              // 如果找到了则输出该素数并退出while表达式
18              if (isPrime) {
19                  println("比86大的最小素数是：${n}")
20                  break    // 退出的是外层的while表达式
21              }
22          }
23      }
```

程序中使用了两个 break 表达式，其中第 13 行的 break 表达式用于退出内层循环，第 20 行的 break 表达式用于退出外层循环。编译并执行以上代码，输出结果为：

比86大的最小素数是：89

## 4.5　各种流程控制表达式的类型

### 4.5.1　if 表达式的类型

单分支 if 表达式的类型为 Unit，值为 ()。双分支 if 表达式的类型则需要视情况而定。

**当双分支 if 表达式的值没有被使用时**，该 if 表达式的类型为 Unit，此时不要求 if 分支类型和 else 分支类型有最小公共父类型。**当双分支 if 表达式的值被使用时**，该 if 表达式的类型是 if 分支类型和 else 分支类型的最小公共父类型。

注：父类型和子类型的概念详见第 6 章和第 7 章。

首先看一个双分支 if 表达式的值没有被使用的例子。

```
main() {
    var x: Int64
    let n = 10

    if (n > 10) {
```

```
        x = 0
    } else {
        x = 1
    }

    println(x)
}
```

在以上示例中，双分支 if 表达式的作用是根据 n 的值对变量 x 进行赋值，if 表达式本身的值并没有被使用，因此该 if 表达式的类型为 Unit，值为 ()。

将以上代码修改为如下代码。

```
main() {
    let n = 10

    let x = if (n > 10) {
        0
    } else {
        1
    }

    println(x)
}
```

以上代码将 if 表达式的值赋给了变量 x，并且变量 x 没有显式声明类型。此时该双分支 if 表达式的类型将被编译器自动推断为 if 分支类型和 else 分支类型的最小公共父类型。

在推断双分支 if 表达式的类型时，需要先确定各个分支的类型：

- 若分支的最后一项为表达式，则分支的类型是此表达式的类型；
- 若分支的最后一项为变量或函数定义，或分支为空，则分支的类型为 Unit。

在以下代码中，if 表达式的 if 分支和 else 分支的最后一项都是算术表达式，其类型都为 Int64，因此该 if 表达式的两个分支类型都是 Int64。

```
var n = 10
let x = if (n > 10) {
    n * 2   // if分支的类型为Int64
} else {
    n - 5   // else分支的类型也为Int64
}
```

再看以下代码。if 表达式的 if 分支的最后一项是 ()，其类型为 Unit，该 if 分支的类型即为 Unit；else 分支内是一个自减表达式（Unit 类型），该 else 分支的类型也为 Unit。

```
var n = 10
let x = if (n > 10) {
    ()   // if分支的类型为Unit
} else {
    n--   // else分支的类型也为Unit
}
```

接下来我们讨论整个双分支 if 表达式的类型。

举例如下：

```
var x = 5
while(true) {
    var n = if (x < 10) {
        x++   // if分支类型为Unit
    } else {
        break   // break表达式的类型为Nothing，因此else分支类型为Nothing
    }
    println(n)
}
println(x)   // 输出: 10
```

在以上代码中，if 分支类型为 Unit，else 分支类型为 Nothing，因为 Nothing 类型是所有类型的子类型，所以 Unit 和 Nothing 类型的最小公共父类型为 Unit，该 if 表达式的类型为 Unit。

注意，双分支 if 表达式的类型不是在任何情况下都可以推断出来，推断失败时编译器将报错。

在使用双分支 if 表达式时，如果上下文有明确的类型要求，那么两个分支的类型必须是上下文所要求类型的子类型（**任何类型都可看作其自身的子类型**）。

以下是一个上下文有明确类型要求的例子。在声明变量 memberGrade 时，定义了其类型为 String 类型。在下面的赋值表达式中，将 if 表达式的值赋给 memberGrade，这就要求 if 表达式的两个分支的类型都必须是 String 的子类型，显然 " 会员 " 和 " 非会员 " 的类型均是 String（该 if 表达式的类型也为 String），因此满足要求。

```
var memberPoints = 100
var memberGrade: String

memberGrade = if (memberPoints > 0) {
    "会员"   // if分支类型为String
} else {
    "非会员"   // else分支类型为String
}

println(memberGrade)   // 输出: 会员
```

当双分支 if 表达式的值被使用时，其值是在运行时确定的。根据运行时的情况（变量的取值等），哪条分支被执行，则 if 表达式的值即为哪条分支的值。各分支的取值如下：

- 若分支的最后一项为表达式，则分支的值即为此表达式的值；
- 若分支的最后一项为变量或函数定义，或分支为空，则分支的值为 ()。

例如，对于上面的例子，如果运行时 memberPoints 的值为 100，则 if 表达式的值为 " 会员 "；如果 memberPoints 的值为 0，则 if 表达式的值为 " 非会员 "。

## 4.5.2　其他流程控制表达式的类型

除了 if 表达式，其他流程控制表达式的类型都比较简单：

- while 表达式、do-while 表达式和 for-in 表达式的类型都是 Unit，值都为 ()；

- break 表达式和 continue 表达式都是 Nothing 类型。

## 4.6 小结

本章主要学习了各种流程控制表达式的用法。

在构造循环表达式时要特别注意避免死循环。死循环是循环条件总是成立而使得循环不断执行无法退出的循环。举例如下：

```
var n = 1

// 这是一个死循环
while (n < 100) {
    println(n)
}
```

在以上代码中，由于 n 的值永远为 1，所以循环条件总是为 true，循环无法正常退出。

如前所述，有时我们可能会主动构造无限循环。无限循环在实际的软件开发和系统设计中有着重要的用途，尤其是在需要持续运行以等待和响应外部事件的应用场景中。例如，操作系统内核中的调度程序通常就是通过无限循环来实现的，这个循环不断地检查是否有新的任务需要执行，或者是否有当前执行的任务需要被中断或终止。再如，许多视频游戏的主循环是基于无限循环实现的。主循环不断地执行，负责处理游戏内的各种事件，如用户输入、游戏逻辑更新、图形渲染等，直到玩家退出游戏。

无限循环和死循环都表示循环会一直执行下去，但"无限循环"一般是故意设计的，并且无限循环也有安全退出的机制，而"死循环"通常是因为错误造成的。在构造循环表达式时，**必须要保证循环一定可以安全退出**——要么通过循环条件约束，要么通过 break 表达式。

另外，在选择循环表达式时，如果循环的次数是确定的，使用 for-in 表达式可能会使代码更简洁。

在掌握了这些知识之后，我们就可以解决本章开头提出的模拟抛硬币的问题了，具体实现如代码清单 4-11 所示。

代码清单 4-11　simulated_coin_toss.cj

```
01  from std import random.Random  // 导入标准库 random 包中的 Random 类
02
03  main() {
04      let rnd = Random()  // 构造一个生成随机数的对象 rnd
05      var x: Bool  // 用于存储生成的随机布尔值
06      var counterT = 0  // true 的计数器
07      var counterF = 0  // false 的计数器
08
09      for (_ in 0..10000) {
10          x = rnd.nextBool()  // 生成随机布尔值并存入 x
11          if (x) {
12              counterT++
13          } else {
```

```
14              counterF++
15          }
16      }
17
18      println("正面出现的次数为:${counterT}")
19      println("反面出现的次数为:${counterF}")
20  }
```

程序首先导入了标准库 random 包中的 Random 类,用于生成随机数(第 1 行),并通过 Random() 构造了一个生成随机数的对象 rnd(第 4 行)。接着对一些变量进行了声明和初始化,包括用于存储随机布尔值的 Bool 类型变量 x,以及两个计数器变量(第 5～7 行)。之后通过一个 for-in 表达式模拟抛 10000 次硬币:在循环体中,先生成一个随机布尔值并存入 x,再对 x 的值进行判断;若 x 为 true,则将表示正面的计数器 counterT 加 1,否则将表示反面的计数器 counterF 加 1。最后,分别输出正面和反面出现的次数。

编译并执行以上代码,输出结果可能为:

```
正面出现的次数为:5020
反面出现的次数为:4980
```

本章的主要知识点如图 4-30 所示。

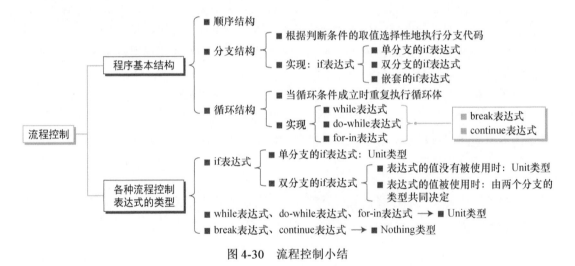

图 4-30　流程控制小结

# 第 5 章
# 函 数

## 5.1 函数的概念

在程序设计中，我们常常会遇到需要重复执行的特定操作。如果每次执行这样的操作都编写一段相同的代码，则会导致代码库中充斥大量重复的代码片段。此外，若需要修改这种操作，还必须逐一更改每处重复的代码，这不仅增加了维护代码的工作量，也容易引入错误。使用函数可以有效解决这一问题。

函数可以理解为一个带有名字的用于完成特定操作的代码块。在程序设计中，我们可以将需要复用的代码定义为函数。当需要执行特定操作时，只需通过函数名调用预先定义好的函数，从而实现代码的复用。使用函数组织程序，可以使程序更易阅读、维护和共享。

例如，假如在程序中需要多次计算两个自然数的最大公约数，那么就可以定义一个函数 gcd 来执行这个操作。每次需要计算时，只需要调用函数 gcd 并传入要计算的两个自然数即可。调用完成后函数会返回这两个数的最大公约数，如图 5-1 所示。

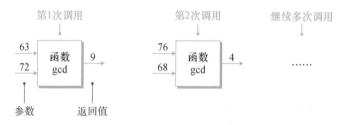

图 5-1 函数调用示意图

在这个调用过程中，传入函数的两个自然数被称作函数的参数，最终得到的最大公约数被称作函数的返回值。

仓颉已经为我们提供了大量的函数。例如，println 和 print 函数用于向终端窗口输出数据，toString 函数用于将数据转换为 String 类型，abs 函数用于求绝对值；等等。除了使用仓颉提供的函数，我们也可以自定义函数，以满足特定的需求。

本章主要介绍函数定义和使用的相关基础知识。

## 5.2 函数的定义

### 5.2.1 函数定义的方式

定义函数的语法格式如下：

```
func 函数名([参数列表])[: 返回值类型] {
    函数体
}
```

函数定义以关键字 func 开头；func 后面是函数名，函数名必须是合法的标识符，建议使用**小驼峰命名风格**来命名；函数名之后是以一对圆括号括起来的参数列表（如果函数没有参数，圆括号不能省略）；参数列表之后是可选的函数的返回值类型，参数列表与函数返回值类型（如果有的话）之间以冒号分隔；返回值类型之后是以一对花括号括起来的函数体。

下面是一个简单的函数的例子：

```
func printHello() {
    // 函数体
    println("Hello!")
}
```

以上代码定义了一个名为 printHello 的函数。该函数没有参数，因此函数名之后的圆括号是空的。该函数也没有定义返回值类型，此时编译器将自动推断函数的返回值类型。该函数的函数体只有一行代码，在书写时需要有一个级别的缩进。

下面我们将依次对函数参数、函数体以及函数返回值进行详细的介绍。

## 5.2.2 函数参数

一个函数可以有 0 到多个参数，这些参数定义在函数的参数列表中。根据函数调用时是否需要指定参数名，可以将参数分为两类：非命名参数和命名参数。

非命名参数的定义方式为：

```
参数名: 参数类型        // 参数名和参数类型之间以 ":" 连接
```

命名参数的定义方式为：

```
参数名!: 参数类型 [= 默认值]        // 参数名和参数类型之间以 "!:" 连接
```

函数参数的名称必须是合法的标识符，建议使用**小驼峰命名风格**来命名。参数列表中的多个参数之间以逗号作为分隔符。

在第 2 章有一个计算墙面积的例子。现在我们可以定义一个函数 calcWallArea 来实现这个功能。该函数的定义如下：

```
func calcWallArea(width: Float64, height: Float64): Float64 {
    // 函数体略
}
```

为了计算墙的面积，需要输入两个数据：墙宽和墙高。因此，参数列表中使用了两个非命名参数 width 和 height 分别表示墙宽和墙高，这两个参数的类型均为 Float64，以逗号进行分隔。

在上面的函数定义中，也可以使用命名参数。将参数 width 和 height 都修改为命名参数，修改过后的函数定义如下：

```
func calcWallArea(width!: Float64, height!: Float64): Float64 {
    // 函数体略
}
```

还可以**为命名参数设置默认值**。通过以下方式可以将表达式的值设置为命名参数的默认值：

```
参数名!: 参数类型 = 表达式
```

例如，给 height 设置一个默认值，以指出 height 的常用值。代码如下：

```
func calcWallArea(width!: Float64, height!: Float64 = 3.0): Float64 {
    // 函数体略
}
```

在参数列表中，可以同时定义非命名参数和命名参数，但是非命名参数只能定义在命名参数之前。例如，以下代码中函数的参数列表定义是不合法的：

```
// 编译错误: 命名参数不能定义在非命名参数之前
func calcWallArea(width!: Float64, height: Float64): Float64 {
    // 函数体略
}
```

如果以上代码中的 width 是非命名参数，而 height 是命名参数，则是合法的。

关于函数参数的主要知识点如图 5-2 所示。

图 5-2　函数参数

## 5.2.3　函数体

函数体中定义了函数被调用时执行的一系列操作，一般包含一系列变量声明和表达式，也可以包含嵌套函数。

### 1. return 表达式

在函数体中，可以使用 return 表达式来返回函数的返回值。return 表达式的形式如下：

```
return [expr]
```

式中的 expr 是一个表达式，其值即为函数的返回值（后文中出现的 expr 一概是指 return 表达式中关键字 return 后面跟随的表达式）。该 expr 的类型必须是函数定义的返回值类型的子类型（如果有定义返回值类型的话）。若在关键字 return 后缺省 expr，则相当于 return ()。

另外，return 表达式本身的类型总是 Nothing，与 expr 的类型无关（见图 5-3）。

图 5-3　return 表达式

让我们将上一小节中用于计算墙面积的函数补全，代码如下：

```
func calcWallArea(width: Float64, height: Float64): Float64 {
    return width * height  // 表达式width * height的计算结果是Float64类型
}
```

在函数体的任意位置可以出现 0 到多个 return 表达式，一旦函数被调用后执行了任何一个 return 表达式，那么函数立即终止运行并携带返回值返回。

下面看一个例子。符号函数是一个很有用的数学函数，其图示和对应的公式如图 5-4 所示。

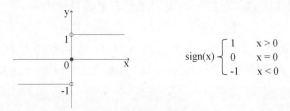

$$\text{sign}(x) \begin{cases} 1 & x > 0 \\ 0 & x = 0 \\ -1 & x < 0 \end{cases}$$

图 5-4　符号函数

将 sign(x) 定义为一个仓颉函数，代码如下：

```
func sign(x: Float64): Int64 {
    if (x > 0.0) {
        return 1
    } else if (x < 0.0) {
        return -1
    } else {
        return 0
    }
}
```

以上函数中有 3 个 return 表达式，具体执行哪一个需要根据调用函数时参数 x 的取值来决定。

**2. 函数参数是不可变变量**

在函数定义的参数列表中的参数可以看作以 let 声明的局部变量，在函数体中只可以读取不可以修改，这些参数的作用范围从引入处开始，到函数体结束处结束。关于变量的作用范围的相关知识详见 5.4 节。

代码清单 5-1 将第 4 章介绍过的欧几里得算法定义成了一个函数。

代码清单 5-1　euclid_algorithm.cj

```
01  func gcd(m: Int64, n: Int64): Int64 {
02      // m和n是不可变变量，因此需要重新定义2个可变变量
03      var a = m
04      var b = n
05      var r = 0
06
07      do {
08          r = a % b
```

```
09          a = b
10          b = r
11      } while (r != 0)
12      return a
13  }
```

在欧几里得算法中需要不断修改 m 和 n 的值，而 m 和 n 是不可变变量，因此不能直接对 m 和 n 赋值。解决方案是定义两个可变变量 a 和 b，分别将 m 和 n 的值赋给 a 和 b，然后在函数体中修改 a 和 b 的值。

### 3. 函数体的类型

函数体也是有类型和值的，函数体的类型和值即是函数体内最后一项的类型和值：

■ 若最后一项为表达式，则函数体的类型是此表达式的类型，值是该表达式的值；

■ 若最后一项为变量或函数定义，或函数体为空，则函数体的类型为 Unit，值为 ()。

例如，以下函数的函数体类型为 Float64，值为表达式 width * height 的值。

```
func calcWallArea(width: Float64, height: Float64): Float64 {
    width * height
}
```

与 return 表达式中的 expr 的类型一样，函数体的类型也必须是函数定义的返回值类型的子类型（如果有定义返回值类型的话）。

## 5.2.4　函数返回值

函数返回值的类型是函数被调用后得到的结果的类型。在函数定义时，可以显式地定义返回值类型，也可以缺省返回值类型，交由编译器自动推断。

当显式地定义了函数的返回值类型时，要求**函数体**的类型、函数体内**所有 return 表达式中的 expr** 的类型必须是定义的返回值类型的子类型。

例如，下面的函数定义会引发编译错误：

```
// 编译错误: Int64(width * height) 的类型 Int64 与返回值类型 Float64 不匹配
func calcWallArea(width: Float64, height: Float64): Float64 {
    return Int64(width * height)  // expr的类型为Int64
}
```

如果在函数定义时缺省了函数返回值类型，编译器将尝试自动推断函数的返回值类型：函数返回值类型将被推断为**函数体**的类型与函数体内所有 return 表达式中的 **expr** 的类型的最小公共父类型。编译器推断函数返回值类型也可能会失败，此时将会编译报错。

下面的函数在定义时缺省了返回值类型，其函数体类型为 Nothing，return 表达式中的 expr 的类型为 Float64，而 Nothing 是所有类型的子类型，因此最小公共父类型为 Float64，该函数的返回值类型被推断为 Float64。

```
func calcWallArea(width: Float64, height: Float64) {
    // 函数体的类型为Nothing
    return width * height  // expr(width * height) 的类型为Float64
}
```

函数返回值主要取决于函数执行时的情况：

- 若函数是执行了某个 return 表达式而结束的，则函数返回值为该 return 表达式中的 expr 的计算结果；
- 若函数没有执行任何一个 return 表达式，而是正常将函数体执行完毕而结束的，则函数返回值为函数体的值。

例如，对于以下函数 getBookInfo，函数体中不包含任何 return 表达式，函数的返回值即是函数体中最后一个表达式的值：元组 (bookName, authors)。

```
func getBookInfo(): (String, String) {
    let bookName = "图解仓颉编程"
    let authors = "刘玥 张荣超"
    (bookName, authors)   // 函数中不含 return 表达式，函数返回值是函数体中最后一个表达式的值
}
```

## 5.3　函数的调用和执行

### 5.3.1　函数调用的方式

一般情况下，定义好的函数不会自动自发地执行，只有显式地调用了函数，才可以执行函数中的代码。

调用函数的语法格式如下：

```
函数名([参数1，参数2，……，参数n])
```

其中，参数 1 到参数 n 是 n 个调用时的参数（实参）。

调用函数时使用的参数称为*实参*，与之对应地，函数定义中的参数称为*形参*。实参（argument）的全称为"实际参数"，指的是在**调用时**传递给函数的参数，可以是任意表达式；形参（parameter）的全称为"形式参数"，指的是在**定义函数时**使用的参数，目的是用于接收调用函数时使用的实参。在调用函数时，首先会发生参数传递，将实参的值传递给相应的形参，**每个实参的类型必须是对应形参类型的子类型**。调用函数时，即使没有实参，函数名之后的"()"也不可以省略。

### 5.3.2　参数传递

根据函数定义时参数的类型不同，调用函数时参数传递的方式也有所不同。

**1. 非命名参数的传递**

非命名参数对应的实参是一个表达式。非命名参数的实参是**按照位置顺序传递**给形参的，即：第 1 个实参传递给第 1 个形参，第 2 个实参传递给第 2 个形参；以此类推。

下面的示例代码定义了一个函数 printParams，用于打印所有参数的值。其中，形参 a、b、

c 都是非命名参数。调用此函数两次，第 1 次传递的实参分别是 5、3、2，第 2 次传递的实参分别是 2、5、3。

```
// 形参a、b、c都是非命名参数
func printParams(a: Int64, b: Int64, c: Int64) {
    println("a = ${a},b = ${b},c = ${c}")
}

main() {
    printParams(5, 3, 2)   // 输出：a = 5，b = 3，c = 2
    printParams(2, 5, 3)   // 输出：a = 2，b = 5，c = 3
}
```

在这两次函数调用中，实参传递给非命名形参的对应关系如图 5-5 所示。

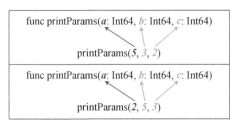

图 5-5　非命名参数的传递

### 2. 命名参数的传递

命名参数对应的实参形式如下：

```
形参名：实参
```

其中，形参名是命名参数的名字，实参是一个表达式。在调用函数时，系统会**根据形参名**来将实参传递给对应的形参，因此命名参数的实参在书写时不必在意位置顺序。

例如，对上面的函数 printParams 稍做修改，将形参都改为命名参数，此时以下 3 种调用方式是完全等效的，都是将 2 传递给 a，将 3 传递给 b，将 5 传递给 c。

```
// 形参a、b、c都是命名参数
func printParams(a!: Int64, b!: Int64, c!: Int64) {
    println("a = ${a},b = ${b},c = ${c}")
}

main() {
    printParams(a: 2, b: 3, c: 5)   // 输出：a = 2，b = 3，c = 5
    printParams(b: 3, c: 5, a: 2)   // 输出：a = 2，b = 3，c = 5
    printParams(b: 3, a: 2, c: 5)   // 输出：a = 2，b = 3，c = 5
}
```

在这 3 次函数调用中，实参传递给命名形参的对应关系如图 5-6 所示。

如果命名参数在定义时设置了默认值，那么该参数就是一个可选参数（见图 5-7）：当调用函数时提供了实参时，就将该实参传递给形参；当调用函数时没有提供实参时，函数执行时会使用默认值作为实参。

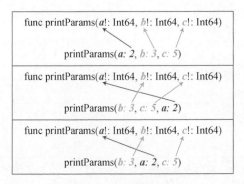

图 5-6  命名参数的传递

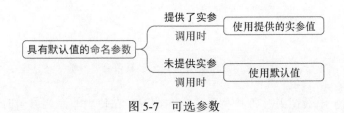

图 5-7  可选参数

通常我们会将形参的典型取值作为默认值，这样既可以指出函数的常规用法，也可以在多数情况下减少输入实参的工作量。例如：

```
// "顾客"是参数customer的典型取值
func sayHi(customer!: String = "顾客") {
    println("尊敬的" + customer + "，您好，欢迎光临！")
}

main() {
    sayHi()   // 输出：尊敬的顾客，您好，欢迎光临！
    sayHi(customer: "李先生")   // 输出：尊敬的李先生，您好，欢迎光临！
}
```

函数 sayHi 的参数是命名参数，其默认值为 " 顾客 "。在两次调用中，第 1 次使用的是默认值，第 2 次使用的是传递的实参值。这样，在调用函数时，如果没有明确地指明顾客称呼的需求，就可以不传实参，而直接使用默认值。

### 3. 同时使用非命名参数和命名参数

如果函数定义中同时有非命名参数和命名参数，调用函数时的实参列表中也应该将非命名参数放在命名参数的前面。例如，下面的示例代码对函数 printParams 进行了修改，其中，形参 a 和 b 是非命名参数，形参 c 和 d 是命名参数，c 的默认值为 3。

```
func printParams(a: Int64, b: Int64, c!: Int64 = 3, d!: Int64) {
    println("a = ${a},b = ${b},c = ${c},d = ${d}")
}
```

调用时，若要将 1、2、3、4 分别传递给 a、b、c、d，以下 3 种方式是完全等效的：

```
main() {
    printParams(1, 2, c: 3, d: 4)   // 非命名参数的实参在命名参数的实参前面
```

```
    printParams(1, 2, d: 4, c: 3)   // 非命名参数按位置顺序传递，命名参数按参数名传递
    printParams(1, 2, d: 4)   // 使用参数c的默认值
}
```

在这 3 次函数调用中，实参传递给命名形参的对应关系如图 5-8 所示。

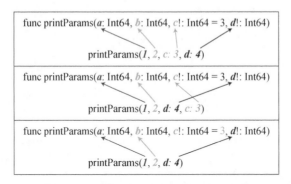

图 5-8　同时使用非命名参数和命名参数

本节主要介绍了函数调用时各种参数传递的情况。在使用非命名参数时，一定要注意实参的顺序。相对于非命名参数，命名参数在调用时不需要考虑实参的顺序。另外，可以通过给命名参数设置默认值的方式将参数变为可选参数，并同时指出函数参数的典型取值。

### 5.3.3　函数调用的执行过程

函数被调用后，程序的执行过程是这样的：首先跳转到函数定义的位置；然后将实参传递给形参；接着执行函数体内的代码；执行完函数体之后携带返回值跳转回调用函数的位置，继续执行后续的代码。

下面仍然以欧几里得算法的示例来说明这个过程，如代码清单 5-2 所示。

代码清单 5-2　euclid_algorithm.cj

```
01   // 欧几里得算法求最大公约数
02   func gcd(m: Int64, n: Int64): Int64 {
03       var a = m
04       var b = n
05       var r = 0
06
07       do {
08           r = a % b
09           a = b
10           b = r
11       } while (r != 0)
12       return a
13   }
14
15   main() {
16       var result = gcd(54, 72)   // 第 1 次调用
17       println("54和72的最大公约数为:${result}")
```

```
18      result = gcd(68, 164)   // 第2次调用
19      println("68和164的最大公约数为: ${result}")
20  }
```

编译并执行以上代码，输出结果为：

```
54和72的最大公约数为: 18
68和164的最大公约数为: 4
```

该程序的执行过程如图 5-9 所示。

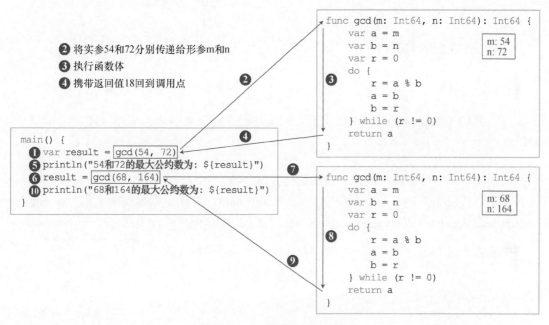

图 5-9　示例程序的执行过程

程序从 main 开始执行，main 的第 1 行代码是一个变量声明，用于对变量 result 进行声明和初始化（❶）。首先要计算 result 的初始值，即赋值操作符右边的表达式的值，这个表达式是一个函数调用，因此开始第 1 次函数调用。调用开始时，跳转到函数 gcd 定义的位置，并将实参 54 和 72 分别传递给形参 m 和 n（❷）；接着执行 gcd 的函数体（❸），执行到 return 表达式时，函数体执行结束，程序携带返回值 18 回到调用点（❹），将返回值赋给变量 result，main 中的第 1 行代码执行完毕。

接着执行 main 中的第 2 行代码（❺），输出：

```
54和72的最大公约数为: 18
```

然后执行 main 中的第 3 行代码（❻）。这是一个赋值表达式，先计算赋值操作符右边的表达式，这个表达式又是一个函数调用，因此开始第 2 次函数调用。第 2 次调用的过程是完全一样的，不过这次调用时，使用的实参是 68 和 164（❼），执行完函数体后（❽），将返回值 4 返回到 main 中的调用点（❾），并将返回值赋给变量 result，main 中的第 3 行代码执行完毕。

最后，执行 main 中的第 4 行代码（❿），输出：

```
68和164的最大公约数为: 4
```

从这个示例中可以清楚地看到函数的代码被重复使用的过程，函数可以"一次定义，多次调用"。

## 5.4　变量的作用域

在程序中声明的变量只在一定范围内起作用，变量起作用的范围被称为变量的作用域。在变量的作用域之内，可以正常访问变量，一旦超出了作用域，变量就无效了。

### 5.4.1　全局变量的作用域

在仓颉源文件顶层声明的变量，被称为全局变量。全局变量的作用域是包内可见的。

注：因为定义全局变量的源文件属于当前包，而全局变量是整个包内可见的，所以全局变量在定义的源文件中也是全局可见的。关于包的相关知识详见第 13 章。

全局变量在声明时**必须**初始化，否则会引发编译错误。

以下示例代码中声明了一个全局变量 operationCount，其作用域覆盖了全局，即 main、函数 increment、decrement 和 printOperationCount 都可以访问 operationCount。

```
var operationCount = 0   // 定义全局变量，用于跟踪程序中的操作次数

// 增加操作次数
func increment() {
    operationCount++
}

// 减少操作次数
func decrement() {
    operationCount--
}

// 输出操作次数
func printOperationCount() {
    println("操作次数为${operationCount}")
}

main() {
    increment()
    printOperationCount()   // 输出：操作次数为1

    decrement()
    printOperationCount()   // 输出：操作次数为0

    println("操作次数为${operationCount}")   // 输出：操作次数为0
}
```

## 5.4.2 局部变量的作用域

定义在函数或代码块中的变量，被称为局部变量。局部变量的作用域仅局限于某个局部范围。如果在作用域之外访问变量，则会引发编译错误。

### 1. 插值字符串中的局部变量

插值字符串的插值表达式中除了可以包含表达式，还可以包含声明。在插值表达式中声明的变量都是局部变量，其作用域从声明处开始，到插值表达式结束处结束。例如，下面的插值表达式中声明的局部变量 length，其作用域只限于 {} 中，如果在作用域之外尝试访问 length，则会引发编译错误。

```
main() {
    // 局部变量length的作用域只限于插值表达式的{}中
    println("正方形的面积：${let length = 4.5; length * length}")
    println(length)   // 编译错误：变量length未定义
}
```

### 2. if 表达式中的局部变量

在 if 表达式的分支中声明的局部变量，其作用域从声明处开始，到分支结束处结束。例如，在以下 if 表达式的分支中，声明了一个局部变量 ageStatus，其作用域只限于该分支，如果在该分支之外尝试访问 ageStatus，则会引发编译错误。

```
main() {
    var userAge = 20

    if (userAge >= 18) {
        // 局部变量ageStatus的作用域只限于该if分支内部
        let ageStatus = "成年"
        println(ageStatus)
    }
    println(ageStatus)   // 编译错误：变量ageStatus未定义
}
```

### 3. 循环表达式中的局部变量

在 while 表达式、do-while 表达式和 for-in 表达式的循环体中声明的局部变量，其作用域都是从声明处开始，到循环体结束处结束。

另外，for-in 表达式的循环变量也是一个局部变量，其作用域只限于 for-in 表达式的循环体。

### 4. 函数中的局部变量

函数中的局部变量主要有两种：形参和函数体内声明的变量。

对于函数形参，其作用域是整个函数体；对于函数体内声明的变量，其作用域是从声明处开始到函数体结束处结束。

注：在后面的章节中，我们还会见到其他的局部变量，届时再一一说明。

在第 4 章有这样一个例子：找到比 86 大的最小的素数（见代码清单 4-10）。

在学习了函数的知识之后，我们可以将这个例子改写为通过函数来实现。具体实现如代码清单 5-3 所示。

代码清单 5-3　prime_searcher.cj

```
01  let START_NUM = 86
02
03  main() {
04      searchPrime(START_NUM)    // 输出：比86大的最小素数为89
05  }
06
07  // 查找比86大的最小素数，找到之后输出该数
08  func searchPrime(num: Int64) {   // 形参num的作用域限于函数searchPrime的函数体
09      var counter = num    // 局部变量counter的作用域自声明处开始到函数体结束处结束
10      while (true) {
11          counter++
12
13          if (isPrime(counter)) {
14              println("比86大的最小素数为${counter}")
15              return
16          }
17      }
18  }
19
20  // 判断n是否为素数，若是则返回true，否则返回false
21  func isPrime(n: Int64) {    // 形参n的作用域限于函数isPrime的函数体
22      if (n < 2) {
23          return false
24      }
25
26      for (i in 2..=(n / 2)) {   // 循环变量i的作用域限于for-in表达式的循环体
27          if (n % i == 0) {
28              return false
29          }
30      }
31      true
32  }
```

在程序的开始定义了一个全局变量 START_NUM，用于表示查找的起始数字 86。对于程序中使用的不变的数值，建议不要使用魔术数字，而应该用关键字 let 将其声明为不可变变量。魔术数字（magic numbers）指的是在代码中直接使用的硬编码数值。因为这些数字没有明确的含义，在程序中使用魔术数字会影响代码的可读性。

对于全局的不可变变量，建议变量名称使用全大写并且以下画线分隔单词的风格来命名，以强调它是一个不变的量。在命名时，强烈建议使用有意义的名称。

例如，如果在程序中使用 60 代表及格分，那么以下命名是比较糟糕的：

```
NUM_60
NUM_SIXTY
```

以下命名是可以的：

```
PASS
PASS_SCORE
```

在该程序中定义了两个函数：searchPrime 和 isPrime。

main 是程序的入口。在 main 中调用了函数 searchPrime，用于查找比 86 大的最小素数，传入的实参是全局变量 START_NUM。

函数 searchPrime 通过 while 表达式不断向上查找素数。在函数 searchPrime 中有两个局部变量：形参 num 和函数体中声明的 counter。因为形参 num 是不可变的，所以需要另外定义可变变量 counter 来计数。num 和 counter 的作用域均只限于函数 searchPrime 的函数体。每当 counter 加 1，就调用函数 isPrime 来判断 counter 是不是素数。如果 counter 是素数，则输出结果之后使用 return 表达式结束函数调用。

函数 isPrime 用于判断一个数是否为素数，函数的形参 n 是一个局部变量，其作用域只限于函数 isPrime 的函数体。该函数使用 for-in 表达式来测试 n 是否有除了 1 和它本身之外的因数。for-in 表达式的循环变量 i 也是一个局部变量，其作用域只限于 for-in 表达式的循环体。

### 5.4.3 同名变量

在仓颉中，一对花括号"{}"包围一段代码，就构造了一个作用域，在某个作用域内还可以继续构造嵌套的作用域。不被任何花括号包围的代码属于顶层作用域。在**同一个作用域中**，不允许声明同名的变量。

例如，下面的代码定义了两个同名的全局变量，这是不允许的。

```
let x = 3
let x = "abc"   // 编译错误：不能重定义 x
```

另外，在同一个作用域中，变量也不允许和其他标识符（例如函数名）同名。例如，下面的代码定义了一个全局变量和一个全局函数，它们是同名的，这也是不允许的。

```
let f = 3
func f() {}   // 编译错误：不能重定义 f
```

如果不在同一作用域，变量是可以同名的。同名变量分为以下两种情况。

**1. 没有公共作用域的同名变量**

如果同名变量的作用域没有重叠的部分，那么同名变量只在自己的作用域内起作用，互不影响。

例如，以下示例代码的 main 中定义了两个局部变量 width 和 height，这两个变量的作用域只限于 main。而函数 calcWallArea 的两个形参和 main 中的两个局部变量刚好是同名的，不过这两个形参和 main 中的同名变量没有任何关系，它们的作用域只限于函数 calcWallArea 的函数体。

```
main() {
    // 局部变量 width 和 height 的作用域只限于 main 中
    var width = 4.5
    let height = 3.0
    println(calcWallArea(width, height))
}
```

```
func calcWallArea(width: Float64, height: Float64) {
    // 函数形参 width 和 height 的作用域只限于函数 calcWallArea 中
    width * height
}
```

事实上，将 main（或函数 calcWallArea）中的 width 和 height 的名称修改为 w 和 h 或其他任何合法的标识符，对程序也没有任何影响。不过，为了提高程序的可读性，建议尽量让实参名和形参名保持一致。

**2. 有公共作用域的同名变量**

如果同名变量的作用域有重叠的部分，那么就需要讨论同名变量冲突的问题了。当有同名变量发生冲突时，**优先访问作用域小的变量，作用域大的变量将被作用域小的变量屏蔽**，即内层的作用域级别高于外层的作用域。

例如，下面的示例代码中声明了一个全局变量 a，在 main 中又声明了一个局部变量 a，在局部变量 a 的作用域内，通过变量名 a 只能访问局部变量 a，无法访问全局变量 a，全局变量 a 被屏蔽了。而在局部变量 a 的作用域外，通过变量名 a 访问的是全局变量 a。

```
var a = 99  // 全局变量 a

main() {
    println(a)  // 输出：99，访问的是全局变量 a

    var a = "ok"  // 局部变量 a，局部变量 a 的作用域从此处开始至代码块结束处结束
    println(a)  // 输出：ok，访问的是局部变量 a，全局变量 a 被屏蔽
}
```

当全局变量被局部变量屏蔽时，可以在全局变量前加上包名作为前缀来访问全局变量（见第 13 章）。

## 5.5　函数的重载

有时同一种功能的函数有多种实现方式。例如，对于计算墙面积的函数 calcWallArea，根据传入参数的不同类型，该函数将有多种实现方式，以下列出了其中 3 种。

```
func calcWallArea(width: Int64, height: Int64)
func calcWallArea(width: UInt64, height: UInt64)
func calcWallArea(width: Float64, height: Float64)
```

这几个函数的函数名是相同的，不同的是参数类型的列表。

在某个作用域中，如果同一个函数名对应多个函数定义，但这些函数的**参数类型列表**不同，就构成了函数的重载（overload）。这里的参数类型列表不同，包括以下两种情况：

- 参数个数不同；
- 参数个数相同但对应位置的参数类型不同。

例如，下面的示例代码定义了 4 个函数，它们的函数名都是 testOverload，但是形参类型的列表各不相同，因此，它们构成了函数重载。

```
func testOverload(x: Int64) {
    x * 2
}

func testOverload(x: Float64) {
    x * 2.0
}

func testOverload(x: Int64, y: Float64) {
    Float64(x * 2) + y
}

func testOverload(x: Float64, y: Int64) {
    x * 2.0 + Float64(y)
}
```

若多个函数构成重载，在调用函数时，系统会**根据传递的实参类型列表**来决定到底调用哪一个函数。举例如下：

```
println(testOverload(5))  // 调用的是testOverload(x: Int64)
println(testOverload(5.0))  // 调用的是testOverload(x: Float64)
println(testOverload(5, 2.0))  // 调用的是testOverload(x: Int64, y: Float64)
println(testOverload(5.0, 2))  // 调用的是testOverload(x: Float64, y: Int64)
```

需要强调的是，函数重载的条件是多个有公共作用域的函数的**函数名相同，形参类型列表不同**，与形参名没有关系。如果在某个作用域中，多个函数的名称相同，形参类型列表也相同，这不构成重载，只会引发编译错误。

例如，下面的示例代码定义了两个函数名相同、形参类型列表相同的函数（尽管形参名不同），编译时将会报错。

```
func testOverload(x: Int64, y: Int64) {
    x * 2 + y
}

// 编译错误：函数testOverload产生重载冲突
func testOverload(m: Int64, n: Int64) {
    m + n * 2
}

main() {}
```

## 5.6 递归函数

如果在函数体内调用了该函数本身，则称该函数为*递归函数*。递归函数必须有一个明确的结束条件，也称为*递归出口*。

示例 1

使用递归函数实现阶乘运算。阶乘运算的运算规则如图 5-10 所示。

$$n! \begin{cases} 1 & n = 0 \\ (n - 1)! * n & n = 1, 2, 3, \dots \end{cases}$$

图 5-10　阶乘运算规则

当 n 为大于 0 的自然数时，函数不断递归，直到 n 为 0 时递归结束。具体实现如代码清单 5-4 所示。

代码清单 5-4　factorial.cj

```
01  func factorial(n: Int64): Int64 {
02      if (n == 0) {
03          return 1  // 递归出口
04      } else {
05          factorial(n - 1) * n  // 递归调用
06      }
07  }
08
09  main() {
10      println(factorial(3))  // 输出: 6
11  }
```

以上程序的执行过程如图 5-11 所示。

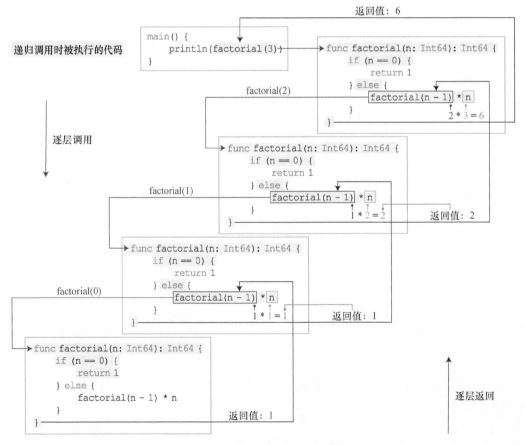

图 5-11　递归调用过程示意图

从图 5-11 可以看出，递归调用的过程可以分为"调用"和"返回"两个阶段。当进入递归调用阶段时，开始逐层调用函数，直到遇到递归出口，进入"返回"阶段，开始逐层返回，而且调用了几次，就要返回几次。

在本例中，函数 factorial 被调用了 4 次：factorial(3)、factorial(2)、factorial(1)、factorial(0)。当计算出 factorial(0) 的值之后，开始逐层返回，由 factorial(0) 计算出 factorial(1)，再由 factorial(1) 计算出 factorial(2)，最后由 factorial(2) 计算出 factorial(3)，完成递归并返回到 main，输出计算结果 6。

**示例 2**

使用递归函数计算斐波那契数列的前 10 项并输出。斐波那契数列指的是这样一个数列：

```
1, 1, 2, 3, 5, 8, 13, 21, 34, 55, 89, ……
```

斐波那契数列的通项公式如图 5-12 所示。

$$f(n)\begin{cases} 1 & n = 1, 2 \\ f(n-1) + f(n-2) & n = 3, 4, 5, \dots \end{cases}$$

图 5-12　斐波那契数列的通项公式

这个数列从第 3 项之后的每一项都是通过前两项计算出来的，可以写成递归函数，具体实现如代码清单 5-5 所示。

代码清单 5-5　fibonacci_sequence.cj

```
01  func fibonacci(n: Int64): Int64 {
02      if (n == 1 || n == 2) {
03          return 1   // 递归出口
04      } else {
05          fibonacci(n - 1) + fibonacci(n - 2)   // 递归调用
06      }
07  }
08
09  main() {
10      println("斐波那契数列的前 5 项")
11      for (i in 1..=5) {
12          println("第${i}项：${fibonacci(i)}")
13      }
14  }
```

编译并执行以上代码，输出结果为：

```
斐波那契数列的前 5 项
第 1 项：1
第 2 项：1
第 3 项：2
第 4 项：3
第 5 项：5
```

## 5.7 小结

本章主要学习了函数的基础知识，包括函数的概念、函数的定义及调用、函数的重载以及递归函数，相关的知识点如图 5-13 所示。

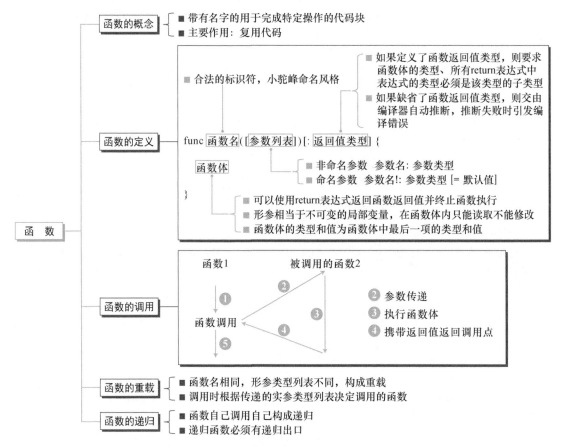

图 5-13 函数小结

函数在程序设计中的地位是非常重要的，在使用函数编程时，建议让每一个函数只完成一个单一的任务，这样有利于程序的维护和测试。

另外，在本章中还介绍了各种变量的作用域，如图 5-14 所示。

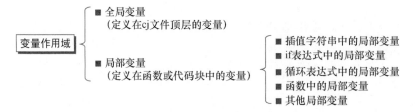

图 5-14 变量的作用域

# 第 6 章
# 面向对象编程（上）

## 6.1　概述

面向对象编程（Object Oriented Programming，OOP）是一种以对象为核心的编程方式。面向对象编程中有两个很重要的概念——类和对象。"类"是对某一类事物的抽象描述，"对象"是"类"的实例。例如，"汽车"这一概念表示的是具有 4 个或以上车轮、由动力驱动、由非轨道承载的主要用于载人、载货或具有其他用途的车辆。这是一个泛指的概念，它并非指某一辆特定的汽车，但是所有的汽车都符合这一概念描述的特点。在日常生活中，我们见到的各式各样的汽车，例如一辆小轿车、一辆中型轿车、一辆 SUV 等，都是"汽车"这个抽象的概念（"类"）的一个个实例（"对象"）。

类是对象的抽象，对象是由类构造出来的。类描述了一组对象具有的数据指标和行为，但每个对象的数据指标的取值可以是不同的。例如，所有汽车都有长度、宽度、高度和重量等数据指标，但对于每一辆具体的车，它们的长度、宽度、高度和重量等数据的取值可能是不相同的。

面向对象编程就是把构成问题的事物划分为多个独立的对象，通过多个对象之间的相互配合来实现程序所需的功能。面向对象编程的核心是对象，面向对象的三大特征为封装、继承和多态。在面向对象编程中会涉及一系列重要的概念，包括类、对象、封装、继承、多态、重写、抽象类和接口等（见图 6-1）。

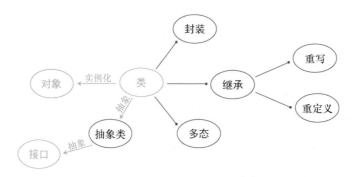

图 6-1　面向对象编程中的重要概念

本章和下一章将通过一个小型的电商项目来阐明这些概念。

## 6.2　类的定义和对象的创建

定义类的语法格式如下：

```
class 类名 {
    定义体     // 可以包含成员变量、构造函数、成员函数等
}
```

类用关键字 class 定义；class 之后是类的名称，类名称必须是合法的标识符，建议使用大驼峰命名风格来命名，即每个单词的首字符大写，其余字符都小写，中间不使用下画线；类

名称之后是以一对花括号括起来的 class 定义体，class 定义体中可以定义一系列类的成员，如成员变量、构造函数和成员函数等。类必须定义在仓颉源文件的顶层。每定义一个类，就创建了一个新的自定义类型。

代码清单 6-1 定义了一个表示电子书商品的类 EBook（仓颉源文件名为 e_book.cj）。

代码清单 6-1　e_book.cj

```
01   class EBook {
02       let price: Float64  // 实例成员变量 price
03       var discount: Int64   // 实例成员变量 discount
04
05       // 构造函数
06       init(price: Float64, discount: Int64) {
07           this.price = price
08           this.discount = discount
09       }
10
11       // 实例成员函数 calcPayAmount
12       func calcPayAmount() {
13           price * (Float64(discount) / 100.0)
14       }
15
16       // 实例成员函数 calcSavedAmount
17       func calcSavedAmount() {
18           price * (1.0 - Float64(discount) / 100.0)
19       }
20   }
```

在 EBook 类的定义体中，定义了两个实例成员变量 price 和 discount、一个构造函数（以关键字 init 开头的函数）以及两个实例成员函数 calcPayAmount 和 calcSavedAmount。

实例成员变量 price 和 discount 分别用于表示电子书对象的价格和折扣。因为电子书的价格是固定的，并且日常生活中的商品价格一般表示到小数点后两位，所以我们将表示电子书价格的 price 定义为 Float64 类型的不可变变量。而折扣是浮动的，并且折扣的正常范围为 "0% < 折扣 <= 100%"，所以我们将表示折扣的 discount 定义为 Int64 类型的可变变量，并且要求 discount 为 0 ~ 100（不包括 0）之间的整数，在实际计算时可以使用 Float64(discount) / 100.0 得到真实的 Float64 类型的折扣数值。例如，如果 discount 为 80，则表示折扣为 80%，真实的折扣数值 Float64(discount) / 100.0 即为 0.8。

构造函数用于初始化类的对象，其最常见的用途是初始化实例成员变量。在 EBook 类的构造函数中，分别将形参 price 和 discount 的值赋给了实例成员变量 price 和 discount，完成了这两个实例成员变量的初始化。由于构造函数的形参 price 和 discount 与两个实例成员变量同名，因此，在构造函数中通过 this.price 和 this.discount 来访问被同名形参屏蔽的两个实例成员变量（见图 6-2）。

实例成员函数 calcPayAmount 和 calcSavedAmount 分别用于计算电子书对象的应付金额和节省金额。

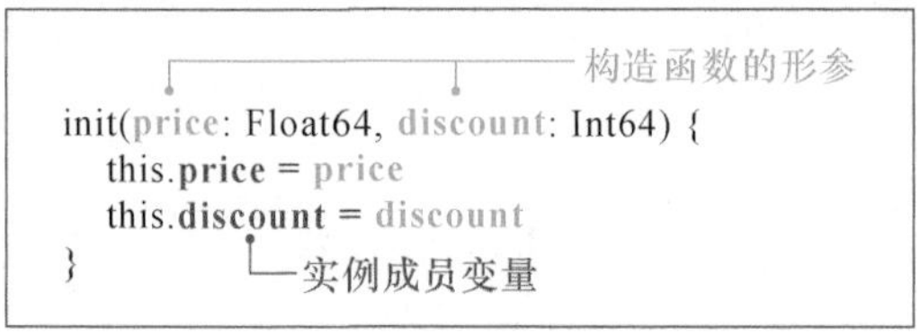

图 6-2 同名的实例成员变量和构造函数形参

定义好了类之后，就可以创建类的实例了。在 e_book.cj 中添加 main，在 main 中创建一个 EBook 类的对象 eBook1。修改过后的代码如代码清单 6-2 所示。

代码清单 6-2 e_book.cj

```
01   from std import format.*   // 控制浮点数的输出格式
02
03   class EBook {
04       // 代码略
05   }
06
07   main() {
08       let eBook1: EBook = EBook(60.0, 90)   // 构造 EBook 类的实例
09
10       // 访问实例成员变量
11       println("价格: ${eBook1.price.format(".2")}")
12       println("折扣: ${eBook1.discount}%")
13
14       // 调用实例成员函数
15       println("应付金额: ${eBook1.calcPayAmount().format(".2")}")
16       println("节省金额: ${eBook1.calcSavedAmount().format(".2")}")
17   }
```

在 main 中，我们通过以下代码构造了一个电子书对象 eBook1：

```
let eBook1: EBook = EBook(60.0, 90)
```

**使用类名**就可以调用类的构造函数来创建对象，例如上面的代码通过 EBook(60.0, 90) 创建了 EBook 的对象并赋给变量 eBook1。创建对象时，系统自动调用了 EBook 类的构造函数，将实参 60.0 和 90 分别传递给了构造函数的形参 price 和 discount，然后构造函数利用得到的数据对实例成员变量进行了初始化。

在创建对象之后，就可以**通过对象**访问实例成员变量和实例成员函数了。访问的语法格式如下：

```
对象名.实例成员变量
对象名.实例成员函数([参数列表])
```

在代码清单 6-2 中，分别使用 eBook1.price 和 eBook1.discount 访问了对象 eBook1 的实例成员变量 price 和 discount（第 11、12 行）；在第 15、16 行调用了对象 eBook1 的实例成员函数 calcPayAmount 和 calcSavedAmount，计算了该对象的应付金额和节省金额。

编译并执行以上代码，输出结果为：

```
价格: 60.00
折扣: 90%
应付金额: 54.00
节省金额: 6.00
```

## 6.2.1 成员变量

在类中定义的变量被称为成员变量，成员变量分为静态成员变量和实例成员变量。
声明成员变量的语法格式如下：

```
[static] let|var 变量名[: 数据类型][ = 初始值]
```

如果在声明成员变量时没有设置初始值，则必须指明数据类型。如果在声明时加上了
static 修饰符，那么该成员变量为静态成员变量，否则为实例成员变量。没有设置初始值的**静态成员变量**必须在静态初始化器中完成初始化，没有设置初始值的**实例成员变量**必须在构造函数中完成初始化，否则会引发编译错误。

静态成员变量用于存储类的数据，在类的外部只能通过类名访问。实例成员变量用于存储实例的数据，在类的外部只能通过对象访问。

在**类的外部**访问成员变量的语法格式如下：

```
类名.静态成员变量
对象名.实例成员变量
```

关于成员变量的主要知识点如图 6-3 所示。

图 6-3　成员变量

对于电子书商品，我们比较关心价格和折扣这两个数据，因此在 EBook 类中只定义了
price 和 discount 这两个成员变量。不同的电子书对象（实例），可以有不同的价格和折扣，因此 price 和 discount 被声明为实例成员变量而不是静态成员变量。在声明这两个变量时没有设置初始值，而是通过构造函数完成了初始化。在创建了 EBook 类的对象 eBook1 之后，通过 eBook1.price 和 eBook1.discount 访问了实例成员变量 price 和 discount。

接下来为 EBook 类添加一个静态成员变量 counter，用于统计该类所构造的实例个数。
每次创建电子书对象时，系统都会自动调用构造函数，因此在构造函数中让静态成员变量
counter 自动加 1。修改过后的 EBook 类如代码清单 6-3 所示。

代码清单 6-3　e_book.cj 中的 EBook 类

```
01  class EBook {
02      static var counter = 0   // 用于统计EBook类的实例个数的静态成员变量
```

```
03        let price: Float64
04        var discount: Int64
05
06        init(price: Float64, discount: Int64) {
07            this.price = price
08            this.discount = discount
09            counter++   // 也可以写为 EBook.counter++
10        }
11
12        func calcPayAmount() {
13            price * (Float64(discount) / 100.0)
14        }
15
16        func calcSavedAmount() {
17            price * (1.0 - Float64(discount) / 100.0)
18        }
19    }
```

程序声明并初始化了一个静态成员变量 counter（第 2 行）。如果在声明时没有给 counter 设置初始值，那么可以在静态初始化器中为其设置初始值。

静态初始化器的语法格式如下：

```
static init() {
    // 初始化静态成员变量的代码
}
```

静态初始化器以关键字 static 和 init 开头，关键字之后是无参的参数列表及函数体，在函数体中通过赋值表达来初始化静态成员变量。静态初始化器不能被可见性修饰符修饰（可见性修饰符见 6.3.1 节）。一个类中最多允许定义一个静态初始化器。例如，以上 EBook 类也可以改写为：

```
class EBook {
    static var counter: Int64   // 没有设置初始值

    // 在静态初始化器中初始化 counter
    static init() {
        counter = 0
    }

    // 其他代码略
}
```

在类的内部，如果静态成员变量没有被同名变量屏蔽，就可以省略类名直接使用变量名来访问静态成员变量（第 9 行），此时系统会隐式地为静态成员变量加上类名作为前缀（counter 就相当于 EBook.counter）。但是，如果有同名变量屏蔽了静态成员变量，就必须在变量名前面加上类名才能访问到该静态成员变量。

举个例子，假设 EBook 类的构造函数是这样的：

```
init(price: Float64, discount: Int64, counter: Int64) {
    this.price = price
```

```
        this.discount = discount
        EBook.counter++
    }
```

构造函数的形参以及在构造函数的函数体中声明的变量都属于局部变量，作用域只限于该构造函数，而类的成员变量的作用域是整个类。因此，当构造函数中的局部变量和类的成员变量同名时，**局部变量将会屏蔽成员变量**。

在以上的构造函数中，形参 counter 和静态成员变量同名。因此，在构造函数中必须加上类名作为前缀才能访问静态成员变量 counter。若将该构造函数的第 3 个形参名改为 c，静态成员变量 counter 的前缀类名就可以省略了。代码如下：

```
init(price: Float64, discount: Int64, c: Int64) {
    this.price = price
    this.discount = discount
    counter++   // 省略前缀的类名
}
```

回到 e_book.cj，在 main 中添加一行代码，访问并输出 EBook 类的静态成员变量 counter，如代码清单 6-4 所示。

代码清单 6-4　e_book.cj 中的 main

```
01  main() {
02      let eBook1: EBook = EBook(60.0, 90)   // 构造 EBook 类的实例
03
04      // 访问实例成员变量和实例成员函数
05      println("价格：${eBook1.price.format(".2")}")
06      println("折扣：${eBook1.discount}%")
07      println("应付金额：${eBook1.calcPayAmount().format(".2")}")
08      println("节省金额：${eBook1.calcSavedAmount().format(".2")}")
09
10      println("创建的对象个数为：${EBook.counter}")   // 访问静态成员变量
11  }
```

从 main 中访问 counter，属于从类的外部对静态成员变量进行访问，需要使用"类名.静态成员变量"的方式。在程序的第 10 行通过 EBook.counter 访问了静态成员变量。编译并执行 e_book.cj，输出结果为：

```
价格：60.00
折扣：90%
应付金额：54.00
节省金额：6.00
创建的对象个数为：1
```

下面再创建一个 EBook 类的对象 eBook2，修改过后的 main 如代码清单 6-5 所示。

代码清单 6-5　e_book.cj 中的 main

```
01  main() {
02      let eBook1: EBook = EBook(60.0, 90)   // 构造 EBook 类的实例 eBook1
03
```

```
04          // 访问eBook1的实例成员变量和实例成员函数
05          println("价格: ${eBook1.price.format(".2")}")
06          println("折扣: ${eBook1.discount}%")
07          println("应付金额: ${eBook1.calcPayAmount().format(".2")}")
08          println("节省金额: ${eBook1.calcSavedAmount().format(".2")}")
09
10          println("创建的对象个数为: ${EBook.counter}")    // 访问静态成员变量
11
12          let eBook2: EBook = EBook(80.0, 70)    // 构造EBook类的实例eBook2
13
14          // 访问eBook2的实例成员变量和实例成员函数
15          println("\n价格: ${eBook2.price.format(".2")}")
16          println("折扣: ${eBook2.discount}%")
17          println("应付金额: ${eBook2.calcPayAmount().format(".2")}")
18          println("节省金额: ${eBook2.calcSavedAmount().format(".2")}")
19
20          println("创建的对象个数为: ${EBook.counter}")    // 再次访问静态成员变量
21  }
```

在 main 中，创建了一个 EBook 类的对象 eBook2（第 12 行），然后访问了 eBook2 的实例成员（第 14 ~ 18 行），最后通过 EBook.counter 访问了 EBook 类的静态成员变量 counter（第 20 行）。编译并执行 e_book.cj，输出结果为：

```
价格: 60.00
折扣: 90%
应付金额: 54.00
节省金额: 6.00
创建的对象个数为: 1


价格: 80.00
折扣: 70%
应付金额: 56.00
节省金额: 24.00
创建的对象个数为: 2
```

在创建了第 2 个 EBook 类的对象 eBook2 之后，EBook 类的静态成员变量 counter 的值由 1 变为 2。简言之，静态成员变量是属于类的，实例成员变量是属于实例的，每个实例都有一份属于自己的实例成员变量。在示例程序中，静态成员变量 counter 是属于 EBook 类的，eBook1 和 eBook2 都有一份属于自己的实例成员变量 price 和 discount，如图 6-4 所示。

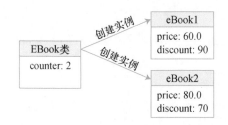

图 6-4 示例程序中的静态成员变量和实例成员变量

## 6.2.2 成员函数

在类中以关键字 func 定义的函数被称为成员函数，成员函数同样分为静态成员函数和实例成员函数。成员函数的定义与普通的函数并无不同，不过在定义静态成员函数时需要在关键字 func 前面加上 static 修饰符。

**静态成员函数**用于描述类的行为，在类的外部只能通过类名调用。**实例成员函数**用于描述实例的行为，在类的外部只能通过对象调用。

在**类的外部**调用成员函数的语法格式如下：

```
类名.静态成员函数([参数列表])
对象名.实例成员函数([参数列表])
```

关于成员函数的主要知识点如图 6-5 所示。

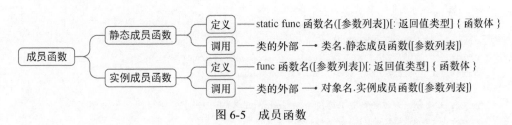

图 6-5 成员函数

在 EBook 类中，定义了两个实例成员函数 calcPayAmount 和 calcSavedAmount，分别用于计算电子书对象的应付金额和节省金额。在 main 中，通过构造的电子书对象对这两个函数进行了调用。下面为 EBook 类添加一个静态成员函数 printCounter，用于输出静态成员变量 counter 的值。该函数将被添加在构造函数和实例成员函数之间。修改过后的 EBook 类如代码清单 6-6 所示。

代码清单 6-6　e_book.cj 中的 EBook 类

```
01  class EBook {
02      // 成员变量声明略
03
04      init(price: Float64, discount: Int64) {
05          // 代码略
06      }
07
08      // 静态成员函数
09      static func printCounter() {
10          println("创建的对象个数为:${counter}")
11      }
12
13      // 其他代码略
14  }
```

在 main 中通过类名调用 EBook 类的静态成员函数 printCounter（删除了原来直接访问静态成员变量的两行代码），如代码清单 6-7 所示。

代码清单 6-7　e_book.cj 中的 main

```
01  main() {
02      let eBook1: EBook = EBook(60.0, 90)  // 构造 EBook 类的实例 eBook1
03
04      // 访问 eBook1 的实例成员变量和实例成员函数
05      println("价格：${eBook1.price.format(".2")}")
06      println("折扣：${eBook1.discount}%")
07      println("应付金额：${eBook1.calcPayAmount().format(".2")}")
08      println("节省金额：${eBook1.calcSavedAmount().format(".2")}")
09
10      println("创建的对象个数为：${EBook.counter}")  // 访问静态成员变量
11      EBook.printCounter()  // 调用静态成员函数
12
13      let eBook2: EBook = EBook(80.0, 70)  // 构造 EBook 类的实例 eBook2
14
15      // 访问 eBook2 的实例成员变量和实例成员函数
16      println("\n价格：${eBook2.price.format(".2")}")
17      println("折扣：${eBook2.discount}%")
18      println("应付金额：${eBook2.calcPayAmount().format(".2")}")
19      println("节省金额：${eBook2.calcSavedAmount().format(".2")}")
20
21      println("创建的对象个数为：${EBook.counter}")  // 再次访问静态成员变量
22      EBook.printCounter()  // 再次调用静态成员函数
23  }
```

编译并执行程序，输出的结果和修改之前是一样的。

类的成员函数重载的相关规则如下：

- 同名且参数类型列表不同的实例成员函数构成重载，同名且参数类型列表不同的静态成员函数也构成重载；
- 实例成员函数和静态成员函数不允许重名，因此实例成员函数和静态成员函数不能重载。

## 6.2.3　构造函数

构造函数是一种特殊的函数，用于初始化类的对象（实例）。构造函数最常见的用途是初始化实例成员变量。

类的构造函数可以分为普通构造函数和主构造函数。

### 1. 普通构造函数

类中定义的以关键字 init 开头的函数，被称为**普通构造函数**。在定义普通构造函数时，不能添加关键字 func，也不能指定返回值类型。当通过"类名 ( 参数列表 )"的形式创建类的对象时，系统会自动调用相应的构造函数并返回构造的对象，该对象的类型就是对应的类（class 类型）。普通构造函数可以有 0 到多个，如果有多个普通构造函数，则必须构成重载（参数类型列表必须各不相同）。

例如，对于电子书这个品类来说，可能在大多数情况下有一个默认的折扣，那么就可以为 EBook 类再定义一个普通构造函数。代码如下：

```
class EBook {
    let price: Float64
    var discount: Int64

    init(price: Float64, discount: Int64) {
        this.price = price
        this.discount = discount
    }

    // 构成重载
    init(price: Float64) {
        this.price = price
        this.discount = 90  // 缺省的折扣为 90%
    }
}
```

然后就可以传入不同的实参来创建对象。系统会根据实参类型列表自动决定要调用哪一个重载函数。

```
let eBook1: EBook = EBook(60.0, 90)  // 调用 init(price: Float64, discount: Int64)
let eBook2: EBook = EBook(80.0)  // 调用 init(price: Float64)
```

当类中存在多个重载的普通构造函数时，可以在其中一个构造函数的函数体中使用以下语法调用另一个构造函数：

```
this(参数列表)
```

系统会根据关键字 this 后的参数列表来调用匹配的构造函数。这行代码**必须**作为构造函数的第 1 行代码。

例如，在以上示例的第 2 个构造函数中调用第 1 个构造函数以达到相同的目的。修改过后的代码如下：

```
class EBook {
    var price: Float64
    var discount: Int64

    init(price: Float64, discount: Int64) {
        this.price = price
        this.discount = discount
    }

    init(price: Float64) {
        this(price, 90)  // 调用 init(price: Float64, discount: Int64)
    }
}
```

注意，在以上示例中，构造函数直接使用传入的实参对实例成员变量进行了初始化。在调用构造函数创建类的对象时，传入的实参可能是不合理的，因此，可以在构造函数中对实参的合理性进行验证。例如，如果使用以下代码创建了一个 EBook 对象，那么得到的 eBook 的 price 为 -19.8。

```
let eBook: EBook = EBook(-19.8, 90)
```

-19.8 是一个合法的 Float64 类型的数据，这个数据不会导致程序报错，但却不是一个合理的数据。我们可以对以上示例代码中的第 1 个构造函数进行一些修改，在其中对传入的参数进行检查，如果传入的数据是不合理的，就将参数设置为一个默认值。修改过后的构造函数代码如下：

```
init(price: Float64, discount: Int64) {
    // 如果传入的price值为负数，则将其赋为负的参数值
    if (price >= 0.0) {
        this.price = price
    } else {
        this.price = -price
    }

    // 如果传入的discount值小于等于0或大于100，则将其赋为100
    if (discount > 0 && discount <= 100) {
        this.discount = discount
    } else {
        this.discount = 100
    }
}
```

### 2. 主构造函数

**主构造函数**的名字和类名相同，它的形参列表中可以有两种形式的形参：**普通形参和成员变量形参**。普通形参的用法和普通函数的形参用法是完全相同的，需要注意的是成员变量形参。

当成员变量作为主构造函数的形参时，需要在成员变量形参的前面添加关键字 let 或 var，此时成员变量形参同时完成了两个操作：定义了实例成员变量；定义了主构造函数的形参。当主构造函数被调用时，系统自动将成员变量形参接收的实参赋给同名的实例成员变量（相当于同时完成了实例成员变量的定义和初始化操作）。

使用主构造函数通常可以简化类的定义。例如，以下是一个 EBook 类的定义：

```
class EBook {
    let price: Float64
    var discount: Int64

    init(price: Float64, discount: Int64) {
        this.price = price
        this.discount = discount
    }
}
```

可以简化为如下定义：

```
class EBook {
    // 主构造函数
    EBook(let price: Float64, var discount: Int64) {}
}
```

以上主构造函数中定义了两个成员变量形参。如果使用"EBook(60.0, 90)"来创建对象，那么系统会自动调用主构造函数定义两个实例成员变量 price 和 discount，并将 60.0 和 90 分别赋给 price 和 discount。

如果主构造函数中有普通形参，普通形参必须放在所有成员变量形参的前面。我们可以在以上主构造函数中添加一个普通形参，代码如下：

```
class EBook {
    EBook(publisher: String, let price: Float64, var discount: Int64) {
        println("出版社:${publisher}")
    }
}
```

当使用以下代码构造 EBook 类的对象时：

```
EBook("人民邮电出版社", 60.0, 90)
```

程序会自动输出：

```
出版社：人民邮电出版社
```

在类中，最多可以定义一个主构造函数。**我们可以认为普通构造函数和主构造函数具有相同的函数名**，因此如果类中同时存在多个构造函数（包括普通构造函数和主构造函数），它们必须构成重载（即它们的参数类型列表必须不同），否则会引发编译错误。在主构造函数中，不可以使用"this( 参数列表 )"的方式来调用其他构造函数。关于构造函数的主要知识点如图 6-6 所示。

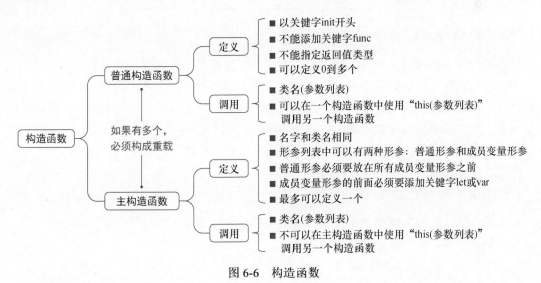

图 6-6 构造函数

### 3. 没有定义构造函数

如果类中没有定义任何构造函数，**并且所有实例成员变量都有初始值**，那么系统会自动生成一个无参的普通构造函数，其函数体为空。假设以下是 EBook 类的定义：

```
class EBook {
    let price = 50.0
```

```
        var discount = 90
    }
```

它相当于：

```
class EBook {
    let price = 50.0
    var discount = 90

    // 系统自动生成的无参构造函数
    public init() {}
}
```

但是，如果一个类中既没有定义构造函数，也没有对全部实例成员变量完成初始化，则会引发编译错误。

## 6.2.4 成员访问

在类的内部，类的成员也可以访问其他成员。各种成员的访问限制如表 6-1 所示。

表 6-1　成员访问限制

| 被访问者<br>访问者 | 实例成员变量 | 实例成员函数 | 静态成员变量 | 静态成员函数 |
| --- | --- | --- | --- | --- |
| 构造函数 | ○ | ○ | ○ | ○ |
| 实例成员函数 | ○ | ○ | ○ | ○ |
| 静态成员函数 | X | X | ○ | ○ |

注：○表示允许访问，X 表示不允许访问。

构造函数和实例成员函数可以访问所有的成员，包括实例成员和静态成员。

静态成员函数只能访问静态成员。静态成员函数是在类级别上工作的，它们不依赖于类的任何特定实例。即便没有类的实例，静态成员函数也可以被正常调用。类的非静态成员是属于实例的，因此，静态成员函数不能访问非静态成员。

在**类的内部**访问实例成员变量或调用实例成员函数的语法格式如下：

```
[this.]实例成员变量      // this视情况可以省略
[this.]实例成员函数([参数列表])      // this总是可以省略的
```

在类的内部，使用**关键字 this** 来引用**当前实例**。

在代码清单 6-8 中，定义了一个 EBook 类。

代码清单 6-8　e_book.cj

```
01  class EBook {
02      let price: Float64
03      var discount: Int64
04
05      init(price: Float64, discount: Int64) {
06          // 在构造函数中访问实例成员变量
07          this.price = price
```

```
08          this.discount = discount
09      }
10
11      func calcPayAmount() {
12          // 在实例成员函数中访问实例成员变量
13          this.price * (Float64(this.discount) / 100.0)
14      }
15
16      func calcSavedAmount() {
17          price * (1.0 - Float64(discount) / 100.0)    // 省略了 this
18      }
19
20      func printPayAmount() {
21          println("应付金额: ${this.calcPayAmount()}")    // 在实例成员函数中调用实例成员函数
22      }
23  }
24
25  main() {
26      let eBook = EBook(60.0, 90)
27      println("应付金额: ${eBook.calcPayAmount()}")
28      eBook.printPayAmount()
29  }
```

在 main 中，通过"EBook(60.0, 90)"调用 EBook 类的构造函数创建了对象 eBook（第 26 行），构造函数中的 this 所引用的就是当前对象 eBook（第 7、8 行）。接着，通过 eBook 调用了实例成员函数 calcPayAmount（第 27 行），该函数中的 this 所引用的也是对象 eBook（第 13 行）。最后，通过 eBook 调用了实例成员函数 printPayAmount（第 28 行），在该函数中调用了实例成员函数 calcPayAmount，由于是通过 eBook 调用的函数，因此在代码第 21 行中的 this 所引用的仍是当前对象 eBook。

在类的内部调用实例成员函数时，this 总是可以省略的，系统默认会隐式地为实例成员函数加上 this 作为前缀。例如，上面第 21 行代码可以改为：

```
println("应付金额: ${calcPayAmount()}")    // 省略了 this
```

在类的内部访问实例成员变量时，如果实例成员变量没有被同名变量屏蔽，前缀 this 也可以省略（系统默认会隐式为实例成员变量加上 this 作为前缀），否则不能省略。例如，上面的示例在构造函数中访问实例成员变量 price 和 discount 时就不能省略前缀 this（第 7、8 行），而在函数 calcSavedAmount 中访问 price 和 discount 时就省略了 this（第 17 行）。

与构造函数类似，成员函数的形参以及在成员函数的函数体中声明的变量都属于局部变量，作用域只限于该成员函数，而类的成员变量的作用域是整个类。因此，当成员函数中的局部变量和类的成员变量同名时，**局部变量将会屏蔽成员变量**，此时只能通过 this 访问成员变量。

在类的内部访问静态成员变量或调用静态成员函数的方式也是类似的，不同的是前缀是类名（而不是 this），语法格式如下：

```
[类名.]静态成员变量        // 类名视情况可以省略
[类名.]静态成员函数([参数列表])        // 类名总是可以省略的
```

同理，在访问静态成员变量时，如果静态成员变量没有被同名变量屏蔽，前缀类名可以省略，系统默认会隐式地为静态成员变量加上类名作为前缀；在调用静态成员函数时，前缀类名总是可以省略的。

关于成员访问的主要知识点如图 6-7 所示。

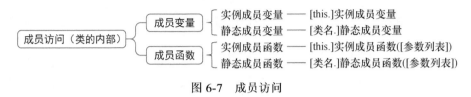

图 6-7　成员访问

## 6.2.5　类是引用类型

在前面介绍的基本数据类型中，除了 Nothing 类型，其他都属于值类型。对于值类型的数据，在执行赋值、函数传参或函数返回的操作时，会对数据的值进行复制，生成一个副本（拷贝），之后对副本的各种操作，不会影响到原数据本身。例如，下面的示例代码将 Int64 类型的变量 a 赋给变量 b 作为初始值。程序首先创建了一个 a 的副本，并将该副本赋给 b，之后值类型的变量 a 和 b 就是 2 个互相独立、互不影响的变量了，如图 6-8 所示。

```
main () {
    var a = 99
    var b = a   // 将a赋给b，b是a的副本
    println("a = ${a}  b = ${b}")  // 输出：a = 99  b = 99

    a++   // 修改a的值，不会影响b的值
    println("a = ${a}  b= ${b}")  // 输出：a = 100  b = 99

    b -= 30   // 修改b的值，不会影响a的值
    println("a = ${a}  b = ${b}")  // 输出：a = 100 b = 69
}
```

图 6-8　值类型的赋值操作

相对于值类型，另一种类型是引用类型。类（class 类型）属于引用类型。对于引用类型的实例，在执行赋值、函数传参或函数返回的操作时，传递的是实例的引用（可以简单理解为实例的内存地址），之后对**引用**的各种操作会影响到实例本身。仍以赋值操作来举例，示例程序如代码清单 6-9 所示。

代码清单 6-9　e_book.cj

```
01   class EBook {
02       let price: Float64
03       var discount: Int64
```

```
04
05      init(price: Float64, discount: Int64) {
06          this.price = price
07          this.discount = discount
08      }
09  }
10
11  main() {
12      let eBook1 = EBook(60.0, 80)
13      println("eBook1的折扣为: ${eBook1.discount}%")
14
15      eBook1.discount = 70   // 修改eBook1的成员变量discount
16      println("修改后eBook1的折扣为: ${eBook1.discount}%")
17
18      let eBook2 = eBook1    // 将eBook1赋给eBook2
19      println("\neBook2的折扣为: ${eBook2.discount}%")
20
21      eBook1.discount = 75   // 修改eBook1的成员变量discount
22      println("\n修改后eBook1的折扣为: ${eBook1.discount}%")
23      println("修改后eBook2的折扣为: ${eBook2.discount}%")
24
25      eBook2.discount = 55   // 修改eBook2的成员变量discount
26      println("\n修改后eBook1的折扣为: ${eBook1.discount}%")
27      println("修改后eBook2的折扣为: ${eBook2.discount}%")
28  }
```

编译并执行以上程序，输出结果为：

```
eBook1的折扣为: 80%
修改后eBook1的折扣为: 70%

eBook2的折扣为: 70%

修改后eBook1的折扣为: 75%
修改后eBook2的折扣为: 75%

修改后eBook1的折扣为: 55%
修改后eBook2的折扣为: 55%
```

在 main 中，首先创建了一个 EBook 类的对象 eBook1（第 12 行）。在这个过程中，系统创建了一个 EBook 类的实例，并将这个实例的引用赋给变量 eBook1，即 eBook1 中存储的是该实例的引用，而不是该实例本身，如图 6-9 所示。此时，eBook1 引用的实例的成员变量 discount 的值为 80。

图 6-9　引用类型的变量

接着，第 15 行代码将 eBook1 的成员变量 discount 的值修改为 70。这个操作实际上修改的是 eBook1 所引用实例的成员变量 discount 的值。注意，在第 12 行声明 eBook1 时使用的是关键字 let，这说明 eBook1 是不可变变量，但是对 discount 的重新赋值仍然生效了。这说明尽管 eBook1 是不可变变量，通过 eBook1 也可以修改其引用的实例。因为变量 eBook1 中存储的始终是对应实例的引用，没有发生变化，发生变化的是实例本身，如图 6-10 所示。

图 6-10　通过引用类型的变量修改引用的实例

第 18 行代码声明了一个变量 eBook2，并将 eBook1 赋给 eBook2 作为初始值。此时，eBook2 和 eBook1 引用的是同一个实例，通过这两个变量中的任意一个对实例进行修改，都会影响所有引用该实例的变量。第 21 行通过 eBook1 将成员变量 discount 的值修改为 75，然后通过 eBook1 和 eBook2 读取到的 discount 值都变为了 75（第 22、23 行），如图 6-11 所示。通过 eBook2 修改成员变量 discount 的值也是同理（第 25 ～ 27 行）。

图 6-11　多个引用类型的变量引用同一个实例

### 6.2.6　组织代码

随着开发的进行，e_book.cj 中的代码将会越来越多，并且会出现与电子书无关的代码。在开发规模较大的项目时，最好避免将所有代码都放在同一个源文件中，而是应该根据功能将代码分散到各个独立的文件中，并在需要的时候访问这些文件中的内容。通过这种方式，每个文件可以专注于完成特定功能或包含一组相互关联的类型（或函数）。这种代码组织策略不仅提升了代码的可读性、可维护性和可重用性，同时也便于团队协作、有效管理命名空间以及优化测试和调试的工作流程，并且能够确保项目结构清晰，使得项目易于管理和扩展。

在仓颉编程语言中，包（package）是最小的编译单元，一个包可以包含若干个仓颉源文件。模块（module）是第三方开发者发布的最小单元，一个模块可以包含若干个包。模块、包和源文件的关系如图 6-12 所示。

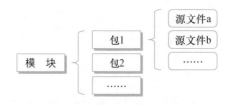

图 6-12　仓颉文件组织结构

注：关于包管理的相关知识将在第 13 章介绍，本章只涉及其中一小部分内容。

在继续实现电商项目之前，我们先整理一下代码。首先在工程文件夹的目录 src 下新建一个文件夹，命名为 e_commerce，然后将 e_book.cj 移动到目录 e_commerce 下。接下来，在目录 e_commerce 下新建一个仓颉源文件 main.cj，并在 main.cj 和 e_book.cj 的第 1 行都加上以下代码：

```
// 使用关键字package声明包，包名为e_commerce
package e_commerce
```

通过以上代码就声明了 e_commerce 包，该包中包含两个仓颉源文件 e_book.cj 和 main.cj。注意，一个包中的文件必须存放在同一个目录下。

将 e_book.cj 中的 main 稍做修改并移动到 main.cj 中，使 e_book.cj 只包含 EBook 类。整理过后的 e_book.cj 和 main.cj 如代码清单 6-10 和代码清单 6-11 所示。

代码清单 6-10　e_book.cj

```
01  package e_commerce
02
03  class EBook {
04      let price: Float64
05      var discount: Int64
06
07      init(price: Float64, discount: Int64) {
08          this.price = price
09          this.discount = discount
10      }
11
12      func calcPayAmount() {
13          price * (Float64(discount) / 100.0)
14      }
15
16      func calcSavedAmount() {
17          price * (1.0 - Float64(discount) / 100.0)
18      }
19  }
```

代码清单 6-11　main.cj

```
01  package e_commerce
02
03  from std import format.*
04
05  main() {
06      let eBook = EBook(60.0, 90)
07      println("折扣：${eBook.discount}%")
08      println("节省金额：${eBook.calcSavedAmount().format(".2")}")
09  }
```

编译并执行 e_commerce 包，输出结果为：

```
折扣：90%
节省金额：6.00
```

下面以目录 src 下的 e_commerce 包为例，介绍如何编译并执行包。以 Windows 操作系统为例，在代码编辑器中打开终端窗口，输入以下命令将 e_commerce 包编译为可执行文件 ec.exe：

```
cjc -p src\e_commerce -o ec.exe
```

然后输入以下命令执行生成的可执行文件：

```
ec
```

如果在编译时没有使用 -o 选项指定可执行文件的名称，那么编译得到的可执行文件将被命名为 main.exe。对应的执行命令也为 main。

```
cjc -p src\e_commerce        // 得到可执行文件main.exe
```

在编译 e_commerce 包时，编译器会给出如下警告信息：

```
warning: unused function:'calcPayAmount'
```

这个信息提示我们函数 calcPayAmount 没有被使用。在编译命令之后加上 -Woff unused 选项可以关闭这样的警告信息。

```
cjc -p src\e_commerce -o ec.exe -Woff unused
```

注：读者如果对上述操作有疑问，可以到作者的抖音或微信视频号（九丘教育）查看相应的视频教程。

## 6.3 封装

在讨论封装之前先看一个例子。在代码清单 6-11 的 main 中添加几行代码，修改过后的代码如下：

```
main() {
    let eBook = EBook(60.0, 90)
    println("折扣：${eBook.discount}%")
    println("节省金额：${eBook.calcSavedAmount().format(".2")}")

    // 以下是添加的代码
    eBook.discount = -20
    println("\n折扣：${eBook.discount}%")
    println("节省金额：${eBook.calcSavedAmount().format(".2")}")
}
```

编译并执行程序，输出结果为：

```
折扣：90%
节省金额：6.00

折扣：-20%
节省金额：72.00
```

上面的代码通过 eBook 将实例成员变量 discount 修改为 -20，这是一个合法但不合理的数值。由此可见，在类的外部直接修改实例成员变量并不是一个安全的操作。面向对象编程中的"封装"机制可以解决这个问题。

封装（encapsulation）是面向对象编程的三大特征之一，其主要目的是隐藏类的内部成员，禁止从类的外部直接访问，而只能通过该类提供的相应接口来实现对内部信息的安全操作和访问（这里的接口泛指供外部进行访问的成员，与第 7 章中的"接口"类型不是同一个概念）。

封装是面向对象编程模拟客观世界的一种方式。在现实世界中，许多对象都会隐藏其数据和行为的实现细节，只通过特定的接口对外提供服务。例如，使用空调时，我们通过遥控器按键来控制，而无须了解其内部工作原理。这些操作实现的细节被封装在了遥控器的内部。

对一个类的良好封装可以隐藏类的实现细节，让访问者只能通过预设的方式来访问数据，避免对类成员的不合理访问。良好的封装应该遵循两个原则：把该隐藏的隐藏起来，不允许外部直接访问那些需要保护的类成员；把该暴露的暴露出来，提供必要的公共接口，允许通过安全的方式访问和操作类成员。这需要通过仓颉的访问控制来实现。

## 6.3.1 访问控制

仓颉为类的成员（包括成员变量、构造函数、成员属性和成员函数）提供了 3 种可见性修饰符：public、protected 和 private，分别对应不同的成员可见性。如果缺省了可见性修饰符，那么成员仅包内可见。对应的访问控制级别为 4 级，如表 6-2 所示。

表 6-2　类成员的访问控制级别

| 可见性修饰符 ＼ 访问控制级别 | 本类 | 本包 | 子类 | 所有 |
|---|---|---|---|---|
| private | ○ | | | |
| 缺省 | ○ | ○ | | |
| protected | ○ | ○ | ○ | |
| public | ○ | ○ | ○ | ○ |

注：○表示允许访问。

使用 private 修饰的成员仅在类的内部可见，从类的外部无法访问。使用 protected 修饰的成员在本包、本类以及本类的子类（见 6.4 节）中可见，超出这个范围则无法访问。使用 public 修饰的成员在所有范围都是可见的。如果缺省了可见性修饰符，那么类的成员仅在本包可见，从包的外部无法访问。

另外，类的访问控制级别有两种：要么是本包，要么是所有，如表 6-3 所示。

表 6-3　类的访问控制级别

| 可见性修饰符 ＼ 访问控制级别 | 本包 | 所有 |
|---|---|---|
| 缺省 | ○ | |
| public | ○ | ○ |

注：○表示允许访问。

只有在类可见的前提下，才可以访问类的可见成员。因此在访问一个类的成员之前必须先确认类的可见性。

以下示例代码定义了一个 public 类 TestClass1 和一个缺省了可见性修饰符的类 TestClass2。TestClass1 在所有范围可见。TestClass1 中的 public 函数 fn1 在所有范围都可以访问，而包内可见的函数 fn2 只能在 TestClass1 定义的包中访问，从包外无法访问。TestClass2 是包内可见的。因此 TestClass2 中定义的函数 fn3 和 fn4 都只能从包内访问，尽管函数 fn3 是使用 public 修饰的。

```
// 使用修饰符public定义所有范围都可见的类
public class TestClass1 {
    public func fn1() {}

    func fn2() {}
}

// 缺省了可见性修饰符，定义的是包内可见的类
class TestClass2 {
    public func fn3() {}

    func fn4() {}
}
```

回到 EBook 类。我们可以将成员变量 discount 隐藏起来，使其从类的外部无法直接访问。具体做法是为 discount 添加 private 修饰符。然后，添加两个实例成员函数 getDiscount 和 setDiscount，分别用于在类的外部读取和修改 discount。在函数 setDiscount 中可以添加一些验证的逻辑，以确保传入参数的合理性。

修改过后的 EBook 类如代码清单 6-12 所示。

代码清单 6-12　e_book.cj 中的 EBook 类

```
01  class EBook {
02      let price: Float64
03      private var discount: Int64
04
05      // 其他成员略
06
07      // 读取折扣值
08      func getDiscount() {
09          discount
10      }
11
12      // 修改折扣值
13      func setDiscount(discount: Int64) {
14          // 只有传入的参数合理时才能修改成员变量discount
15          if (discount > 0 && discount <= 100) {
16              this.discount = discount
17          } else {
18              println("\n对不起，参数错误无法修改！")
19          }
20      }
21  }
```

在函数 setDiscount 中，对传入的参数进行了检查（第 15 行），确保只有当传入的参数大于 0 且小于等于 100 时才可以将成员变量 discount 修改为传入的数值。这可以保证成员变量 discount 不会被修改为任何异常的值。

修改 main，通过 EBook 类的成员函数 getDiscount 和 setDiscount 来读取和修改折扣值。修改过后的 main 如代码清单 6-13 所示。

代码清单 6-13　main.cj 中的 main

```
01  main() {
02      let eBook = EBook(60.0, 90)
03      println("折扣：${eBook.discount}%")   // 错误，不可以直接访问 discount
04
05      // 通过成员函数 getDiscount 读取成员变量 discount
06      println("折扣：${eBook.getDiscount()}%")
07      println("节省金额：${eBook.calcSavedAmount().format(".2")}")
08
09      // 通过成员函数 setDiscount 修改成员变量 discount
10      eBook.setDiscount(-20)   // 参数错误，无法修改
11
12      eBook.setDiscount(70)    // 参数通过检查，修改成功
13      println("\n折扣：${eBook.getDiscount()}%")
14      println("节省金额：${eBook.calcSavedAmount().format(".2")}")
15  }
```

由于 EBook 类的成员变量 discount 前面加上了修饰符 private，此时在 main 中已经无法直接访问成员变量 discount，因此要将原来直接访问的代码删除掉（第 3 行）。

编译并执行以上程序，输出结果为：

```
折扣：90%
节省金额：6.00

对不起，参数错误无法修改！

折扣：70%
节省金额：18.00
```

## 6.3.2　成员属性

上一节的示例使用了两个实例成员函数 getDiscount 和 setDiscount 对 EBook 类的成员变量 discount 进行读写操作。仓颉提供了*成员属性*来对类似操作进行抽象和简化，使我们在类的外部能够像读写非 private 成员变量一样读写 private 成员变量。修改 EBook 类：删除实例成员函数 getDiscount 和 setDiscount；定义成员属性 propDiscount，该成员属性将被添加在构造函数之后、实例成员函数之前。修改过后的 EBook 类如代码清单 6-14 所示。

代码清单 6-14　e_book.cj 中的 EBook 类

```
01  class EBook {
02      let price: Float64
```

```
03        private var discount: Int64
04
05        init(price: Float64, discount: Int64) {
06            // 代码略
07        }
08
09        // 成员属性propDiscount
10        mut prop propDiscount: Int64 {
11            // 成员属性propDiscount的getter
12            get() {
13                discount
14            }
15
16            // 成员属性propDiscount的setter
17            set(discount) {
18                if (discount > 0 && discount <= 100) {
19                    this.discount = discount
20                } else {
21                    println("\n对不起，参数错误无法修改！")
22                }
23            }
24        }
25
26        // 其他成员略
27  }
```

修改完成后，在 main 中就可以通过成员属性 propDiscount 来读取和修改成员变量 discount。修改过后的 main 如代码清单 6-15 所示。

代码清单 6-15　main.cj 中的 main

```
28  main() {
29      let eBook = EBook(60.0, 90)
30
31      // 通过成员属性propDiscount读取成员变量discount
32      println("折扣: ${eBook.propDiscount}%")
33      println("节省金额: ${eBook.calcSavedAmount().format(".2")}")
34
35      // 通过成员属性propDiscount修改成员变量discount
36      eBook.propDiscount = -20   // 参数错误，无法修改
37      eBook.propDiscount = 70    // 参数通过检查，修改成功
38      println("\n折扣: ${eBook.propDiscount}%")
39      println("节省金额: ${eBook.calcSavedAmount().format(".2")}")
40  }
```

该程序的运行结果和上一小节中程序的运行结果是完全一样的。

在第 32 行和第 38 行中，使用 eBook.propDiscount 访问了成员属性 propDiscount，此时成员属性是作为表达式来使用的。当成员属性 propDiscount 作为表达式时，会自动调用成员属性的 getter（第 12 ～ 14 行）。get 函数被调用后返回成员变量 discount 的值，这样就通过成员属

性 propDiscount 读取了成员变量 discount 的值。

通过成员属性 propDiscount 的 setter 可以设置成员变量 discount 的值。在代码第 36 行和第 37 行分别直接对 propDiscount 进行了赋值。对成员属性 propDiscount 赋值时，会自动调用 propDiscount 的 setter（第 17～23 行）。在 set 函数中，对传入的参数 discount 进行了合理性验证，在参数合理的情况下修改了成员变量 discount 的值，这样就通过成员属性 propDiscount 修改了成员变量 discount 的值。

在上面的例子中，我们在类的外部通过成员属性 propDiscount 对成员变量 discount 进行读写操作，而外部对成员变量 discount 毫无感知，实现了有效的封装。

定义成员属性的语法格式如图 6-13 所示。

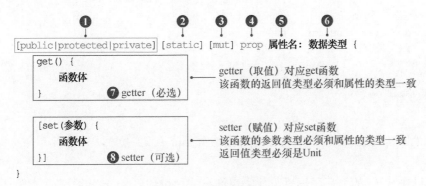

图 6-13　成员属性的定义

其中各部分的含义如下。

❶：可见性修饰符，缺省则仅包内可见。

❷：static 修饰符。加上 static 修饰符之后为静态成员属性，不加则为实例成员属性。

❸：mut 修饰符。使用 mut 修饰的成员属性既可以读取值也可以被赋值（类似于以 var 声明的变量），**必须**同时包含 getter 和 setter；没有使用 mut 修饰的成员属性只可以读取值而不可以被赋值（类似于以 let 声明的变量），只能包含 getter，不能包含 setter。

❹：关键字 prop，用于定义成员属性。

❺：成员属性名，必须是合法的标识符，建议使用**小驼峰命名风格**来命名。

❻：成员属性的数据类型。

❼：成员属性的 getter（必选），get 函数的类型为 () -> T，T 是该属性的类型。

❽：成员属性的 setter（可选），set 函数的类型为 (T) -> Unit，T 是该属性的类型。

注：函数类型见第 10 章。

成员属性通过关键字 prop 定义，定义时可以加上各种修饰符。成员属性包含一个必选的 getter 和一个可选的 setter。上面示例中定义的属性 propDiscount 就同时包含了 getter 和 setter，该属性在定义时使用了修饰符 mut。我们也可以为成员变量 price 加上修饰符 private，并为其添加相应的属性 propPrice，该属性将被添加在构造函数之后、属性 propDiscount 之前。修改过后的 EBook 类如代码清单 6-16 所示。

代码清单 6-16　e_book.cj 中的 EBook 类

```
01    class EBook {
02        private let price: Float64
03        private var discount: Int64
04
05        // 没有使用 mut 修饰的成员属性不能被赋值
06        prop propPrice: Float64 {
07            // 成员属性 propPrice 只有 getter
08            get() {
09                price
10            }
11        }
12
13        // 使用 mut 修饰的成员属性可以被赋值
14        mut prop propDiscount: Int64 {
15            // 代码略
16        }
17
18        // 其他成员略
19    }
```

成员属性 propPrice 在定义时没有使用修饰符 mut（第 6 行），只包含一个 getter（第 8 ～ 10 行）。

我们可以在 main 的最后添加以下代码以通过成员属性 propPrice 读取成员变量 price 的值。

```
// 通过成员属性 propPrice 访问成员变量 price
println("\n价格为${eBook.propPrice.format(".2")}")    // 输出：价格为 60.00
```

与成员变量和成员函数一样，成员属性也分为实例成员属性和静态成员属性。从使用方式的角度来看，**成员属性和成员变量**是一样的。

关于成员属性的主要知识点如图 6-14 所示。

图 6-14　成员属性

## 6.4　继承

继承（inheritance）也是面向对象编程的三大特征之一。通过继承，一个类（称为子类或派生类）能够自动拥有另一个类（称为父类、基类或超类）的非 private 成员变量、成员属性和成员函数，而无须重复定义这些成员。继承是复用代码的重要手段，而且子类可以在继承父类的基础上添加新的成员，或者基于子类自身的需求修改继承的成员。

## 6.4.1 定义并继承父类

继续完善电商项目。现在已经有了一个 EBook 类，其中主要包括实例成员变量 price 和 discount（对应的还有实例成员属性 propPrice 和 propDiscount），分别表示电子书商品的价格和折扣；还包括实例成员函数 calcPayAmount 和 calcSavedAmount，分别用于计算应付金额和节省金额。考虑到电商平台上的商品不止电子书一种，而所有商品都具有价格和折扣，并且也都需要计算应付金额和节省金额，因此我们可以基于 EBook 类抽象出一个 Goods 类，然后让 EBook 类继承 Goods 类，这样就可以基于 Goods 类继续创建其他商品的类了。

在目录 e_commerce 下新建一个仓颉源文件 goods.cj，在其中创建 Goods 类，如代码清单 6-17 所示。

代码清单 6-17　goods.cj

```
01  package e_commerce
02
03  // 关键字 class 前面加上了 open 修饰符
04  open class Goods {
05      private let price: Float64
06      private var discount: Int64
07
08      init(price: Float64, discount: Int64) {
09          this.price = price
10          this.discount = discount
11      }
12
13      prop propPrice: Float64 {
14          get() {
15              price
16          }
17      }
18
19      mut prop propDiscount: Int64 {
20          get() {
21              discount
22          }
23
24          set(discount) {
25              if (discount > 0 && discount <= 100) {
26                  this.discount = discount
27              } else {
28                  println("\n对不起，参数错误无法修改！")
29              }
30          }
31      }
32
```

```
33      func calcPayAmount() {
34          price * (Float64(discount) / 100.0)
35      }
36
37      func calcSavedAmount() {
38          price * (1.0 - Float64(discount) / 100.0)
39      }
40  }
```

Goods 类和 EBook 类的大部分代码是相同的，不同的地方主要在于：定义 Goods 类时在关键字 class 前面加上了一个 open 修饰符。

类可以被继承是有条件的：定义时关键字 class 必须被修饰符 open 修饰。本例在 Goods 类的定义中使用了修饰符 open（第 4 行）。

> 注：被修饰符 abstract 修饰的类（抽象类）也可以被继承，本章的内容不涉及抽象类（抽象类详见第 7 章）。

修改 EBook 类，使其继承 Goods 类，修改过后的 e_book.cj 如代码清单 6-18 所示。

代码清单 6-18　e_book.cj

```
41  package e_commerce
42
43  // EBook 类继承了 Goods 类
44  class EBook <: Goods {
45      init(price: Float64, discount: Int64) {
46          super(price, discount)  // 通过 super 调用父类 Goods 的构造函数
47      }
48  }
```

子类 Sub 继承父类 Base 的语法格式为：

```
// 在子类的定义处通过 "<:" 指定其继承的父类
class Sub <: Base {}
```

在定义 EBook 类时通过 "<:" 指定了子类 EBook 的父类为 Goods 类（第 44 行）。

子类会继承父类中**除构造函数和 private 成员之外**的所有成员。子类 EBook 会继承父类 Goods 的两个实例成员属性 propPrice 和 propDiscount，以及两个实例成员函数 calcPayAmount 和 calcSavedAmount。

父类的构造函数不会被子类继承，为了复用父类的构造函数，可以在子类的构造函数中使用关键字 super 来调用父类的构造函数（第 46 行）。

对比 Goods 类和 EBook 类的代码可以发现，继承很好地实现了代码复用，减少了子类中的重复代码。子类继承父类之后，子类可以直接复用父类的成员。此时，不需要对 main 作任何修改，程序仍然可以正常执行，且运行结果也是一样的。

在子类中可以添加子类独有的、父类没有的成员。在设计继承关系时，如果成员是子类和父类共有的，则应该定义在父类中；如果成员是子类独有的，则应该定义在子类中。

接下来创建另外两个表示商品的类：表示抽水泵的 WaterPump 类和表示电动自行车的 EBicycle 类，分别存储在目录 e_commerce 下的 water_pump.cj 和 e_bicycle.cj 中。与电子书相比，

抽水泵还包含运费，而电动自行车除了运费还包含安装服务费，因此需要分别为这两个类添加几个新成员。

water_pump.cj 如代码清单 6-19 所示。

代码清单 6-19 water_pump.cj

```
01  package e_commerce
02
03  // WaterPump类继承了Goods类
04  class WaterPump <: Goods {
05      private var expressFee = 15   // 运费，默认为15元
06
07      init(price: Float64, discount: Int64) {
08          super(price, discount)   // 通过super调用父类的构造函数对price和discount完成初始化
09      }
10
11      // 通过属性propExpressFee实现对expressFee的读写
12      mut prop propExpressFee: Int64 {
13          get() {
14              expressFee
15          }
16
17          set(expressFee) {
18              if (expressFee >= 0) {
19                  this.expressFee = expressFee
20              }
21          }
22      }
23  }
```

WaterPump 类继承了 Goods 类（第 4 行），并且添加了表示运费的成员变量 expressFee，抽水泵的运费默认为 15 元（第 5 行）。在子类 WaterPump 的构造函数中，通过 super 调用父类 Goods 的构造函数来对成员变量 price 和 discount 完成了初始化（第 8 行）。另外，还为 private 修饰的 expressFee 添加了相应的成员属性 propExpressFee，以实现对 expressFee 的读写。

在本项目中，设定了抽水泵品类的商品运费默认为 15 元，如有需要，可以通过 WaterPump 类的成员属性 propExpressFee 修改运费。如果希望在创建 WaterPump 类的对象时能够自定义运费，那么可以为 WaterPump 类添加一个重载的构造函数，代码如下：

```
init(price: Float64, discount: Int64, expressFee: Int64) {
    this(price, discount)   // 调用构造函数init(price: Float64, discount: Int64)
    this.expressFee = expressFee   // 对expressFee进行初始化
}
```

以上构造函数添加了一个表示运费的形参 expressFee。在函数体中，首先通过 this(price, discount) 调用了构造函数 init(price: Float64, discount: Int64) 对成员变量 price 和 discount 进行了初始化，接着使用形参 expressFee 对成员变量 expressFee 进行了初始化。这样当使用以下代码创建 WaterPump 类的对象时，系统会自动根据传入的参数列表决定要使用哪一个构造函数。

```
// 调用init(price: Float64, discount: Int64)，运费为15元
```

```
WaterPump(500.0, 80)

// 调用init(price: Float64, discount: Int64, expressFee: Int64)，运费为10元
WaterPump(500.0, 80, 10)
```

e_bicycle.cj 如代码清单 6-20 所示。

代码清单 6-20　e_bicycle.cj

```
01  package e_commerce
02
03  // EBicycle类继承了Goods类
04  class EBicycle <: Goods {
05      private var expressFee = 50   // 运费，默认为50元
06      private var serviceFee = 80   // 安装服务费，默认为80元
07
08      init(price: Float64, discount: Int64) {
09          super(price, discount)   // 通过super调用父类的构造函数对price和discount完成初始化
10      }
11
12      // 通过属性propExpressFee实现对expressFee的读写
13      mut prop propExpressFee: Int64 {
14          get() {
15              expressFee
16          }
17
18          set(expressFee) {
19              if (expressFee >= 0) {
20                  this.expressFee = expressFee
21              }
22          }
23      }
24
25      // 通过属性propServiceFee实现对serviceFee的读写
26      mut prop propServiceFee: Int64 {
27          get() {
28              serviceFee
29          }
30
31          set(serviceFee) {
32              if (serviceFee >= 0) {
33                  this.serviceFee = serviceFee
34              }
35          }
36      }
37  }
```

相较于 WaterPump 类，EBicycle 类中添加了一个表示安装服务费的成员变量 serviceFee（第6 行），并且为 private 修饰的 serviceFee 添加了相应的成员属性 propServiceFee，用于实现对 serviceFee 的读写。

将 main 中的部分代码删除，然后创建一个 WaterPump 类的对象和一个 EBicycle 类的对象，检查一下各个类的工作是否正常。修改过后的 main 如代码清单 6-21 所示。

代码清单 6-21　main.cj 中的 main

```
01  main() {
02      let eBook = EBook(60.0, 90)   // EBook对象
03      println("电子书：")
04      println("\t价格：${eBook.propPrice.format(".2")}")
05      println("\t应付金额：${eBook.calcPayAmount().format(".2")}")
06
07      let waterPump = WaterPump(500.0, 80)   // WaterPump对象
08      println("\n抽水泵：")
09      println("\t价格：${waterPump.propPrice.format(".2")}")
10      println("\t运费：${waterPump.propExpressFee}")
11      println("\t应付金额：${waterPump.calcPayAmount().format(".2")}")
12
13      let eBike = EBicycle(2900.0, 90)   // EBicycle对象
14      println("\n电动自行车：")
15      println("\t价格：${eBike.propPrice.format(".2")}")
16      println("\t安装服务费：${eBike.propServiceFee}")
17      println("\t应付金额：${eBike.calcPayAmount().format(".2")}")
18  }
```

编译并执行以上程序，输出结果为：

```
电子书：
        价格：60.00
        应付金额：54.00

抽水泵：
        价格：500.00
        运费：15
        应付金额：400.00

电动自行车：
        价格：2900.00
        安装服务费：80
        应付金额：2610.00
```

以上计算结果中抽水泵的应付金额中没有包含运费，电动自行车的应付金额中没有包含运费和安装服务费。我们将在下一小节修正这两个问题。

### 1. 关键字 super

3 个子类都使用以下方式调用了父类的构造函数，以对父类的实例成员变量进行初始化：

```
super(参数列表)
```

以上代码在使用时必须作为构造函数的第 1 行代码。在 6.2.3 节介绍了可以使用 "this( 参数列表 )" 来调用本类中重载的其他构造函数，该行代码也必须作为构造函数的第 1 行代码。因此，"super( 参数列表 )" 和 "this( 参数列表 )" 在同一个构造函数中不能同时使用。

在子类的主构造函数中（如果有的话），可以使用"super( 参数列表 )"来调用父类的构造函数，但是不允许使用"this( 参数列表 )"来调用本类的其他构造函数。

在子类的任何一个构造函数中，如果第 1 行代码既没有显式地使用"super( 参数列表 )"来调用父类的构造函数，也没有显式地使用"this( 参数列表 )"调用重载的其他构造函数，那么系统会在该构造函数的函数体开始处隐式地自动调用"super()"，以调用父类的无参构造函数。此时，如果父类中不存在无参的构造函数，会导致编译错误。在使用继承时，必须避免这种错误。

另外，在子类的构造函数以及实例成员函数（或属性）中可以使用关键字 super 访问父类的非 private 实例成员，对应的语法格式如下：

```
[super.] 实例成员变量       // super 总是可以省略的
[super.] 实例成员属性       // super 视情况可以省略
[super.] 实例成员函数 ( 参数列表 )      // super 视情况可以省略
```

在子类中访问父类的实例成员变量或没有被重写的实例成员函数（或属性）时，以上语法中的关键字 super 总是可以省略的。如果在子类中访问的是父类被重写的实例成员函数（或属性），那么关键字 super 不能省略。

注：关于重写的相关知识参见 6.4.2 节。

关于 super 和 this 的主要知识点如图 6-15 所示。

| | super | this |
|---|---|---|
| 作用 | 在子类中访问父类的成员 | 引用当前实例，访问本实例的成员 |
| 使用位置 | 子类的构造函数或实例成员函数（属性） | 本类的构造函数或实例成员函数（属性） |
| 调用构造函数 | super(参数列表) | this(参数列表) |
| | 在子类的构造函数中调用父类的构造函数 | 在本类的构造函数中调用另一个重载的构造函数 |
| | 在子类的主构造函数中可以使用 | 在子类的主构造函数中不可以使用 |
| | 必须作为构造函数的第1行代码 | |
| | super(参数列表)和this(参数列表)不能在同一个构造函数中使用 | |
| 其他用法 | super.实例成员 | this.实例成员 |
| | 访问父类的实例成员 | 访问本类的实例成员 |

图 6-15　super 和 this

### 2. 类图

使用 UML 中的类图可以直观地描述类与类之间的关系。UML（Unified Modeling Language，统一建模语言）是一种为面向对象方法进行说明、可视化和编制文档的标准语言。UML 图大致可分为静态图和动态图两种，其中包含了十多种图形，类图就是其中一种。

在类图中，每个类都对应一个 3 层矩形框，第 1 层是类的名称，第 2 层是成员变量，第 3 层是成员函数。对于成员属性，在类图中并没有专门的表示方式，为了体现成员属性的用法与成员变量是一样的，我们将成员属性也放在类图的第 2 层。成员的可见性修饰符对应的符号如表 6-4 所示。类与类之间的继承关系使用**带空心三角形箭头的实线**来表示，其中，箭头指向父类。子类继承来的成员不用表示。

表 6-4　类图中可见性修饰符对应的符号

| 可见性修饰符 | 在类图中对应的符号 |
|---|---|
| private | - |
| 缺省 | 无 |
| protected | # |
| public | + |

父类 Goods 和子类 EBook、WaterPump、EBicycle 的关系可以表示为如图 6-16 所示的类图。

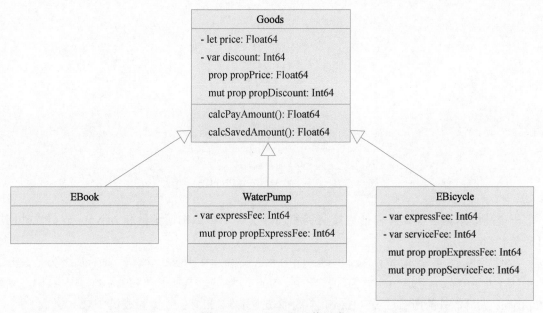

图 6-16　Goods 类及其子类

### 3. 继承的规则

如果在定义 Sub 类时继承了 Base 类，那么 Base 类型是 Sub 类型的父类型，Sub 类型是 Base 类型的子类型。Base 类被称为 Sub 类的直接父类。仓颉只支持类的单继承，不支持类的多继承，因此任何一个类最多只能有一个直接父类。如图 6-17 所示，Sub 类不能同时继承 Base1 类和 Base2 类。

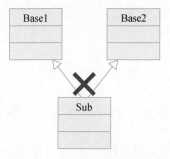

图 6-17　类不支持多继承

虽然一个类最多只能有一个直接父类，但却可以有多个间接父类。如图 6-18 所示，Sub

类的直接父类是 Base3 类，Sub 类的间接父类是 Base1 类和 Base2 类。此时，Sub 类型也是
Base1 类型或 Base2 类型的子类型。

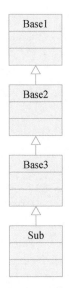

图 6-18　一个类可以有多个间接父类

**子类将继承所有父类（包括直接父类和间接父类）中除构造函数和 private 成员之外的所有成员。**

举例如下。Sub 类继承了 Base2 类，而 Base2 类继承了 Base1 类，因此 Base2 类是 Sub 类的直接父类，Base1 类是 Sub 类的间接父类，Sub 类将继承 Base1 类和 Base2 类中除构造函数和 private 成员之外的所有成员（Base1 类的成员变量 v1 和 Base2 类的成员变量 v2）。

```
open class Base1 {
    let v1 = 1
}

// Base2类继承了Base1类
open class Base2 <: Base1 {
    let v2 = 2
}

// Sub类继承了Base2类
class Sub <: Base2 {
    // 代码略
}
```

注意，如果 Base2 类没有使用 open 修饰，那么 Sub 类将无法继承 Base2 类，并且引发编译错误。

如果定义某个类时没有使用 "<:" 继承其他类，那么这个类的直接父类是 Object。Object 是所有类的父类，Object 没有直接父类，且 Object 中不包含任何成员。

关于类的继承的主要知识点如图 6-19 所示。

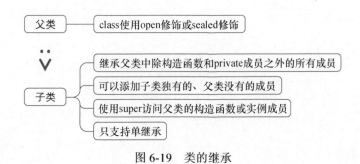

图 6-19　类的继承

## 6.4.2　重写和重定义

当父类的成员函数和成员属性的实现方式不适用于子类时，在子类中可以重新实现这些成员函数和成员属性，做出与子类需求匹配的针对性修改。在子类中**对实例成员函数和实例成员属性**的重新实现被称为重写（override），对**静态成员函数和静态成员属性**的重新实现被称为重定义（redefine）。因此，子类成员可以由 3 部分组成，如图 6-20 所示。

图 6-20　子类成员

重写或重定义的前提是子类继承了父类的成员。由于没有继承父类的构造函数和 private 成员，子类无法重写或重定义父类的构造函数和 private 成员。

### 1. 实例成员的重写

继续以电商项目举例。在 Goods 类中有一个实例成员函数 calcPayAmount，用于计算每个商品的应付金额。在该函数中，商品的应付金额为价格乘以折扣。显然这个函数的计算方法只适用于电子书，而不适用于抽水泵和电动自行车。因此，需要在 WaterPump 类和 EBicycle 类中对函数 calcPayAmount 进行重写。

对父类的实例成员进行重写时，父类的实例成员**必须**加上 open 修饰符，并且被 open 修饰的实例成员的可见性修饰符必须是 public 或 protected；**子类重写的实例成员之前可以加上 override 修饰符，也可以省略，为了提高代码的可读性，建议不要省略**。

修改过后的 Goods 类如代码清单 6-22 所示（没有发生变动且无关的代码均被省略）。

代码清单 6-22　goods.cj 中的 Goods 类

```
01  open class Goods {
02      // 无关代码略
03
04      // 加上了修饰符protected和open
05      protected open func calcPayAmount() {
06          price * (Float64(discount) / 100.0)
```

```
07        }
08    }
```

在 WaterPump 类的末尾重写成员函数 calcPayAmount。修改过后的 WaterPump 类如代码清单 6-23 所示。

代码清单 6-23　water_pump.cj 中的 WaterPump 类

```
01  class WaterPump <: Goods {
02      // 无关代码略
03
04      // 加上了修饰符 protected 和 override
05      protected override func calcPayAmount() {
06          // 应付金额加上了运费
07          propPrice * (Float64(propDiscount) / 100.0) + Float64(expressFee)
08      }
09  }
```

同理，对 EBicycle 类也进行类似的修改。修改过后的 EBicycle 类如代码清单 6-24 所示。

代码清单 6-24　e_bicycle.cj 中的 EBicycle 类

```
01  class EBicycle <: Goods {
02      // 无关代码略
03
04      protected override func calcPayAmount() {
05          // 应付金额加上了运费和安装服务费
06          propPrice * (Float64(propDiscount) / 100.0) + Float64(expressFee + serviceFee)
07      }
08  }
```

最后，修改 main，以验证重写的代码是否正确，如代码清单 6-25 所示。

代码清单 6-25　main.cj 中的 main

```
01  main() {
02      let eBook = EBook(60.0, 90)    // EBook 对象
03      println("电子书：")
04      println("\t 应付金额：${eBook.calcPayAmount().format(".2")}")
05      println("\t 节省金额：${eBook.calcSavedAmount().format(".2")}")
06
07      let waterPump = WaterPump(500.0, 80)    // WaterPump 对象
08      println("\n 抽水泵：")
09      println("\t 应付金额：${waterPump.calcPayAmount().format(".2")}")
10      println("\t 节省金额：${waterPump.calcSavedAmount().format(".2")}")
11
12      let eBike = EBicycle(2900.0, 90)    // EBicycle 对象
13      println("\n 电动自行车：")
14      println("\t 应付金额：${eBike.calcPayAmount().format(".2")}")
15      println("\t 节省金额：${eBike.calcSavedAmount().format(".2")}")
16  }
```

编译并执行程序，输出结果为：

电子书：

    应付金额：54.00

    节省金额：6.00

抽水泵：

    应付金额：415.00

    节省金额：100.00

电动自行车：

    应付金额：2740.00

    节省金额：290.00

如前所述，在子类的实例成员函数中可以使用关键字 super 访问父类的实例成员。因此，在子类中对函数 calcPayAmount 进行重写时，也可以复用父类的函数 calcPayAmount 的代码。以 WaterPump 类为例，函数 calcPayAmount 也可以重写为：

```
protected override func calcPayAmount() {
    // 使用super调用了父类的实例成员函数calcPayAmount
    super.calcPayAmount() + Float64(expressFee)
}
```

在使用 super 时需要注意，如果子类没有重写父类的某个实例成员，那么在子类中无论是使用 super 还是 this 访问的都是从父类继承的实例成员。但是，如果子类重写了父类的某个实例成员，那么在子类中使用 this 访问的是子类的实例成员，使用 super 访问的是父类的实例成员。

例如，以上示例在 WaterPump 类中重写了父类的实例成员函数 calcPayAmount，而没有重写函数 calcSavedAmount。在 WaterPump 类中使用 super 调用函数 calcPayAmount 时调用的是父类的函数 calcPayAmount，使用 this 调用函数 calcPayAmount 时调用的是子类的函数 calcPayAmount。使用 super 或 this 调用函数 calcSavedAmount 时，调用的都是父类的函数 calcSavedAmount。

假设马上要到读书节了，为了对电子书进行促销，平台决定在现有折扣的基础上再对电子书打 8 折，此时就需要在 EBook 类中对父类的成员函数 calcPayAmount 和 calcSavedAmount 进行重写。修改过后的 Goods 类如代码清单 6-26 所示。

代码清单 6-26　goods.cj 中的 Goods 类

```
01  open class Goods {
02      // 无关代码略
03
04      // 加上了修饰符protected和open
05      protected open func calcSavedAmount() {
06          price * (1.0 - Float64(discount) / 100.0)
07      }
08  }
```

在 EBook 类的末尾重写成员函数 calcPayAmount 和 calcSavedAmount。修改过后的 EBook 类如代码清单 6-27 所示。

代码清单 6-27 e_book.cj 中的 EBook 类

```
01  class EBook <: Goods {
02      // 无关代码略
03
04      protected override func calcPayAmount() {
05          propPrice * (Float64(propDiscount) / 100.0) * 0.8
06      }
07
08      protected override func calcSavedAmount() {
09          propPrice * (1.0 - Float64(propDiscount) / 100.0 * 0.8)
10      }
11  }
```

编译并执行程序，输出结果为：

```
电子书：
        应付金额：43.20
        节省金额：16.80

抽水泵：
        应付金额：415.00
        节省金额：100.00

电动自行车：
        应付金额：2740.00
        节省金额：290.00
```

在类图中，被重写或重定义的成员需要在子类中表示出来。修改过后的 Goods 类及其子类的类图如图 6-21 所示。

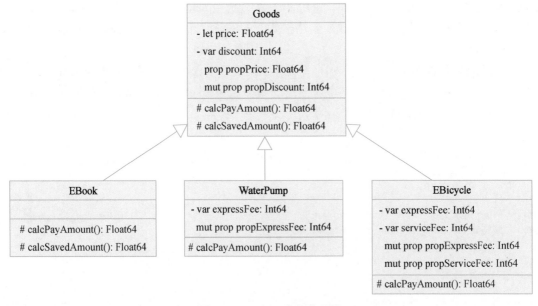

图 6-21 Goods 类及其子类

### 2. 静态成员的重定义

对父类的静态成员进行重定义时，父类的静态成员之前不需要加修饰符；子类重定义的静态成员之前可以加上修饰符 redef，也可以省略，为了提高代码的可读性，建议不要省略。

举例如下：

```
open class Base {
    // 父类的静态成员函数
    static func printTypeName() {
        println("Base")
    }
}

class Sub <: Base {
    // 子类重定义的静态成员函数
    static redef func printTypeName() {
        println("Sub")
    }
}

main() {
    Sub.printTypeName()   // 输出：Sub
}
```

### 3. 注意事项

实例成员被重新实现后必须仍然为实例成员，不能变为静态成员；静态成员被重新实现后必须仍然为静态成员，不能变为实例成员。

在子类中重写或重定义父类的成员函数时，需要遵守以下规则。

- 函数名保持不变。
- 函数的形参类型列表保持不变；如果函数中使用了命名形参，命名形参的名称也要保持不变。
- 函数返回值类型要么保持不变，要么是原类型的子类型。
- 函数的访问控制权限不能更严格，要么保持不变，要么更宽松。

在下面的示例代码中，子类 Sub 重写了父类 Base 的实例成员函数 test。该函数在重写后与重写前相比，函数名 test 和形参类型列表都保持不变，但是重写后的返回值类型 Sub 是重写前返回值类型 Base 的子类型，并且重写后的访问控制权限更宽松了。

```
open class Base {
    protected open func test(p1: Int64, p2: Float64): Base {
        println("Base")
        Base()
    }
}

class Sub <: Base {
    public override func test(p3: Int64, p4: Float64): Sub {
        println("Sub")
        Sub()
```

```
        }
    }

main() {
    let sub = Sub()
    sub.test(18, 2.3)  // 输出：Sub
    ()   // main的返回值类型应为Unit或整数类型
}
```

在以上示例中，父类 Base 的函数 test 的两个形参是非命名参数，在子类 Sub 重写 test 时，只需要保持形参类型列表不变，形参名可以不一样：在父类中使用的形参名为 p1 和 p2，在子类中使用的形参名为 p3 和 p4。如果 Base 中的函数 test 的参数是命名参数，那么在 Sub 重写 test 时，不仅要保持形参类型列表不变，还要保持形参名不变，否则将会引发编译错误。举例如下：

```
open class Base {
    public open func test(p1: Int64, p2: Float64, p3!: Int64, p4!: Float64) {
        println("Base")
    }
}

class Sub <: Base {
    // 重写时，非命名参数只需要保持类型列表一致，命名参数还需要保持形参名不变
    public override func test(p5: Int64, p6: Float64, p3!: Int64, p4!: Float64) {
        println("Sub")
    }
}
```

在子类中重写或重定义父类的成员属性的方式与成员函数是一样的，但需要遵守以下规则。
- 属性名保持不变。
- 属性是否被 mut 修饰必须保持不变。
- 属性的类型必须保持不变，不能是其子类型。
- 属性的访问控制权限不能更严格，要么保持不变，要么更宽松。

关于重写和重定义的主要知识点如图 6-22 和表 6-5 所示。

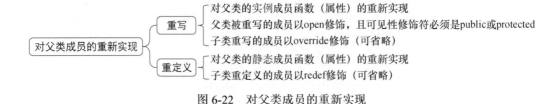

图 6-22　对父类成员的重新实现

表 6-5　重写或重定义父类成员的规则

| 成员函数 | 成员属性 |
| --- | --- |
| 函数名保持不变 | 属性名保持不变 |
| 形参类型列表保持不变，命名参数名称保持不变 | 属性是否被 mut 修饰必须保持不变 |
| 返回值类型要么保持不变，要么是原类型的子类型 | 属性的类型必须保持不变，不能是其子类型 |
| 访问控制权限不能更严格 | 访问控制权限不能更严格 |

## 6.5 多态

多态是面向对象编程的三大特征的最后一个。多态（polymorphism）指的是同一个引用类型的变量在访问同一个实例成员函数（属性）时呈现出不同的行为。在面向对象编程中，多态可以通过继承来实现：当子类**继承**了父类并**重写**了父类的实例成员时，如果将子类对象赋给父类类型的变量，那么使用该变量访问被重写的实例成员时，访问的将是子类的实例成员，而不是父类的实例成员。这样就构成了多态。

### 6.5.1 子类型天然是父类型

子类是特殊的父类。例如，在电商项目中，WaterPump 可以被看作特殊的 Goods，对于子类 WaterPump 的某个对象，既可以说该对象的类型是 WaterPump，也可以说该对象的类型是 Goods。因此，可以将子类的对象赋给父类类型的变量（反之不行），这被称作向上转型。

修改一下 main，声明几个不同的引用类型的变量。修改过后的 main 如代码清单 6-28 所示。

代码清单 6-28　main.cj 中的 main

```
01  main() {
02      // 将 Goods 对象的引用赋给 Goods 类型的变量 goods1
03      let goods1: Goods = Goods(500.0, 80)
04      println("goods1的应付金额为：${goods1.calcPayAmount().format(".2")}")
05
06      // 将 WaterPump 对象的引用赋给 WaterPump 类型的变量 goods2
07      let goods2: WaterPump = WaterPump(500.0, 80)
08      println("goods2的应付金额为：${goods2.calcPayAmount().format(".2")}")
09
10      // 将 WaterPump 对象的引用赋给 Goods 类型的变量 goods3
11      let goods3: Goods = WaterPump(500.0, 80)
12      println("goods3的应付金额为：${goods3.calcPayAmount().format(".2")}")
13  }
```

编译并执行以上程序，输出结果为：

```
goods1的应付金额为：400.00
goods2的应付金额为：415.00
goods3的应付金额为：415.00
```

引用类型的变量有两个类型：编译时类型和运行时类型。编译时类型要么是声明的类型，要么是编译器推断的类型（如果没有显式声明的话）；运行时类型由实际赋给该变量的实例的类型决定。

在以上代码中，声明了 3 个引用类型的变量 goods1、goods2 和 goods3。变量 goods1 的编译时类型是 Goods，运行时类型也是 Goods；变量 goods2 的编译时类型是 WaterPump，运行时类型也是 WaterPump。变量 goods1 和 goods2 的编译时类型和运行时类型是一致的，因此在使用 goods1 和 goods2 调用实例成员函数 calcPayAmount 时，使用 goods1 调用的是父类 Goods

的实例成员函数 calcPayAmount，使用 goods2 调用的是子类 WaterPump 重写的实例成员函数 calcPayAmount。

第 3 个变量 goods3 的编译时类型为 Goods，运行时类型为 WaterPump。在编译并执行时，系统自动将 WaterPump 对象向上转型为父类类型（因为子类是一种特殊的父类）。注意，向上转型是由系统自动完成的，并且这不是一种隐式的类型转换，因为子类型天然就是父类型，不存在类型转换一说。

由于变量 goods3 的编译时类型是父类 Goods，运行时类型是子类 WaterPump，因此在使用 goods3 调用实例成员函数 calcPayAmount 时，实际调用的是子类重写的实例成员函数 calcPayAmount，而不是父类的实例成员函数 calcPayAmount。这就构成了多态。

## 6.5.2　通过继承实现多态

继续对 main 做一些修改。修改过后的代码如代码清单 6-29 所示。

代码清单 6-29　main.cj 中的 main

```
01  main() {
02      var goods: Goods = Goods(30.0, 80)
03      println("Goods(30.0, 80) : ")
04      println("\t应付金额:${goods.calcPayAmount().format(".2")}")
05      println("\t节省金额:${goods.calcSavedAmount().format(".2")}")
06
07      goods = EBook(50.0, 90)
08      println("\nEBook(50.0, 90) : ")
09      println("\t应付金额:${goods.calcPayAmount().format(".2")}")
10      println("\t节省金额:${goods.calcSavedAmount().format(".2")}")
11
12      goods = WaterPump(500.0, 80)
13      println("\nWaterPump(500.0, 80) : ")
14      println("\t应付金额:${goods.calcPayAmount().format(".2")}")
15      println("\t节省金额:${goods.calcSavedAmount().format(".2")}")
16  }
```

编译并执行以上程序，输出结果为：

```
Goods(30.0, 80) :
        应付金额: 24.00
        节省金额: 6.00

EBook(50.0, 90) :
        应付金额: 36.00
        节省金额: 14.00

WaterPump(500.0, 80) :
        应付金额: 415.00
        节省金额: 100.00
```

在 main 中首先声明了一个 Goods 类型的变量 goods，其初始值为 Goods 类型的对象（第 2 行）。当通过 goods 调用实例成员函数 calcPayAmount 时（第 4 行），调用的是父类的成员函数 calcPayAmount，其代码如下：

```
protected open func calcPayAmount() {
    price * (Float64(discount) / 100.0)
}
```

因此计算出的应付金额为 24.0 元。

接着通过 goods 调用了实例成员函数 calcSavedAmount（第 5 行），调用的仍是父类的成员函数 calcSavedAmount，其代码如下：

```
protected open func calcSavedAmount() {
    price * (1.0 - Float64(discount) / 100.0)
}
```

计算出节省金额为 6.0 元。

然后将一个 EBook 对象赋给 goods（第 7 行），再通过 goods 调用 calcPayAmount 和 calcSavedAmount（第 9、10 行）。由于子类 EBook 重写了这两个函数，因此这两次调用的是子类 EBook 重写的函数 calcPayAmount 和 calcSavedAmount。

子类 EBook 中的相关函数的代码如下：

```
protected override func calcPayAmount() {
    propPrice * (Float64(propDiscount) / 100.0) * 0.8
}

protected override func calcSavedAmount() {
    propPrice * (1.0 - Float64(propDiscount) / 100.0 * 0.8)
}
```

根据子类 EBook 中的这两个函数，计算出应付金额和节省金额分别为 36.0 元和 14.0 元。

最后将一个 WaterPump 对象赋给变量 goods（第 12 行）。在子类 WaterPump 中，只重写了函数 calcPayAmount，其代码如下：

```
protected override func calcPayAmount() {
    propPrice * (Float64(propDiscount) / 100.0) + Float64(expressFee)
}
```

当通过 goods 调用函数 calcPayAmount 时（第 14 行），调用的是子类 WaterPump 重写的 calcPayAmount，计算出的应付金额为 415.0 元。调用函数 calcSavedAmount 时（第 15 行），由于子类 WaterPump 没有重写函数 calcSavedAmount，因此调用的是父类的 calcSavedAmount，计算出的节省金额为 100.0 元。

多态是通过动态派发技术实现的。将一个子类类型的对象赋给父类类型的变量，并通过该变量访问实例成员（函数或属性），程序在运行时会进行动态派发：如果子类重写了父类的实例成员，就会动态派发子类重写的实例成员，否则会动态派发父类的实例成员。

以上示例全都使用 Goods 类型的变量 goods 来调用实例成员函数 calcPayAmount 和 calcSavedAmount，从而利用多态统一了调用方式。我们可以继续修改电商项目，在目录

e_commerce 下新建一个仓颉源文件 functions.cj，在其中定义一个全局函数 printCalculationResults，该函数的形参类型是父类类型 Goods。然后就可以传递 Goods 类的任何子类对象给这个函数作为参数。这样做可以使用统一的方式处理所有的子类对象，增加了代码的复用性和灵活性。functions.cj 如代码清单 6-30 所示。

代码清单 6-30　functions.cj

```
01  package e_commerce
02
03  func printCalculationResults(goods: Goods) {
04      println("\n应付金额：${goods.calcPayAmount().format(".2")}")
05      println("节省金额：${goods.calcSavedAmount().format(".2")}")
06  }
```

注：由于在 main.cj 中已经导入了 format 包中的所有 public 顶层声明，因此在 functions.cj 中不需要再次导入就可以使用 format 函数。当然，也可以将 main.cj 中导入的代码移到 functions.cj 中。相关的知识参见第 13 章和第 14 章。

修改 main，修改过后的 main 如代码清单 6-31 所示。

代码清单 6-31　main.cj 中的 main

```
01  main() {
02      printCalculationResults(Goods(30.0, 80))
03      printCalculationResults(EBook(50.0, 90))
04      printCalculationResults(WaterPump(500.0, 80))
05  }
```

编译并执行以上程序，输出结果为：

```
应付金额：24.00
节省金额：6.00

应付金额：36.00
节省金额：14.00

应付金额：415.00
节省金额：100.00
```

通过继承实现多态的过程如图 6-23 所示。

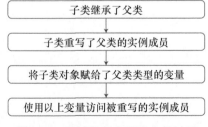

图 6-23　通过继承实现多态的过程

## 6.6 使用组合实现代码复用

继承是实现代码复用的重要手段。在继承关系中，子类能够访问父类的成员，子类和父类是紧密耦合的关系。当父类发生变化时，子类也不得不随之变化，这使得子类缺乏独立性，并且导致子类不容易维护。

除了继承之外，组合也是实现代码复用的重要手段。通过组合，一个类可以将其他类的对象作为成员变量，实现代码复用。继承表达的是一种"父类——子类"的关系，类似于卡车（子类）是汽车（父类）中的一种；组合表达的是一种"整体——部分"的关系，类似于轮胎（部分）是汽车（整体）的一部分。例如，电子书、抽水泵和电动自行车都是商品，因此EBook 类、WaterPump 类和 EBicycle 类都继承了 Goods 类，这 3 个类是子类，而 Goods 类是父类；抽水泵和电动自行车都需要铅酸电池（蓄电池）才能够正常工作，铅酸电池可以看作抽水泵或电动自行车的一部分。此时，如果将铅酸电池抽象为 LeadAcidBattery 类，那么就可以将 LeadAcidBattery 类分别组合到 WaterPump 类和 EBicycle 类中，从而实现对 LeadAcidBattery 类的复用。此时，相对于 WaterPump 类和 EBicycle 类，LeadAcidBattery 类是部分，而WaterPump 类和 EBicycle 类是整体。

在目录 e_commerce 下新建一个仓颉源文件 lead_acid_battery.cj，用于定义铅酸电池对应的LeadAcidBattery 类。该类的成员函数 readData 用于读取电池的状态数据。在这个函数中，使用 println 表达式模拟对电池的操作。lead_acid_battery.cj 的代码如代码清单 6-32 所示。

代码清单 6-32 lead_acid_battery.cj

```
01  package e_commerce
02
03  class LeadAcidBattery {
04      func readData() {
05          // 模拟铅酸电池的工作
06          println("铅酸电池工作状态良好")
07      }
08  }
```

在 WaterPump 类中定义一个 LeadAcidBattery 类型的 private 实例成员变量 leadAcidBattery，并添加一个用于读取电池的状态数据的实例成员函数 readBatteryData。修改过后的 WaterPump类如代码清单 6-33 所示。

代码清单 6-33 water_pump.cj 中的 WaterPump 类

```
01  class WaterPump <: Goods {
02      private var expressFee = 15   // 运费，默认为15元
03      private var leadAcidBattery = LeadAcidBattery()   // 表示铅酸电池
04
05      // 其他成员略
06
07      func readBatteryData() {
08          leadAcidBattery.readData()
09      }
10  }
```

在添加成员变量 leadAcidBattery 的同时使用了一个 LeadAcidBattery 对象对其进行了初始化（第 3 行）。

对 EBicycle 类也重复以上操作。修改过后的 EBicycle 类如代码清单 6-34 所示。

代码清单 6-34　e_bicycle.cj 中的 EBicycle 类

```
01  class EBicycle <: Goods {
02      private var expressFee = 50   // 运费，默认为50元
03      private var serviceFee = 80   // 安装服务费，默认为80元
04      private var leadAcidBattery = LeadAcidBattery()  // 表示铅酸电池
05
06      // 其他成员略
07
08      func readBatteryData() {
09          leadAcidBattery.readData()
10      }
11  }
```

最后，修改 main 以读取 WaterPump 对象和 EBicycle 对象的电池状态。修改过后的 main 如代码清单 6-35 所示。

代码清单 6-35　main.cj 中的 main

```
01  main() {
02      let waterPump = WaterPump(500.0, 80)
03      println("waterPump的电池状态: ")
04      waterPump.readBatteryData()
05
06      let eBike = EBicycle(2900.0, 90)
07      println("\neBike的电池状态: ")
08      eBike.readBatteryData()
09  }
```

当通过 waterPump 调用 WaterPump 类的实例成员函数 readBatteryData 时（第 4 行），会通过 WaterPump 类的成员变量 leadAcidBattery 调用 LeadAcidBattery 类的实例成员函数 readData。通过 eBike 调用 EBicycle 类的实例成员函数 readBatteryData 也是同理（第 8 行）。

编译并执行以上程序，输出结果为：

```
waterPump的电池状态:
铅酸电池工作状态良好

eBike的电池状态:
铅酸电池工作状态良好
```

这样，就使用组合实现了在 WaterPump 类和 EBicycle 类中对 LeadAcidBattery 类的代码的复用。每个 WaterPump 对象和 EBicycle 对象都有自己的 LeadAcidBattery 实例，这意味着 WaterPump 和 EBicycle 的行为可以通过改变组成部分 LeadAcidBattery 的实现来改变，而不需要改变 WaterPump 和 EBicycle 类本身。这提供了很好的灵活性和可维护性。

使用组合还有其他优势，例如它支持更松散的耦合，使得代码的各个部分更加独立，更易理解、测试和维护。同时，它也避免了继承可能带来的一些问题，如过度的类层次结构等。

以上组合关系的类图如图 6-24 所示。LeadAcidBattery 和 WaterPump 是部分和整体的关系，LeadAcidBattery 和 EBicycle 也是部分和整体的关系，并且部分可以独立于整体而存在。组合关系使用**带空心菱形箭头的实线**表示，菱形箭头指向整体。

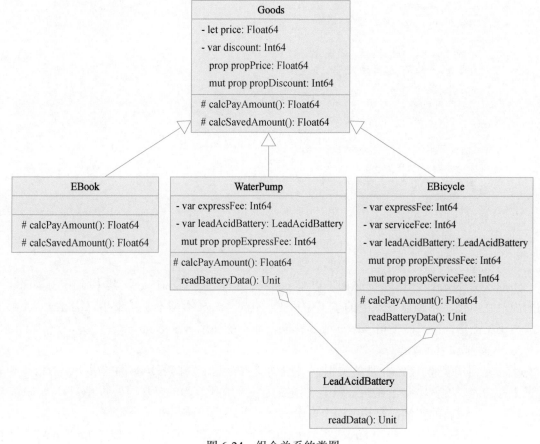

图 6-24　组合关系的类图

# 6.7　struct 类型

struct 类型也是一种自定义类型。struct 类型与 class 类型十分相似，两者在很多方面的用法都是相同的，本节主要讨论两者的区别。

struct 类型与 class 类型的主要区别体现在以下 5 点。

**1. 类型定义关键字**

struct 类型以关键字 struct 定义，而 class 类型以关键字 class 定义。struct 类型也只能定义在仓颉源文件的顶层。定义 struct 类型的语法格式如下：

```
struct 类型名 {
    定义体     // 可以包含成员变量、静态初始化器、构造函数、成员属性和成员函数
}
```

例如，以下代码定义了一个名为 EBook 的 struct 类型。

```
// struct类型只能定义在仓颉源文件顶层
struct EBook {
    // 实例成员变量，也可以包含静态成员变量、成员属性
    let price: Float64
    var discount: Int64

    // 构造函数，可以包含普通构造函数和主构造函数
    init(price: Float64, discount: Int64) {
        this.price = price
        this.discount = discount
    }

    // 实例成员函数，也可以包含静态成员函数
    func calcPayAmount() {
        price * (Float64(discount) / 100.0)
    }
}
```

### 2. 继承和访问控制

class 类型支持继承，struct 类型不支持继承。

class 类型的成员可见性修饰符可以是 public、protected 或 private，其中使用 protected 修饰的成员在本包、本类以及本类的子类中可见。由于 struct 类型不支持继承，因此 struct 类型的成员可见性修饰符只能使用 public 或 private，而不能使用 protected。

### 3. 值类型和引用类型

class 是引用类型，struct 是值类型。引用类型的变量中存储的是实例的引用，而值类型的变量中存储的是实例本身。在执行赋值、函数传参或函数返回的操作时，程序会对 struct 实例进行复制，生成新的实例；对其中一个实例的修改并不会影响另外一个实例。

以下示例代码创建了一个 struct 实例 flashDisk1，接着将 flashDisk1 赋给 flashDisk2，在修改了 flashDisk2 的实例成员变量之后，flashDisk1 的实例成员变量没有受到任何影响。

```
struct FlashDisk {
    var storageSize: Int64   // 表示闪存盘的存储容量大小，单位为GB

    init(storageSize: Int64) {
        this.storageSize = storageSize
    }
}

main() {
    let flashDisk1 = FlashDisk(16)
    var flashDisk2 = flashDisk1

    flashDisk2.storageSize = 32      // 修改flashDisk2的实例成员变量storageSize为32
    println(flashDisk1.storageSize)  // 输出: 16
    println(flashDisk2.storageSize)  // 输出: 32
}
```

以上示例代码的执行过程如图 6-25 所示。

图 6-25 struct 是值类型

需要注意的是，flashDisk1 是使用关键字 let 声明的不可变变量，当把值类型的 struct 实例 FlashDisk(16) 赋给不可变变量 flashDisk1 后，flashDisk1 中存储的 struct 实例作为一个整体，就不能被修改了。因此既不能对 flashDisk1 重新赋值，也不能修改 flashDisk1 的实例成员变量。

**4. 实例成员修改**

class 类型的实例成员函数可以对实例成员变量（或属性）进行修改；而在默认情况下，struct 类型的实例成员函数不能修改它的实例成员变量（或属性）。

在 struct 类型的实例成员函数的关键字 func 前添加 mut 修饰符，可以将该实例成员函数变为 mut 函数。通过 struct 类型的 mut 函数可以修改该类型中以 var 声明的实例成员变量或以 mut 修饰的实例成员属性。

以下示例代码在 struct 的实例成员函数 setStorageSize 前添加了修饰符 mut，通过该 mut 函数可以修改可变的实例成员变量 storageSize。

```
struct FlashDisk {
    var storageSize: Int64    // 表示闪存盘的存储容量大小，单位为GB

    init(storageSize: Int64) {
        this.storageSize = storageSize
    }

    // 通过mut函数修改实例成员变量
    mut func setStorageSize(storageSize: Int64) {
        this.storageSize = storageSize
    }
}

main() {
    var flashDisk = FlashDisk(16)
    println(flashDisk.storageSize)    // 输出: 16

    flashDisk.setStorageSize(64)
    println(flashDisk.storageSize)    // 输出: 64
}
```

注意，flashDisk 必须是可变变量，才能调用 mut 函数修改其实例成员变量。

**5. 递归和互递归定义**

class 类型支持递归和互递归定义。

举例如下：

```
// 递归定义
class C1 {
    let v: C1

    init(v: C1) {
        this.v = v
    }
}

// C2 与 C3 互递归定义
class C2 {
    let v: C3

    init(v: C3) {
        this.v = v
    }
}

class C3 {
    let v: C2

    init(v: C2) {
        this.v = v
    }
}
```

struct 类型不支持递归和互递归定义。例如，以下的递归定义是错误的：

```
// 编译错误，递归定义
struct S1 {
    let v: S1

    init(v: S1) {
        this.v = v
    }
}
```

以下的互递归定义也是错误的：

```
// 编译错误，S2 与 S3 互递归定义
struct S2 {
    let v: S3

    init(v: S3) {
        this.v = v
    }
}

struct S3 {
```

```
    let v: S2

    init(v: S2) {
        this.v = v
    }
}
```

## 6.8 小结

本章学习了仓颉的面向对象编程的部分知识。在面向对象编程中，类和对象是两个基本的概念：类是对象的抽象，对象是由类构造出来的。类的成员包括成员变量、静态初始化器、构造函数、成员属性和成员函数。类的主要成员如图 6-26 所示。

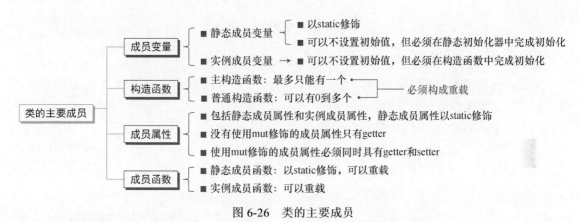

图 6-26　类的主要成员

尽管类成员的排列顺序对程序的执行没有任何影响，但我们建议按照如下的先后顺序来排列类的成员：成员变量（静态 → 实例）→ 静态初始化器 → 构造函数（主构造函数 → 普通构造函数）→ 成员属性 → 成员函数。

除了按照以上的整体顺序来排列类成员，对于实例成员变量和构造函数，最好能够按照可见性从大到小排列（public → protected → 缺省 → private）。静态成员变量可以不遵循按可见性修饰符从大到小排列的建议，而是要按初始化顺序来：如果一个静态成员变量的初始化依赖于另一个，那么被依赖的静态成员变量应该被放在依赖它的静态成员变量之前。

对类成员的访问方式如图 6-27 所示。

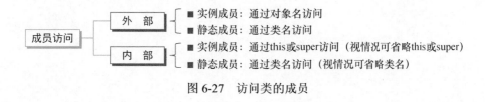

图 6-27　访问类的成员

面向对象的三大特征是封装、继承和多态，相关的知识点如图 6-28 所示。

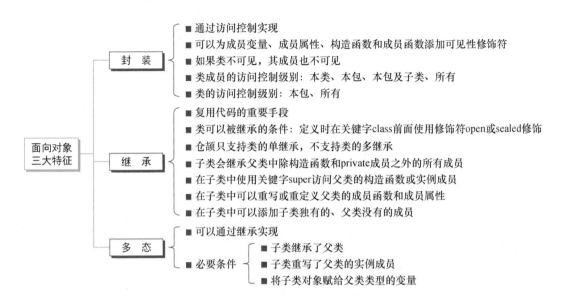

图 6-28　面向对象的三大特征

除了继承，使用组合也可以很好地实现代码复用。

最后，因为子类型天然就是父类型，所以在赋值、传参和返回函数值时可以直接将子类型的实例作为父类型的实例来使用。

以上是关于 class 类型的知识小结。

在本章中，我们还学习了另一种自定义类型：struct 类型。struct 类型与 class 类型的大部分用法是一致的，两者的区别如表 6-6 所示。

表 6-6　struct 类型和 class 类型的区别

| | struct 类型 | class 类型 |
|---|---|---|
| 类型定义关键字 | struct | class |
| 是否支持继承 | 不支持，因此 struct 成员不允许使用 protected 修饰符 | 支持 |
| 值类型 / 引用类型 | 值类型 | 引用类型 |
| 是否支持在内部对实例成员变量（或属性）进行修改 | 默认不支持，可以使用 mut 函数实现在 struct 内部对实例成员变量（或属性）进行修改 | 支持 |
| 是否支持递归或互递归定义 | 不支持 | 支持 |

# 第 7 章

# 面向对象编程(下)

## 7.1　抽象类

当我们设计一个类时，通常会为该类定义一些成员函数来描述它可以实现的操作，这些成员函数一般具有具体的函数体。然而，在某些场景下，我们可能只知道父类应该包含某些成员函数（或属性），却无法预先知道子类将如何实现这些成员函数（或属性）。以一个表示二维图形的 Shape 类为例，其中包含一个用于计算图形面积的成员函数 calcArea。但是，不同的二维图形如三角形（Triangle 类）、圆形（Circle 类）、矩形（Rectangle 类）等的面积计算方式都不一样，因此在 Shape 类的不同子类中，该成员函数的实现都是不同的。

针对这个问题，我们可能会想到两种解决方案：不在父类 Shape 中定义成员函数 calcArea，转而在每一个子类中都添加一个成员函数 calcArea（见图 7-1）；在父类 Shape 中实现一个特定图形的面积计算（如实现圆形的面积计算），然后在其他图形对应的子类中分别重写 calcArea（见图 7-2）。

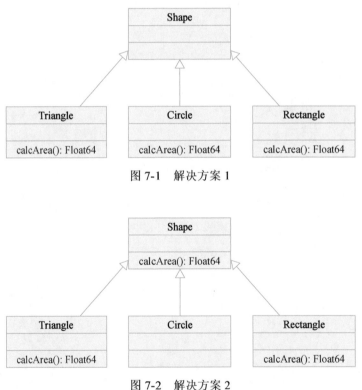

图 7-1　解决方案 1

图 7-2　解决方案 2

显然这两种解决方案都有弊端：前者无法充分利用面向对象编程的继承和多态特性，后者将不适用于所有子类的业务逻辑错误地放在了父类中。

使用抽象类可以很好地解决这个问题。仓颉允许在抽象类中定义抽象函数和抽象属性，抽象函数和抽象属性可以只有**签名**，没有**具体实现**；当子类继承了抽象父类之后，再根据子类的需求来实现抽象函数和抽象属性。

对于上面的问题，我们可以将父类 Shape 定义为抽象类，在 Shape 类中定义一个抽象函数

calcArea, 再在子类中分别实现该函数, 对应的类图如图 7-3 所示, 其中, 抽象类及其抽象成员都使用斜体表示。

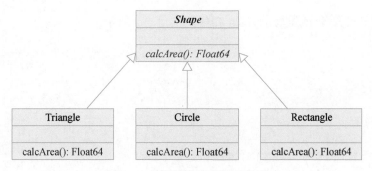

图 7-3　使用抽象类的解决方案

### 7.1.1　通过抽象函数和抽象类实现多态

在电商项目中, 利用多态统一了实例成员函数 calcPayAmount 的调用方式 (6.5.2 节)。观察一下 3 个子类中的函数 calcPayAmount, 可以发现 3 个子类中应付金额的计算方式与父类的计算方式都是不同的。因此我们可以在父类中只提供函数 calcPayAmount 的签名, 而不提供具体实现, 将 Goods 类改造为一个抽象类。

改造过后的 Goods 类如代码清单 7-1 所示, 其中略去了没有改动的代码。对 Goods 类的改动有两处: 删除了关键字 class 前面的 open 修饰符, 并在关键字 class 前面加上 abstract 修饰符; 删除了函数 calcPayAmount 前面的 open 修饰符以及函数体 (包括一对花括号), 只保留了函数的签名。

代码清单 7-1　goods.cj 中的 Goods 类

```
01   // 删除 open, 加上 abstract
02   abstract class Goods {
03       // 无关代码略
04
05       // 删除 open 和函数体, 只保留函数签名 (需要指明函数返回值类型)
06       protected func calcPayAmount(): Float64
07   }
```

**在 Goods 类的关键字 class 前面加上 abstract 修饰符之后, Goods 类就变为了抽象类。在抽象类中只有签名而没有提供实现的实例成员函数**即为抽象函数, 如 Goods 类的函数 calcPayAmount。

然后, 分别将 EBook 类、WaterPump 类以及 EBicycle 类中的函数 calcPayAmount 前面的修饰符 override 删除 (也可以不删除), 这样就在 Goods 的 3 个子类中实现了抽象函数 calcPayAmount。

例如, 修改过后的 EBook 类中的函数 calcPayAmount 的代码为:

```
// 实现了父类的抽象函数
```

```
protected func calcPayAmount() {
    propPrice * (Float64(propDiscount) / 100.0) * 0.8
}
```

最后，修改 main。修改过后的 main 如代码清单 7-2 所示。

代码清单 7-2　main.cj 中的 main

```
01  main() {
02      var goods: Goods
03
04      goods = EBook(60.0, 90)
05      println("电子书: ")
06      println("\t应付金额: ${goods.calcPayAmount().format(".2")}")
07
08      goods = WaterPump(500.0, 80)
09      println("抽水泵: ")
10      println("\t应付金额: ${goods.calcPayAmount().format(".2")}")
11
12      goods = EBicycle(2900.0, 90)
13      println("电动自行车: ")
14      println("\t应付金额: ${goods.calcPayAmount().format(".2")}")
15  }
```

编译并执行以上程序，输出结果为：

```
电子书:
        应付金额: 43.20
抽水泵:
        应付金额: 415.00
电动自行车:
        应付金额: 2740.00
```

在 main 中，定义了一个 Goods 类型的变量 goods（第 2 行）。当一个类变为抽象类之后，就不能再对其实例化了，因此以下的代码是错误的：

```
goods = Goods(5000.0, 90)   // 错误，不能将抽象类实例化
```

不过我们仍然可以将 Goods 类的子类对象赋给 Goods 类型的变量（第 4、8、12 行），因为子类型天然是父类型。经过以上改造，我们得到了一个抽象类 Goods，并利用抽象类中的抽象函数 calcPayAmount 实现了多态，使得同一个变量 goods 在调用同一个函数 calcPayAmount 时呈现出了不同的行为。接下来，让我们进一步了解抽象类及其成员。

## 7.1.2　抽象类及其成员

抽象类是一种特殊的类。抽象类可以包括的成员如图 7-4 所示。

只要在定义一个类时使用了 **abstract 修饰符**，该类就是一个**抽象类**。如果一个类包含**抽象成员**（抽象函数或抽象属性），那么该类**必须**使用 abstract 修饰。因此包含抽象成员的类一定是抽象类，而抽象类却不一定包含抽象成员。

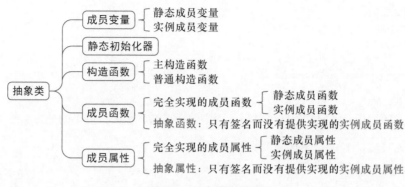

图 7-4　抽象类的成员

抽象类的意义主要有以下几点。

- **定义接口规范**：抽象类可以定义一组抽象成员，这些抽象成员必须由继承此抽象类的子类来实现。这样做确保了所有的子类都具有一致的接口，有助于保持代码的一致性。
- **实现代码复用**：除了抽象成员，抽象类可以提供已经实现的成员，这些成员可以被子类直接调用、继承或重新实现。这种机制允许在抽象类中实现通用的功能，可以减少代码重复。
- **强制子类结构**：通过抽象成员，抽象类可以强制要求所有的子类都必须提供某些成员的实现。这种强制性保证了无论子类如何变化，它们都会提供一致的基本功能，这对于维护大型代码库尤为重要。
- **阻止实例化**：抽象类不能被实例化，这意味着我们不能创建一个抽象类的实例。这个特性是故意设计的，因为抽象类的目的是提供一个类层次结构中的基础模板，而不是直接用于创建对象。
- **促进设计的模块化和扩展性**：使用抽象类可以使系统的设计更加模块化，因为它允许开发者通过继承抽象类并实现其抽象成员来构建功能。这种方式有助于系统的扩展和维护，因为新的功能可以通过添加新的子类实现，而不必修改现有的代码。

关于成员变量和成员函数等类的成员，上一章已经详细讨论过。对于抽象类的成员，主要有以下 3 点需要特别说明。

**1. 构造函数**

抽象类中可以有构造函数，但是不能用于初始化抽象类的实例（因为抽象类不能被实例化），而只能被子类调用。

**2. 抽象函数**

**抽象函数**只能是**实例成员函数**，而不能是构造函数或静态成员函数。抽象函数描述函数具有什么功能，却不提供具体的实现，因此抽象函数只有签名而没有函数体。

抽象函数与空函数体的函数是不同的。空函数体的函数是已经被实现的函数，只是其实现为空，即函数体中没有任何代码。例如，在以下的代码中，函数 cookDish 是一个抽象函数，它的实现要由子类完成；而函数 prepareIngredients 是一个空函数体的函数，它已经被实现了，只不过它被调用之后什么也不做。

```
// 表示厨师的类
abstract class Cook {
```

```
    // 抽象函数cookDish，模拟烹饪菜肴
    protected func cookDish(): Unit

    // 空函数体的函数prepareIngredients，模拟准备食材
    func prepareIngredients() {}
}
```

抽象函数的签名中**必须定义返回值类型**，否则编译报错。例如，以下的抽象函数签名是错误的：

```
// 编译错误，抽象函数没有指明返回值类型
protected func cookDish()
```

抽象函数的可见性修饰符**必须**是 public 或 protected。

子类实现抽象父类的抽象函数，与子类重写或重定义父类的成员函数的规则相同，需要遵守以下规则。

- 函数名保持不变。
- 函数的形参类型列表保持不变；如果函数中使用了命名形参，那么命名形参的名称也要保持不变。
- 函数返回值类型要么保持不变，要么是原类型的子类型。
- 函数的访问控制权限不能更严格，要么保持不变，要么更宽松。

### 3. 抽象属性

类似于抽象函数，在抽象类中可以提供只有签名而没有实现的抽象属性。**抽象属性**只能是**实例成员属性**。通过抽象属性，我们可以让抽象类以更加易用的方式对一些数据操作进行约定，相比函数的方式要更加直观。抽象属性的可见性修饰符也**必须**是 public 或 protected。

例如，下面的示例代码在父类 Cook 中定义了一个抽象属性 propCookingUtensil，接着在子类 ProfessionalCook 中实现了该属性。

```
// 表示厨师的类
abstract class Cook {
    // 抽象属性propCookingUtensil，表示烹饪用具
    public mut prop propCookingUtensil: String
}

// 表示专业厨师的类，Cook类的子类
class ProfessionalCook <: Cook {
    var cookingUtensil = "烤箱"

    // 实现了父类的抽象属性
    public mut prop propCookingUtensil: String {
        get() {
            cookingUtensil
        }

        set(cookingUtensil) {
            this.cookingUtensil = cookingUtensil
        }
    }
}
```

如果要达到相同的目的，通过抽象函数的方式实现的代码如下：

```
abstract class Cook {
    // 抽象函数
    public func getCookingUtensil(): String
    public func setCookingUtensil(cookingUtensil: String): Unit
}

class ProfessionalCook <: Cook {
    var cookingUtensil = "烤箱"

    public func getCookingUtensil() {
        cookingUtensil
    }

    public func setCookingUtensil(cookingUtensil: String) {
        this.cookingUtensil = cookingUtensil
    }
}
```

通过对比可以发现，在对 cookingUtensil 值的获取和设置进行约定时，使用属性相较于使用函数代码更简洁，也更加符合对数据操作的意图。

子类实现抽象父类的抽象属性，与子类重写或重定义父类的成员属性的规则相同，需要遵守以下规则。

- 属性名保持不变。
- 属性是否被 mut 修饰必须保持不变。
- 属性的类型必须保持不变，不能是其子类型。
- 属性的访问控制权限不能更严格，要么保持不变，要么更宽松。

## 7.1.3 抽象类的继承规则

抽象类具有较高层次的抽象。从多个具有相同功能的类中抽象出的抽象类，可以作为子类的通用模板，一方面可以对子类的通用功能作一定的限制，使得子类大体上保留父类的行为方式，另一方面子类可以在此模板的基础上进行填充和扩展。

抽象类不能被实例化。抽象类只有被子类继承才有意义，抽象成员只有被子类实现才有意义。因此，**抽象类天然就可以被继承，抽象类及其中的抽象成员默认具有 open 语义**。在定义抽象类及其抽象成员时，关键字 class、func、prop 前面的 open 都是可选的。当子类实现抽象父类的抽象成员时，关键字 func、prop 前面的 override 也是可选的。

如果子类没有实现父类所有的抽象成员，那么子类也必须定义为抽象类，否则编译出错。例如，在以下代码中，子类 ProfessionalCook 只实现了抽象函数 getCookingUtensil，没有实现抽象函数 setCookingUtensil，因此会编译出错。

```
abstract class Cook {
    public func getCookingUtensil(): String
    public func setCookingUtensil(cookingUtensil: String): Unit
```

```
    }

    // 编译错误，ProfessionalCook类必须定义为抽象类
    class ProfessionalCook <: Cook {
        var cookingUtensil = "烤箱"

        public func getCookingUtensil() {
            cookingUtensil
        }
    }
```

定义抽象类时，在关键字 class 前面可以使用 sealed 修饰符。被 sealed 修饰的抽象类只能在本包内被继承。举例如下，在 test 包中有以下 3 个抽象类：

```
    package test

    // C1类可以在包内或包外被继承
    public abstract class C1 {}

    // C2类只能在test包内被继承，但在包外可见
    sealed abstract class C2 {}

    // C3类只能在test包内被继承，因为C3类是包内可见的，包外不可见
    abstract class C3 {}
```

被 public 修饰的 C1 类可以在 test 包内被继承，也可以在其他包内被继承；被 sealed 修饰的 C2 类只能在 test 包内被继承；而 C3 类只在 test 包内可见，它也只能在 test 包内被继承。

修饰符 sealed 包含了 public 的语义，即被 sealed 修饰的类是所有范围可见的，因此被 sealed 修饰的类无须再使用 public 修饰，如上例中的 C2。

最后需要说明一点，子类继承抽象父类时，不会继承父类的 open 或 sealed 修饰符，也不受父类的修饰符限制。例如，父类被 sealed 修饰，若子类（非抽象类）没有使用任何修饰符，那么子类不可以被继承；若子类使用了 public open 修饰，那么子类可以在包外被继承。

关于抽象类的主要知识点如图 7-5 所示。

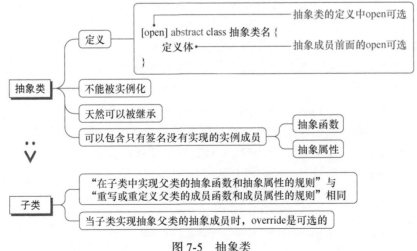

图 7-5　抽象类

## 7.2 接口

如前所述，抽象类具备一定的抽象能力。但从抽象的层次来说，抽象类还只是一个半成品，因为它还可以提供部分实现。如果将抽象进行得更彻底，就可以得到另一种自定义类型——接口（interface 类型）。**接口的所有成员都可以是抽象的（可以不提供任何实现）。**

### 7.2.1 通过接口实现多态

假设在电商项目中，需要计算商品积分。积分计算的规则是这样的。
- 电子书属于虚拟商品，不计算积分。
- 抽水泵的积分一律为应付金额 * 0.8。
- 电动自行车的应付金额在 3000 元以下（含 3000 元），积分为应付金额 * 0.8；应付金额超过 3000 元，积分为应付金额 * 1.2。

假如定义一个用于计算积分的函数 calcPoints，将这个函数定义在哪里比较好呢？如果在父类 Goods 中定义一个抽象函数 calcPoints，那么不需要计算积分的 EBook 类也必须实现这个函数。如果在子类 WaterPump 和 EBicycle 中分别定义一个实例成员函数 calcPoints，那么在调用该函数时将无法利用多态的特性。为了解决这个问题，我们可以将函数 calcPoints 定义在一个接口中。

在目录 e_commerce 下新建一个仓颉源文件 points_calculable.cj，在其中定义一个名为 PointsCalculable 的接口，如代码清单 7-3 所示。

代码清单 7-3　points_calculable.cj

```
01  package e_commerce
02
03  interface PointsCalculable {
04      // 计算积分的成员函数
05      func calcPoints(): Int64
06  }
```

在接口 PointsCalculable 中，定义了一个成员函数 calcPoints（第 5 行）。

接下来让 WaterPump 类和 EBicycle 类都实现接口 PointsCalculable。**接口的所有成员都默认被 public 修饰**，因此在实现函数 calcPoints 时必须要添加 public 修饰符。与 class 类型的继承一样，接口的实现也使用符号 "<:"。如果一个类同时继承了父类并实现了接口，父类和接口在符号 "<:" 之后使用符号 "&" 进行分隔，**父类必须书写在接口前面**。修改过后的 WaterPump 类如代码清单 7-4 所示。

代码清单 7-4　water_pump.cj 中的 WaterPump 类

```
01  class WaterPump <: Goods & PointsCalculable {
02      // 无关代码略
03
04      public func calcPoints() {
05          Int64(calcPayAmount() * 0.8)
```

```
06          }
07    }
```

在 WaterPump 类的定义中，通过添加"& PointsCalculable"实现了接口 PointsCalculable（第 1 行），之后在 WaterPump 类的定义体中添加了对成员函数 calcPoints 的实现。注意，函数 calcPoints 是使用 public 修饰的（第 4 行）。对 EBicycle 类也进行相同的操作，不过 EBicycle 类中的函数 calcPoints 的代码如下：

```
public func calcPoints() {
    let payAmount = calcPayAmount()

    if (payAmount <= 3000.0) {
        Int64(payAmount * 0.8)
    } else {
        Int64(payAmount * 1.2)
    }
}
```

与 class 类型一样，接口也是**引用类型**。如果某个类型实现了某个接口，该类型就成为该接口类型的子类型，因此可以将该类型的实例赋给该接口类型的变量。

修改 main，如代码清单 7-5 所示。在 main 中声明一个接口 PointsCalculable 类型的变量 pointsCalculable（第 2 行）。首先构造一个 WaterPump 类的实例并赋给 pointsCalculable（第 4 行）。接着通过 pointsCalculable 调用函数 calcPoints，这时 pointsCalculable 的运行时类型是 WaterPump，调用的是 WaterPump 的函数 calcPoints（第 6 行）。之后构造一个 EBicycle 类的实例并赋给 pointsCalculable（第 8 行）。再通过 pointsCalculable 调用函数 calcPoints，这时 pointsCalculable 的运行时类型是 EBicycle，调用的是 EBicycle 的函数 calcPoints（第 10 行）。这样，就通过接口实现了多态，同一个接口类型的变量 pointsCalculable 在调用同一个函数 calcPoints 时呈现出了不同的行为。

代码清单 7-5　main.cj 中的 main

```
01  main() {
02      var pointsCalculable: PointsCalculable
03
04      pointsCalculable = WaterPump(500.0, 80)
05      println("抽水泵：")
06      println("\t积分：${pointsCalculable.calcPoints()}")
07
08      pointsCalculable = EBicycle(2900.0, 90)
09      println("电动自行车：")
10      println("\t积分：${pointsCalculable.calcPoints()}")
11  }
```

编译并执行以上程序，输出结果为：

```
抽水泵：
        积分：332
电动自行车：
        积分：2192
```

以上程序的类图如图 7-6 所示。

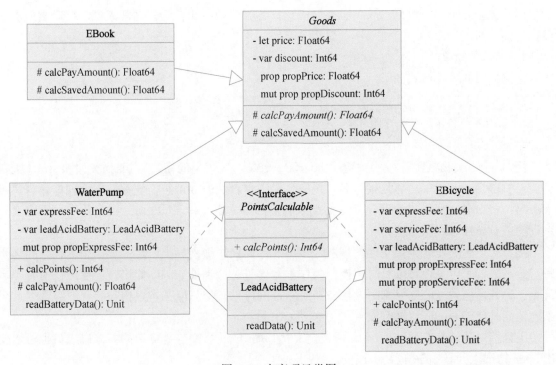

图 7-6　电商项目类图

其中，接口名的上方要有 <<Interface>> 标识，接口名及其抽象成员都要使用斜体。类与接口之间的实现关系使用**带空心三角形箭头的虚线**来表示，其中，箭头指向接口。

接口定义了一种规范（标准），实现接口的类型必须要实现这种规范。例如，对于任何一台计算机而言，只要它提供了 USB 接口，那么任何 USB 设备（如 U 盘、麦克风、数码相机等）都可以接入到这台计算机中正常使用，这是因为所有生产厂商都实现了 USB 接口的规范。因此，接口不是物理意义上的插槽。当我们说 USB 接口时，指的是计算机上的那个 USB 插槽实现了 USB 规范，而具体的插槽只是 USB 接口的实例。只要大家都实现了同一个 USB 规范，那么计算机生产厂商不需要关心用户使用的是哪个厂商生产的何种类型的 USB 设备，USB 设备生产厂商也不需要关心用户使用的计算机是何种品牌、何种型号，如图 7-7 所示（图中以 USB Type-A 为例）。接口将规范和实现进行了分离，降低了模块之间的耦合。

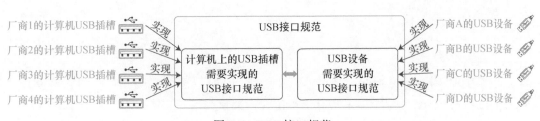

图 7-7　USB 接口规范

## 7.2.2　定义和实现接口

接口类型并不关心数据，只关心类型应该具备哪些功能和行为。通常来说，接口类型的成员都是抽象的。

### 1. 接口的定义

定义接口的语法格式如下：

```
[public] [sealed] [open] interface 接口名 {
    定义体     // 可以包含成员属性、成员函数
}
```

接口（interface 类型）使用关键字 interface 定义，其定义的格式与 class 类型和 struct 类型类似：关键字 interface 之后是接口名，接口名必须是合法的标识符，建议使用**大驼峰命名风格**来命名；接口名之后是以一对花括号括起来的 interface 定义体，interface 定义体中可以定义一系列的成员属性和成员函数。

接口必须定义在仓颉源文件的顶层。接口的访问控制级别和类一样：要么是本包，要么是所有。当缺省了可见性修饰符时，接口只在本包内可见；当被 public 修饰时，接口在所有范围可见。另外，当被 sealed 修饰时，接口在所有范围可见，但只能在本包内被实现或继承（此时不建议同时使用 public 修饰符）。

因为接口默认具有 open 语义，所以定义接口时 open 修饰符是可选的；接口成员也可以使用 open 修饰，并且 open 也是可选的。

### 2. 接口的实现规则

与抽象类一样，接口不能被实例化。接口可以被其他**非接口类型**实现。仓颉的所有非接口类型都可以实现接口，包括数值类型、class 类型等。

除了 class 类型之外的所有非接口类型在实现接口时必须完全实现，即**必须实现接口的所有成员**。对于 class 类型，可以部分实现，即只实现接口的部分成员。如果一个 class 类型只实现了接口的部分成员，那么这个类必须被定义为抽象类。举例如下：

```
// 定义了烹饪基本操作的接口
interface Cookable {
    func cookDish(): Unit
    func prepareIngredients(): Unit
}

// 只实现了接口的部分成员，必须定义为抽象类
abstract class Cook <: Cookable {
    // 实现了接口 Cookable 的成员函数 cookDish，没有实现成员函数 prepareIngredients
    public func cookDish() {
        println("美食已经烹饪完毕")
    }
}
```

Cook 类实现了接口 Cookable，但是只实现了接口的成员函数 cookDish，并没有实现成员函数 prepareIngredients，因此 Cook 类只能被定义为抽象类。

一个类型可以实现一个或多个接口，当实现多个接口时，接口之间使用“&”进行分隔，

且接口之间没有顺序要求。举例如下：

```
interface Cookable1 {
    func cookDish(): Unit
}

interface Cookable2 {
    func prepareIngredients(): Unit
}

class Cook <: Cookable1 & Cookable2 {
    // 实现接口 Cookable1 的成员函数 cookDish
    public func cookDish() {
        println("美食已经烹饪完毕")
    }

    // 实现接口 Cookable2 的成员函数 prepareIngredients
    public func prepareIngredients() {
        println("准备食材中...")
    }
}
```

在上面的示例代码中，Cook 类实现了两个接口：Cookable1 和 Cookable2，并且实现了两个接口的所有成员。

再定义一个 ProfessionalCook 类，该类是 Cook 类的子类。那么 ProfessionalCook 类在继承了 Cook 类的同时，也实现了接口 Cookable1 和 Cookable2。代码如下：

```
// 接口定义略

// 在 Cook 类前加上 open 修饰符使其可以被 ProfessionalCook 类继承
open class Cook <: Cookable1 & Cookable2 {
    // 代码略
}

class ProfessionalCook <: Cook {}

main() {
    let professionalCook = ProfessionalCook()
    professionalCook.cookDish()
}
```

注意，要在 Cook 类前面加上 open 修饰符。在 main 中创建了一个 ProfessionalCook 对象 professionalCook，通过 professionalCook 调用了成员函数 cookDish。编译并执行程序，输出结果为：

美食已经烹饪完毕

接着在子类 ProfessionalCook 中重写父类 Cook 的成员函数 cookDish。首先修改 Cook 类的函数 cookDish：

```
// 加上了 open 修饰符，以备子类的重写
```

```
public open func cookDish() {
    println("美食已经烹饪完毕")
}
```

然后在子类 ProfessionalCook 中重写该函数：

```
// override可以缺省
public override func cookDish() {
    println("美食已由专业厨师烹饪完毕")
}
```

编译并执行程序，输出结果为：

美食已由专业厨师烹饪完毕

以上程序中类和接口的关系如图 7-8 所示。

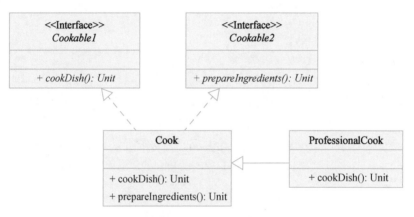

图 7-8　示例程序的类图

由于仓颉只支持类的单继承，不支持类的多继承，任何一个类最多只能有一个直接父类，而任何一个类都可以直接实现多个接口，因此接口在某种程度上弥补了 class 类型单继承的不足。

### 3. 接口成员的实现

前面的示例已经简单演示了如何实现接口成员，下面详细介绍如何实现接口成员。接口成员包括成员函数和成员属性，接口成员既可以是实例成员，也可以是静态成员。接口的成员默认被 public 修饰，不允许添加额外的可见性修饰符。

当实现接口的成员函数时，需要遵守以下规则。

- 函数名保持不变。
- 函数的形参类型列表保持不变；如果函数中使用了命名形参，那么命名形参的名称也要保持不变。
- 函数返回值类型要么保持不变，要么是原类型的子类型。
- 必须添加 public 修饰符（因为接口的所有成员默认都被 public 修饰）。

例如，在下面的示例代码中，对于 C 类实现的成员函数 fn，不能改为其他函数名，形参类型列表也要保持不变，返回值类型既可以是 Base 也可以是 Sub，但是必须要添加 public 修饰符。

```
open class Base {}

// Sub类是Base类的子类
class Sub <: Base {}

interface I {
    // 成员函数fn的返回值类型为Base
    func fn(value: String): Base
}

// 实现了接口I
class C <: I {
    public func fn(param: String): Sub {
        Sub()
    }
}
```

当实现接口的成员属性时，需要遵守以下规则。

■ 属性名保持不变。

■ 属性是否被 mut 修饰必须保持不变。

■ 属性的类型必须保持不变，不能是其子类型。

■ 必须添加 public 修饰符（因为接口的所有成员默认都被 public 修饰）。

在下面的示例代码中，对于 C 类实现的成员属性 propV，不能改为其他名称，不能删除修饰符 mut，不能将 Base 改为 Sub，并且必须要添加 public 修饰符。

```
open class Base {}
class Sub <: Base {}

interface I {
    mut prop propV: Base
}

class C <: I {
    private var v = Base()

    public mut prop propV: Base {
        get() {
            v
        }

        set(value) {
            v = value
        }
    }
}
```

以上示例实现的都是实例成员，下面举一个实现静态成员的例子。

```
interface I {
    // 静态成员函数
    static func printTypeName(): Unit
}

class C1 <: I {
    public static func printTypeName() {
        println("C1")
    }
}

class C2 <: I {
    public static func printTypeName() {
        println("C2")
    }
}

main() {
    C1.printTypeName()  // 输出: C1
    C2.printTypeName()  // 输出: C2
}
```

在实现接口的成员时，实例成员前面的 override 修饰符和静态成员前面的 redef 修饰符都是可选的。

关于接口和接口成员的实现规则如图 7-9 所示。

| | |
|---|---|
| 接　口 | 不能被实例化 |
| | 可以被其他非接口类型实现 |
| | 仓颉的所有非接口类型都可以实现接口，接口实现使用符号 "<:" |
| | 一个类型可以实现多个接口，多个接口之间以 "&" 进行分隔，顺序没有要求 |
| | class类型如果同时继承了父类和实现了接口，父类必须写在接口前面 |
| | 除class类型之外的所有非接口类型实现接口时，必须实现接口的所有成员 |
| | class类型如果只实现了部分接口成员，必须定义为抽象类 |
| 接口成员 | "实现接口成员的规则"与"实现抽象类的抽象函数和抽象属性的规则"大致相同（除了关于访问控制权限的规则） |
| | 所有被实现的接口成员必须添加public修饰符 |
| | 在实现接口的成员时，实例成员前面的override修饰符、静态成员前面的redef修饰符都是可选的 |

图 7-9　接口和接口成员的实现规则

## 7.2.3　接口的默认实现

仓颉允许接口的成员函数（属性）提供默认实现。当某个类型实现接口时，如果接口的成员拥有默认实现，该类型就可以不提供自己的实现而使用接口的默认实现。当然，当某个类型实现接口时，即便接口的成员拥有默认实现，也可以提供自己的实现，此时默认实现便无效了。举例如下：

```
from std import format.*

interface AreaCalculable {
    mut prop propValue: Float64

    // 拥有默认实现的成员函数
    func calcArea() {
        3.14 * propValue * propValue    // 返回以propValue为半径的圆的面积
    }
}

// 表示圆形的类
class Circle <: AreaCalculable {
    private var radius: Float64   // 表示圆的半径

    init(radius: Float64) {
        this.radius = radius
    }


    // 实现接口的成员属性propValue
    public mut prop propValue: Float64 {
        get() {
            radius
        }

        set(radius) {
            this.radius = radius
        }
    }
}


// 表示正方形的类
class Square <: AreaCalculable {
    private var sideLength: Float64   // 表示正方形的边长

    init(sideLength: Float64) {
        this.sideLength = sideLength
    }

    // 实现接口的成员属性propValue
    public mut prop propValue: Float64 {
        get() {
            sideLength
        }

        set(sideLength) {
            this.sideLength = sideLength
```

```
        }
    }

    // 实现了成员函数 calcArea
    public func calcArea() {
        propValue * propValue   // 正方形面积计算公式为：边长 * 边长
    }
}

main() {
    let circle = Circle(3.0)
    println("圆形的面积为：${circle.calcArea().format(".2")}")

    let square = Square(5.0)
    println("正方形的面积为：${square.calcArea().format(".2")}")
}
```

编译并执行程序，输出结果为：

```
圆形的面积为：28.26
正方形的面积为：25.00
```

在上面的示例中，接口 AreaCalculable 的成员函数 calcArea 拥有默认实现。当表示圆形的 Circle 类实现接口 AreaCalculable 时，直接使用了该默认实现而没有提供自己的实现。而当表示正方形的 Square 类实现接口 AreaCalculable 时，其中的成员函数 calcArea 的计算方法不适用于正方形，因此 Square 类自己实现了函数 calcArea。

如果一个类型在实现多个接口时，多个接口都提供了同一个成员的默认实现，这时系统无法选择最适合的实现，所有默认实现都会失效。此时，实现接口的类型必须提供自己的实现，否则会引发编译错误。

在下面的示例代码中，接口 AreaCalculable1 和 AreaCalculable2 都为成员函数 calcArea 提供了默认实现，表示等边三角形的 EquilateralTriangle 类同时实现了这两个接口。因此，EquilateralTriangle 类必须为成员函数 calcArea 提供自己的实现。

注：程序中使用了 sqrt 函数用于求平方根，该函数位于标准库的 math 包中。

```
from std import math.sqrt   // 导入标准库 math 包中的 sqrt 函数，以便进行开方运算
from std import format.*

interface AreaCalculable1 {
    mut prop propValue: Float64

    func calcArea() {
        3.14 * propValue * propValue   // 返回以 propValue 为半径的圆形面积
    }
}

interface AreaCalculable2 {
```

```
        mut prop propValue: Float64

        func calcArea() {
            propValue * propValue   // 返回以propValue为边长的正方形面积
        }
    }


    // 表示等边三角形的类
    class EquilateralTriangle <: AreaCalculable1 & AreaCalculable2 {
        private var sideLength: Float64   // 表示等边三角形的边长

        init(sideLength: Float64) {
            this.sideLength = sideLength
        }

        public mut prop propValue: Float64 {
            get() {
                sideLength
            }

            set(sideLength) {
                this.sideLength = sideLength
            }
        }

        // 实现了成员函数calcArea
        public func calcArea() {
            0.25 * sqrt(3.0) * propValue * propValue   // 计算等边三角形的面积
        }
    }

    main() {
        let equilateralTriangle = EquilateralTriangle(6.0)
        println("等边三角形的面积为:${equilateralTriangle.calcArea().format(".2")}")
    }
```

编译并执行程序，输出结果为：

```
等边三角形的面积为: 15.59
```

**尽管在接口中为成员提供默认实现可以提高代码的可复用性，但还是应该谨慎地使用这一特性**。在层次关系比较复杂的软件系统中，这一特性会使代码容易导致歧义和混淆，降低代码的可读性和可维护性。

## 7.2.4 接口的继承

一个接口可以继承一个或多个接口。例如，在图 7-10 中，接口 SubInterface 同时继承了接口 BaseInterface1、BaseInterface2、……、BaseInterfaceN。

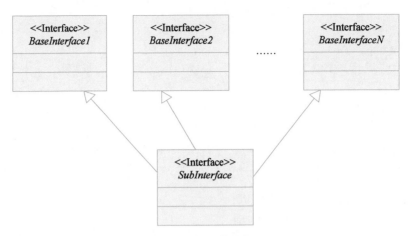

图 7-10　接口的多继承

接口的继承也使用符号"<:"。子接口在继承父接口后，可以获得父接口中定义的所有成员，并且可以添加新的接口成员。当一个接口继承多个接口时，接口之间使用符号"&"分隔，且没有顺序要求。

具体示例如代码清单 7-6 所示。

代码清单 7-6　interface_multi_inheritance_demo.cj

```
01  from std import format.*
02
03  interface AreaCalculable {
04      func calcArea(): Float64
05  }
06
07  interface PerimeterCalculable {
08      func calcPerimeter(): Float64
09  }
10
11  interface ShapeCalculable <: AreaCalculable & PerimeterCalculable {
12      static func getTypeName(): String
13  }
14
15  class Circle <: ShapeCalculable {
16      var radius: Float64
17
18      init(radius: Float64) {
19          this.radius = radius
20      }
21
22      public static func getTypeName() {
23          "Circle"
24      }
25
26      public func calcArea() {
27          3.14 * radius * radius
28      }
```

```
29
30      public func calcPerimeter() {
31          2.0 * 3.14 * radius
32      }
33  }
34
35  main() {
36      let circle = Circle(3.0)
37      println("类型名称:${Circle.getTypeName()}")
38      println("面积:${circle.calcArea().format(".2")}")
39      println("周长:${circle.calcPerimeter().format(".2")}")
40  }
```

编译并执行程序，输出结果为：

```
类型名称:Circle
面积:28.26
周长:18.84
```

接口 ShapeCalculable 继承了接口 AreaCalculable 和 PerimeterCalculable，获得了实例成员函数 calcArea 和 calcPerimeter，同时添加了一个获取类型名称的静态成员函数 getTypeName。当 Circle 类（非抽象类）实现接口 ShapeCalculable 时，同时实现了以上 3 个成员函数。Circle 类既是接口 ShapeCalculable 的子类型，又是接口 AreaCalculable 和 PerimeterCalculable 的子类型，对应的类图如图 7-11 所示。其中，函数 getTypeName 的名称前面加了一个下画线表示它是静态成员。

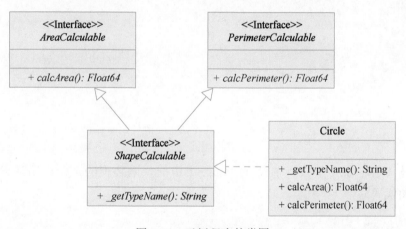

图 7-11  示例程序的类图

## 7.2.5  Any 类型

Any 类型是仓颉内置的接口类型，其定义如下：

```
interface Any {}
```

仓颉的所有接口类型都默认继承 Any，所有非接口类型都默认实现 Any，因此所有类型都是 Any 的子类型。

下面的示例代码将一系列不同类型的字面量赋给了 Any 类型的变量。

```
main() {
    var any: Any
    any = 1
    any = 2.3
    any = "Hello"
}
```

## 7.2.6  面向接口编程示例

如前所述，接口将规范和实现进行了分离，使得实现具有可替代性——只要遵循接口的规范，就可以轻松地把一个实现替换为另一个实现。在软件系统中，通过接口让各个模块或组件之间面向接口耦合，可以达到松耦合的目的，从而提高系统的可维护性和可扩展性。此外，接口弥补了类只能单继承的不足。接下来，继续改造电商项目，实现面向接口编程。

我们知道，抽水泵和电动自行车都需要电池才能正常工作。除了铅酸电池，锂电池也是一种很好的选择。我们已经有了表示铅酸电池的 LeadAcidBattery 类，下面在目录 e_commerce 下新建一个仓颉源文件 lithium_battery.cj，定义锂电池对应的类 LithiumBattery。其中，成员函数 readData 用于读取锂电池的状态数据。在这个函数中，使用 println 表达式来模拟对锂电池的操作。lithium_battery.cj 的代码如代码清单 7-7 所示。

代码清单 7-7  lithium_battery.cj

```
01  package e_commerce
02
03  class LithiumBattery {
04      func readData() {
05          // 模拟锂电池的工作
06          println("锂电池工作状态良好")
07      }
08  }
```

回顾一下 WaterPump 类。当前 WaterPump 类中的代码体现的是使用铅酸电池时的情况，相关的代码如代码清单 7-8 所示。

代码清单 7-8  water_pump.cj 中的 WaterPump 类

```
01  class WaterPump <: Goods & PointsCalculable {
02      private var expressFee = 15
03      private var leadAcidBattery = LeadAcidBattery()   // 表示铅酸电池
04
05      // 无关代码略
06
07      func readBatteryData() {
08          leadAcidBattery.readData()
09      }
10  }
```

如果将抽水泵中的铅酸电池更换为锂电池，那么 WaterPump 类中与铅酸电池相关的代码都需要修改。修改过后的 WaterPump 类中的相关代码如代码清单 7-9 所示。

代码清单 7-9　water_pump.cj 中的 WaterPump 类

```
01  class WaterPump <: Goods & PointsCalculable {
02      private var expressFee = 15
03      private var lithiumBattery = LithiumBattery()  // 表示锂电池
04
05      // 无关代码略
06
07      func readBatteryData() {
08          lithiumBattery.readData()
09      }
10  }
```

　　WaterPump 类与具体种类的电池对应的类紧密地耦合在一起。当更换电池类型时，必须要修改 WaterPump 类中相应的代码，这使得 WaterPump 类的可维护性变得很糟糕。我们希望在更换电池类型时，不需要修改 WaterPump 类中的代码。

　　接下来使用面向接口编程的思想来解耦，使得电池类型可以任意更换。

　　将目录 e_commerce 下的仓颉源文件 lead_acid_battery.cj 重命名为 battery.cj，该文件中存储的是所有和电池有关的类型。先将表示锂电池的 LithiumBattery 类移到 battery.cj 中（从目录 e_commerce 中删除 lithium_battery.cj），再在其中定义一个名为 BatteryPluggable 的接口，如代码清单 7-10 所示。

代码清单 7-10　battery.cj 中的接口 BatteryPluggable

```
01  interface BatteryPluggable {
02      func readData(): Unit
03  }
```

　　接着让 LeadAcidBattery 类和 LithiumBattery 类都实现接口 BatteryPluggable，如代码清单 7-11 和代码清单 7-12 所示。

代码清单 7-11　battery.cj 中的 LeadAcidBattery 类

```
01  class LeadAcidBattery <: BatteryPluggable {
02      public func readData() {
03          // 模拟铅酸电池的工作
04          println("铅酸电池工作状态良好")
05      }
06  }
```

代码清单 7-12　battery.cj 中的 LithiumBattery 类

```
01  class LithiumBattery <: BatteryPluggable {
02      public func readData() {
03          // 模拟锂电池的工作
04          println("锂电池工作状态良好")
05      }
06  }
```

　　修改 WaterPump 类，修改过后的 WaterPump 类如代码清单 7-13 所示。

代码清单 7-13　water_pump.cj 中的 WaterPump 类

```
01  class WaterPump <: Goods & PointsCalculable {
02      private var expressFee = 15
03      private var batteryPluggable: BatteryPluggable
04
05      init(price: Float64, discount: Int64, batteryPluggable: BatteryPluggable) {
06          super(price, discount)
07          this.batteryPluggable = batteryPluggable
08      }
09
10      mut prop propBatteryPluggable: BatteryPluggable {
11          get() {
12              batteryPluggable
13          }
14
15          set(batteryPluggable) {
16              this.batteryPluggable = batteryPluggable
17          }
18      }
19
20      func readBatteryData() {
21          batteryPluggable.readData()
22      }
23
24      // 无关代码略
25  }
```

在 WaterPump 类中声明一个 BatteryPluggable 类型的 private 实例成员变量 batteryPluggable（第 3 行），用于接收插入的电池。由于插入的电池是由创建 WaterPump 对象时传入的参数决定的，因此在构造函数的参数列表中加上 batteryPluggable（第 5 行）。在构造函数中对成员变量 batteryPluggable 进行初始化（第 7 行）。然后为 private 成员变量 batteryPluggable 添加相应的属性 propBatteryPluggable，用于对成员变量 batteryPluggable 进行读写操作（第 10 ～ 18 行）。最后，修改成员函数 readBatteryData，改为通过 batteryPluggable 来调用相应的函数（第 21 行）。

完成对 WaterPump 类的修改之后，修改 main 以验证修改的成果，如代码清单 7-14 所示。

代码清单 7-14　main.cj 中的 main

```
01  main() {
02      let waterPump = WaterPump(500.0, 80, LeadAcidBattery())    // 传入的是铅酸电池
03
04      println("铅酸电池：")
05      waterPump.readBatteryData()
06
07      waterPump.propBatteryPluggable = LithiumBattery()    // 将铅酸电池更换为锂电池
08      println("\n锂电池：")
09      waterPump.readBatteryData()
10  }
```

编译并执行以上程序，输出结果为：

```
铅酸电池：
铅酸电池工作状态良好

锂电池：
锂电池工作状态良好
```

这样，就实现了电池类型的任意更换，同时没有修改 WaterPump 类中的任何代码。同理，可以对 EBicycle 类进行相同的修改操作。

以上示例程序对应的类图如图 7-12 所示。

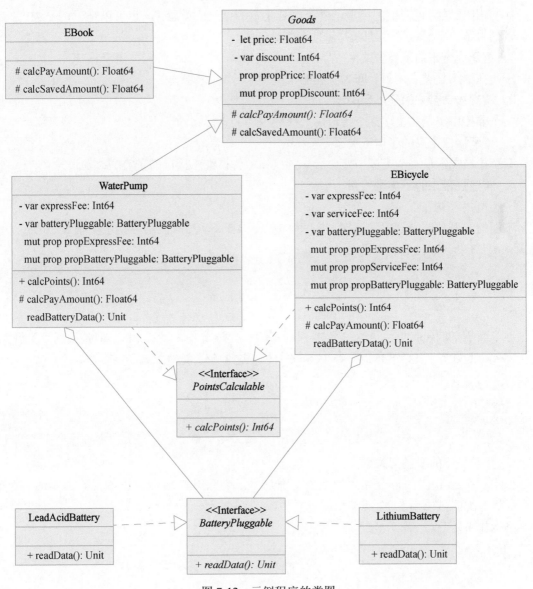

图 7-12　示例程序的类图

## 7.3　子类型关系

前面已经介绍了一些子类型关系。例如，子类在继承父类之后，子类即为父类的子类型；某个类型在实现某个接口之后，该类型即为该接口的子类型。

仓颉具有多种子类型关系。所有的子类型关系都用符号"<:"来表示。

所有的子类型关系都满足**子类型多态**。举例如下。

- 在赋值表达式中，"="右边的表达式的类型既可以是"="左边的变量的类型 T，也可以是 T 的子类型。
- 在调用函数时，实参的类型既可以是形参的类型 T，也可以是 T 的子类型。
- 调用函数时返回值的类型，既可以是指定的返回值类型 T，也可以是 T 的子类型。

下面总结一下已经学习过的所有的子类型关系。

**1. 继承类带来的子类型关系**

子类在继承父类后，子类即为父类的子类型。

**2. 实现接口带来的子类型关系**

某个非接口类型在实现某个接口后，该类型即为该接口的子类型。

**3. 继承接口带来的子类型关系**

某个接口在继承一个或多个接口后，该接口即为被继承接口的子类型。

**4. 传递性带来的子类型关系**

子类型关系具有传递性。

下面的示例代码虽然只描述了 C2 <: C1 以及 C3 <: C2，但是根据子类型关系的传递性，隐式存在 C3 <: C1 这个子类型关系。

```
open class C1 {}
open class C2 <: C1 {}
class C3 <: C2 {}
```

在下面的示例代码中，虽然只描述了 I2 <: I1、I3 <: I2 和 C <: I3，但是根据子类型关系的传递性，隐式存在 I3 <: I1、C <: I1 和 C <: I2 这 3 个子类型关系。

```
interface I1 {}
interface I2 <: I1 {}
interface I3 <: I2 {}
class C <: I3 {}
```

**5. 元组类型的子类型关系**

如果一个元组 t1 的每个元素的类型，都是另一个元组 t2 对应位置的元素类型的子类型，那么元组 t1 的类型是元组 t2 的类型的子类型。

举例如下：

```
open class C1 {}
class C2 <: C1 {}

open class C3 {}
class C4 <: C3 {}
```

因为 C2 <: C1 并且 C4 <: C3，所以 (C2, C4) <: (C1, C3)，并且 (C4, C2) <: (C3, C1)。

### 6. 永远成立的子类型关系

以下子类型关系是永远成立的。

- 任意一个类型 T 都是它自身的子类型，即 T <: T。
- 任意一个类型 T 都是 Any 类型的子类型，即 T <: Any。
- Nothing 类型是任意一个类型 T 的子类型，即 Nothing <: T。
- 任意一个 class 类型都是 Object 类型的子类型，即如果有 class 类型 C，则 C <: Object。

## 7.4 小结

本章学习了面向对象编程的更多知识。对类（非抽象的类）进行一定程度的抽象，可以得到抽象类；对抽象类进行更高层次的抽象，就得到了接口，三者的关系如图 7-13 所示。

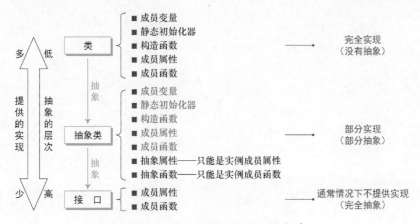

图 7-13 类、抽象类和接口的关系

关于抽象类和接口的相关知识如图 7-14 所示。

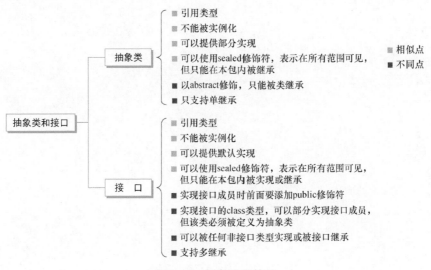

图 7-14 抽象类和接口

对于程序中的各种声明，可能会同时出现若干个修饰符，建议的修饰符排列顺序如图 7-15 所示。注意，sealed 修饰符已经蕴含了 public 的语义，因此不建议 sealed 与 public 同时使用。

| 顶层声明 | |
|---|---|
| | public → sealed → open → abstract |
| 实例成员 | |
| 实例成员变量 | public \| protected \| private |
| 实例成员函数/实例成员属性 | public \| protected \| private → open → override → mut |
| 静态成员 | |
| 静态成员变量 | public \| protected \| private → static |
| 静态成员函数/静态成员属性 | public \| protected \| private → static → redef → mut |

图 7-15　建议的修饰符排列顺序

# 第 8 章
# enum类型

## 8.1　概述

前面已经介绍了 3 种自定义类型（见图 8-1）：class、struct 和 interface，本章介绍仓颉的最后一种自定义类型——enum 类型，又称枚举类型。

图 8-1　仓颉自定义类型

enum 类型通过列举一个类型的所有可能取值来定义一个新的类型。如果一个变量只有几种有限的可能取值，就可以将该变量定义为 enum 类型。

## 8.2　enum 类型的定义

enum 类型必须定义在仓颉源文件的顶层。在定义时，需要将该 enum 类型的所有可能取值一一列出，这些值称为 enum 的构造器（constructor）。定义 enum 类型的语法格式如下：

```
[public] enum 类型名 {
    [|] 构造器1[(参数类型列表)] | 构造器2[(参数类型列表)] | …… | 构造器n[(参数类型列表)]

    // 可以包含成员属性、成员函数
}
```

该定义以关键字 enum 开头；enum 之后是该 enum 类型的类型名，enum 类型名必须是合法的标识符，建议使用**大驼峰命名风格**来命名；类型名之后是以一对花括号括起来的 enum 体，enum 体中定义了若干构造器，多个构造器之间以"|"进行分隔，第 1 个构造器前面的"|"是可选的；构造器名称也必须是合法的标识符，建议使用**大驼峰命名风格**来命名。

enum 类型的访问控制级别和其他自定义类型一样：要么是本包，要么是所有。当缺省了可见性修饰符时，enum 类型只在本包内可见；当被 public 修饰时，enum 类型在所有范围可见。

enum 类型的构造器可以携带 0 到多个参数。如果构造器没有携带参数（0 个参数），这样的构造器称为无参构造器，其后的"()"可以省略；如果构造器携带了参数（至少一个），这样的构造器称为有参构造器。对于有参构造器，其后的"()"内是参数类型的列表；如果参数超过一个，参数类型之间以逗号进行分隔。

下面的示例代码定义了一个名为 Geometry 的 enum 类型，它有 3 个构造器：Circle、Rectangle 和 Cuboid，分别表示圆、矩形和长方体这 3 种几何形状。

```
enum Geometry {
    | Circle | Rectangle | Cuboid
}
```

构造器也可以携带参数：

```
enum Geometry {
    | Circle(Int64)   // 1个参数，表示圆的半径
    | Rectangle(Int64, Int64) // 2个参数，表示矩形的长度和宽度
    | Cuboid(Int64, Int64, Int64)   // 3个参数，表示长方体的长度、宽度和高度
}
```

仓颉支持在同一个 enum 中定义多个同名构造器，但是要求同名构造器的参数个数必须不同，例如：

```
enum Geometry {
    | Circle | Rectangle | Cuboid
    | Circle(Int64) | Rectangle(Int64, Int64) | Cuboid(Int64, Int64, Int64)
}
```

另外，在 enum 体中还可以定义一系列成员属性和成员函数，但是要求构造器、成员属性、成员函数之间不能重名（成员函数可以重载）。

enum 类型的成员如图 8-2 所示。

图 8-2　enum 类型的成员

## 8.3　enum 值的创建

定义了 enum 类型之后，就可以创建此 enum 类型的值（实例）了。enum 值只能取 enum 类型定义中的一个构造器。创建 enum 值的语法格式如下：

```
[enum类型名.]构造器[(参数列表)]
```

如果构造器是有参数的，必须要为其传入相应个数、对应类型的实参。如果构造器的名称不会引起歧义，则可以缺省 enum 类型名，否则类型名不能省略。下面我们来创建几个 Geometry 类型的 enum 值，如代码清单 8-1 所示。

代码清单 8-1　creation_enum_values.cj

```
01  enum Geometry {
02      | Circle | Rectangle | Cuboid
03      | Circle(Int64) | Rectangle(Int64, Int64) | Cuboid(Int64, Int64, Int64)
04  }
05
06  enum Geometry2 {
```

```
07        | Rectangle2 | Cuboid  // 避免不同enum类型的构造器同名
08  }
09
10  // 该全局函数的名称与Geometry类型的2个名为Circle的构造器同名
11  func Circle() {
12      println("避免enum构造器与顶层声明同名！")
13  }
14
15  main() {
16      // 全局函数Circle与构造器Circle同名，不能省略enum类型名
17      var geometry = Geometry.Circle
18
19      // 构造器名称不会引起歧义，可以省略enum类型名
20      geometry = Rectangle
21      geometry = Rectangle(4, 6)
22
23      // Geometry和Geometry2的构造器Cuboid同名，不能省略enum类型名
24      geometry = Geometry.Cuboid(3, 6, 8)
25  }
```

以上代码在 main 中声明了一个 Geometry 类型的可变变量 geometry（第 17 行）。

全局函数 Circle 和 Geometry 的构造器 Circle 同名，因此必须使用 Geometry.Circle 来初始化变量 geometry，不可以省略 enum 类型名 Geometry，否则系统无法确定代码中的 Circle 是指哪一个 Circle，会引发编译错误。

在第 20、21 行对变量 geometry 进行赋值时，使用的构造器 Rectangle 和 Rectangle(4, 6) 不会引起歧义，只能是 Geometry 的无参构造器 Rectangle 和有参构造器 Rectangle(Int64, Int64)，因此可以省略 enum 类型名。

在第 24 行代码中，由于 enum 类型 Geometry 和 Geometry2 有同名构造器 Cuboid，因此也不能省略 enum 类型名，否则同样会引发编译错误。在这种情况下，只能使用 Geometry. Cuboid(Int64, Int64, Int64) 来指代 Geometry 的构造器 Cuboid(Int64, Int64, Int64)。

当省略 enum 类型名时，enum 构造器的名称可能与类型名、变量名、函数名产生冲突。若要避免编译错误，只能在构造器前面加上 enum 类型名作为前缀。并且，若不同 enum 类型的构造器名称产生冲突，则也只能在构造器前面加上 enum 类型名加以区分。因此，建议在命名 enum 构造器时注意以下两点：

- 避免 enum 构造器与顶层声明同名；
- 避免不同 enum 类型的构造器同名。

## 8.4 enum 值的模式匹配

通常我们会对同一个 enum 类型的不同 enum 值执行不同的操作，使用 match 表达式可以对 enum 值进行匹配，并在匹配成功之后执行相应的操作。

注：这里只对enum值的模式匹配做一个简单的介绍，关于模式匹配的更多内容，详见第9章。

下面的示例代码定义了一个名为 Geometry 的 enum 类型，它有 3 个无参构造器。然后定义了一个函数 matchEnumValue，该函数定义了一个 Geometry 类型的形参 enumValue，在函数体中使用 match 表达式对 enumValue 的值进行匹配，关键字 case 之后的 Circle、Rectangle 和 Cuboid 分别用于匹配 Geometry 的 3 个构造器。在 main 中调用函数 matchEnumValue 并传入实参 Rectangle，匹配到的是 Rectangle 这个构造器，因此输出字符串 "构造器 Rectangle"。

```
enum Geometry {
    | Circle | Rectangle | Cuboid
}

func matchEnumValue(enumValue: Geometry) {
    // match表达式
    match (enumValue) {
        case Circle => println("构造器Circle")
        case Rectangle => println("构造器Rectangle")   // 匹配成功
        case Cuboid => println("构造器Cuboid")
    }
}

main() {
    matchEnumValue(Rectangle)   // 输出：构造器Rectangle
}
```

在使用 match 表达式对 enum 值进行匹配时，如果匹配到的是 enum 类型的有参构造器，那么可以同时解构出有参构造器中参数的值。

下面的示例代码定义了一个名为 Geometry 的 enum 类型，它有 3 个有参构造器，每个构造器都携带了若干个参数。函数 matchEnumValue 的形参 enumValue 是 Geometry 类型。在函数体中使用 match 表达式对 enumValue 的值进行匹配，关键字 case 之后的 Circle(radius)、Rectangle(length, width) 和 Cuboid(length, width, height) 分别用于匹配 Geometry 的 3 个构造器。在 main 中调用函数 matchEnumValue 并传入实参 Cuboid(3, 6, 8)，匹配到的是 Cuboid(Int64, Int64, Int64) 这个构造器，解构出的 3 个参数依次对应 length、width 和 height，因此输出结果为 "Cuboid 长度 =3 宽度 =6 高度 =8"。

```
enum Geometry {
    | Circle(Int64)
    | Rectangle(Int64, Int64)
    | Cuboid(Int64, Int64, Int64)
}

func matchEnumValue(enumValue: Geometry) {
    // match表达式
    match (enumValue) {
        case Circle(radius)
            => println("Circle 半径=${radius}")
        case Rectangle(length, width)
            => println("Rectangle 长度=${length} 宽度=${width}")
        case Cuboid(length, width, height)
            => println("Cuboid 长度=${length} 宽度=${width} 高度=${height}")
```

```
        }
    }

main() {
    matchEnumValue(Cuboid(3, 6, 8))    // 输出: Cuboid 长度=3 宽度=6 高度=8
}
```

## 8.5　Option 类型

Option 类型是仓颉提供的一个 enum 类型。Option 类型提供了 None 值，仓颉标准库提供的很多函数的返回值类型都是 Option。

在程序设计中，"null 引用"指的是一个变量没有引用任何实例，其值为 null。null 可以被翻译为"无""空""不存在"或"没有值"。null 引用在众多编程语言中普遍存在，并可能引发一系列问题，导致运行时异常。由于这类错误在编译阶段很难被检测出来，运行时出现的 null 引用异常可能会导致程序意外终止。仓颉通过引入 Option 类型有效地解决了 null 引用的问题，实现了空安全（Null-Safety），极大地增强了代码的健壮性。

### 8.5.1　Option 类型的定义

Option 类型的定义如下：

```
public enum Option<T> {
    | Some(T)
    | None

    // 其他成员略
}
```

其中的 T 可以是任意类型，当 T 为不同类型时会得到不同的 Option 类型。例如，Option<Int64> 和 Option<String> 是两个不同的 Option 类型。

Option 类型包含两个构造器：Some 和 None。其中，Some 携带一个参数 T，表示有值；None 不带参数，表示没有值。当需要表示某个类型可能有值也可能没有值的时候，就可以使用 Option 类型。

### 8.5.2　Option 值的创建

创建 Option 值的方式为：

```
[Option<T>.] 构造器 [(T 类型的参数)]
```

举例如下：

```
// 上下文有明确的类型要求，Option<Int64>.Some(18) 可以简写为 Some(18)
```

```
let optInt: Option<Int64> = Some(18)

// 上下文没有明确的类型要求，Option<String>.None不可以简写为None
let optStr = Option<String>.None
```

上面第 1 行代码声明了一个 Option<Int64> 类型的变量 optInt，其初始值 Some(18) 相当于对整数字面量 18 进行了包装，如图 8-3 所示。

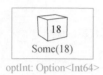

图 8-3　构造器 Some 的包装

当 Option 类型用于在各种声明中显式指明数据类型时，Option<T> 可以简写为 "?T"；当 Option 类型用于表达式中时，不能简写。因此，上面的第 1 行代码和下面这行代码是等价的：

```
let optInt: ?Int64 = Some(18)
```

"=" 左边的 "?Int64" 是 Option<Int64> 的简写，"=" 右边的 Some(18) 是表达式，可以写为 Option<Int64>.Some(18)，但不可以写为 "?Int64.Some(18)"。

在上下文没有明确的类型要求时，无法使用 None 直接构造出想要的类型。此时可以使用 None<T> 这样的语法来构造 Option<T> 类型的数据。举例如下：

```
// 声明一个变量opt，初始值为Option<Int64>.None，类型被推断为Option<Int64>
var opt = None<Int64>
opt = Some(99)   // 将变量opt的值修改为Option<Int64>.Some(99)
```

另外，虽然 T 和 Option<T> 是两个不同的类型，但是当类型上下文明确且知道某个位置需要的是 Option<T> 类型的值时，可以直接传一个 T 类型的值。这时编译器会使用构造器 Some 将 T 类型的值包装成 Option<T> 类型的值。例如：

```
// 等价于 let optInt: ?Int64 = Some(100)
let optInt: ?Int64 = 100

// 等价于 let optStr: ?String = Some("Cangjie")
let optStr: ?String = "Cangjie"
```

以上第 1 行代码的变量初始化过程如图 8-4 所示。

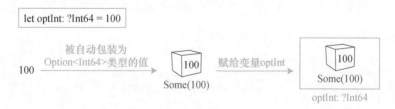

图 8-4　T 类型的值被自动包装成 Option<T> 类型的值

这个特性在函数调用的传参或返回函数的返回值时特别有用。如果函数定义中存在 Option<T> 类型的形参，在调用函数时可以直接传入 T 类型的实参。如果函数返回值是 Option<T> 类型的，那么函数体的类型或 return 表达式中 expr 的类型可以是 T 类型。举例如下：

```
func fn1(optStr: ?String) {
    // 函数体略
}

func fn2(): ?Int64 {
    100   // 函数体的类型为Int64，编译器自动将其包装为Option<Int64>.Some(100)
}

main() {
    fn1("Cangjie")   // 函数fn1的形参是?String类型，可直接传递String类型的实参
    println(fn2())   // 输出：Some(100)
}
```

## 8.5.3 Option 值的解构

如前所述，仓颉提供的很多函数的返回值类型都是 Option 类型。字符串函数 indexOf(str: String) 用于返回指定字符串 str 在字符串中第 1 次出现时的起始字节索引。字符串的索引类似于元组的索引。假设字符串中包含 N 个字节，那么字符串的第 1 个字节的索引为 0，第 2 个字节的索引为 1，以此类推，最后 1 个字节的索引为 N-1。当指定的字符串 str 在字符串中不存在时，indexOf 函数的返回值是 Option<Int64>.None；否则，返回值是 Option<Int64>.Some(idx)，对应的起始字节索引 idx 被包装在了 Some 中。为了能够从 Some 中得到索引 idx，需要对 Option 值进行解构，如图 8-5 所示。

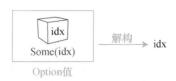

图 8-5　Option 值的解构

仓颉提供了多种方式对 Option 值进行解构，这里介绍其中 4 种。

### 1. 使用 match 表达式

Option 类型是 enum 类型，因此可以使用 match 表达式进行模式匹配。

下面以字符串函数 indexOf 为例说明使用 match 表达式对 Option 值进行解构的方法。示例代码如下：

```
main() {
    let languageName = "Cangjie"
    let optIndex: ?Int64 = languageName.indexOf("ang")   // 返回Option值

    // 使用match表达式解构
    match (optIndex) {
```

```
        case None => println("您搜索的字符串不在目标字符串中")
        case Some(idx) => println("字符串 \"ang\" 的起始索引为${idx}")
    }
}
```

编译并执行以上代码，输出结果为：

字符串 "ang" 的起始索引为1

以上代码首先定义了 String 类型的变量 languageName，其值为 "Cangjie"。接着声明了 Option<Int64> 类型的变量 optIndex，其值为 languageName.indexOf("ang")，目的是获得字符串 "ang" 在字符串 "Cangjie" 中第 1 次出现时的起始索引。然后使用 match 表达式对 optIndex 进行匹配，如果匹配成功，则将索引存入变量 idx 并输出 "ang" 的起始索引；如果匹配失败，则输出提示信息。

如果在上面的例子中搜索的是一个未在 languageName 中出现的字符串，比如 "abc"，那么 languageName.indexOf("abc") 返回的结果为 Option<Int64>.None，match 表达式中匹配成功的构造器将为 None。

### 2. 调用 getOrThrow 函数

通过 Option 类型的成员函数 getOrThrow 解构 Option 值也是比较常用的方式。该函数要么得到解构的值，要么抛出异常。

同样以字符串函数 indexOf 为例，将上面示例代码中的 match 表达式换成 getOrThrow 函数。修改过后的代码如下：

```
main() {
    let languageName = "Cangjie"
    let optIndex = languageName.indexOf("ang")

    // 调用getOrThrow函数解构, 结果存入变量idx
    let idx = optIndex.getOrThrow()

    println("字符串 \"ang\" 的起始索引为${idx}")   // 输出: 字符串 "ang"的起始索引为1
}
```

将搜索的字符串修改为 "abc"，运行以上代码会抛出异常 NoneValueException。

注：关于异常处理的相关知识参见《图解仓颉编程：高级篇》。

为了避免调用 getOrThrow 函数时遇到 None 值抛出异常，在解构 Option 值时可以结合使用 Option 类型的成员函数 isSome 或 isNone。这两个成员函数的定义如下（略去了函数体）：

```
// 判断当前实例值是否为Some, 如果是则返回true, 否则返回false
public func isSome(): Bool

// 判断当前实例值是否为None, 如果是则返回true, 否则返回false
public func isNone(): Bool
```

修改示例代码，先调用 isSome 函数确认 optIndex 不为 None，再调用 getOrThrow 函数解构。修改过后的示例代码如下：

```
main() {
    let languageName = "Cangjie"
    let optIndex = languageName.indexOf("ang")

    // 先判断optIndex是否为None，如果不为None则使用getOrThrow解构，否则输出提示信息
    if (optIndex.isSome()) {  // 条件也可以写作：!optIndex.isNone()
        let idx = optIndex.getOrThrow()
        println("字符串\"ang\"的起始索引为${idx}")  // 输出：字符串 "ang" 的起始索引为1
    } else {
        println("您搜索的字符串不在目标字符串中")
    }
}
```

### 3. 使用 coalescing 操作符（??）

coalescing 操作符由两个连写的问号构成。对于 Option<T> 类型的表达式 e1，如果希望 e1 的值为 None 时返回一个 T 类型的值 e2，可以使用 coalescing 操作符。

对于以下表达式：

```
e1 ?? e2
```

当 e1 的值为 Some(v) 时，返回 v 的值；当 e1 的值为 None 时，返回 e2 的值。举例如下：

```
main() {
    let languageName = "Cangjie"
    let optIndex1 = languageName.indexOf("ang")
    let optIndex2 = languageName.indexOf("abc")

    // 使用coalescing操作符解构，结果存入变量result
    var result = optIndex1 ?? -1
    println("字符串\"ang\"的起始索引为${result}")  // 输出：字符串 "ang" 的起始索引为1

    // 如果optIndex2为None则返回-1，将不存在的字符串的起始索引指定为-1
    result = optIndex2 ?? -1
    println("字符串\"abc\"的起始索引为${result}")  // 输出：字符串 "abc" 的起始索引为-1
}
```

### 4. 使用问号操作符（?）

问号操作符（?）需要将 Option 值与 “.”“()”“[]” 或 “{}”（特指尾随 lambda 调用的场景）一起使用。以 “.” 为例（“()”“[]” 和 “{}” 同理），对于以下表达式：

```
e?.item
```

其中，e 是 Option<T> 类型的表达式。当 e 的值为 Some(v) 时，e?.item 的值为 Option<U>.Some(v.item)，否则 e?.item 的值为 Option<U>.None，其中 U 是 v.item 的类型。

注：尾随 lambda 见第 10 章。

```
struct Circle {
    var radius: Int64
```

```
    init(radius: Int64) {
        this.radius = radius
    }
}

main() {
    var optCircle: ?Circle = Some(Circle(18))

    // optCircle?.radius 的值为Some(Circle(18).radius)，即Some(18)
    println(optCircle?.radius)   // 输出：Some(18)

    optCircle = None
    println(optCircle?.radius)   // 输出：None
}
```

本节介绍的 Option 值的解构方式如图 8-6 所示。

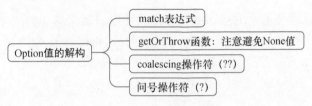

图 8-6　Option 值的解构

Option 类型的设计确保了无法将 None 赋给未被明确声明为 Option 类型的变量。同时，它要求在访问 Some 构造器中包装的值之前，尽可能进行明确的非 None 判断。这样的机制促使开发者在编程过程中主动处理 None 值，从而在编译阶段捕获潜在的错误，减少运行时错误。

## 8.5.4　使用 as 操作符进行类型转换

在第 6 章中，我们说"子类型天然是父类型"，在将子类类型的实例赋给父类类型的变量时，系统会自动完成向上转型，并且这不是一种隐式的类型转换。

考虑以下情景：将一个子类类型的实例赋给父类类型的变量，通过该变量能否访问子类独有的成员？

请看以下代码：

```
// 父类Base
open class Base {
    protected open func fn1() {
        println("Base: fn1")
    }
}

// 子类Sub
class Sub <: Base {
    protected override func fn1() {
        println("Sub: fn1")
```

```
    }

    func fn2() {
        println("Sub: fn2")
    }
}

main() {
    let obj: Base = Sub()   // 将子类类型的实例赋给父类类型的变量
    obj.fn1()
}
```

示例代码中定义了一个父类 Base 和一个子类 Sub。父类 Base 中有一个成员函数 fn1，在子类中重写了父类的成员函数 fn1，并且添加了一个成员函数 fn2。在 main 中，定义了一个 Base 类型的变量 obj，并且将一个 Sub 对象赋给了 obj 作为其初始值。接着通过 obj 调用了函数 fn1。

obj.fn1() 执行的过程是这样的：在编译时，编译器根据变量 obj 的编译时类型 Base，确定了 Base 类型包含成员函数 fn1，编译通过；在运行时，根据变量 obj 的运行时类型 Sub，确定了要调用的是子类 Sub 重写的成员函数 fn1，因此最终输出的结果为：

```
Sub: fn1()
```

这就是所谓的动态派发。

如果将 obj.fn1() 修改为 obj.fn2() 则会引发编译错误：

```
obj.fn2()   // 编译错误：fn2 不是 Base 类的成员
```

这是因为在调用函数 fn2 时，变量 obj 的编译时类型为 Base，而 Base 中却没有成员函数 fn2，所以导致了编译错误。

由此可知，在将子类类型的实例赋给父类类型的变量时，不能通过该变量访问子类独有的成员。如果一定要通过变量 obj 去访问子类 Sub 中独有的成员，只能显式将 obj 向下转型为 Sub 类型。

所谓向上转型，指的是把子类型的实例赋给父类型的变量，由系统自动完成。而向下转型，指的是把父类型的变量转换为子类型，必须通过 as 操作符显式完成类型转换。

在前文中提到 "仓颉不支持不同类型之间的隐式转换，类型转换必须显式地进行"，并且已经介绍了 3 种类型转换的方式。

- 各种类型向 String 类型的转换通过调用函数 toString 来实现。例如，3.toString。
- 数值类型之间的转换通过 T(e) 的方式来实现。例如，Int64(3.14)、Float64(2)。这种转换方式的本质是调用了目标类型的构造函数构造了相应类型的实例。例如，对于 Int64(3.14)，其实质是调用了 Int64 类型的构造函数，通过传入的实参 3.14 构造了一个 Int64 类型的实例 3。
- 字符类型和 UInt32 类型之间的转换也是通过 T(e) 的方式来实现的，即通过调用字符类型和 UInt32 类型的构造函数来实现字符及其对应的 Unicode 值之间的互相转换。

使用 as 操作符可以将某个表达式的类型转换为指定的类型。因为类型转换不是一定会成功，所以 as 操作符的运算结果是一个 Option 类型，其使用方法为：

```
e as T
```

其中，e 可以是任意表达式，T 可以是任何类型。当 e 的运行时类型是 T 的子类型时，e as T 的值为 Option<T>.Some(e)；否则，e as T 的值为 Option<T>.None。

例如，可以使用如下方式将上例中的 obj 向下转型为 Sub 类型：

```
obj as Sub   // 转换结果为Option<Sub>.Some(obj)
```

若要通过 obj 调用函数 fn2，可以将 main 修改为：

```
main() {
    let obj: Base = Sub()
    (obj as Sub).getOrThrow().fn2()
}
```

编译并执行修改后的示例程序，输出结果为：

```
Sub: fn2
```

再看一些使用 as 操作符的例子：

```
open class Base {}
class Sub <: Base {}

main() {
    let opt1 = 1 as Int64     // opt1：Option<Int64>.Some(1) 转换成功
    let opt2 = 1 as String    // opt2：Option<String>.None 转换失败

    let base: Base = Base()
    let sub: Base = Sub()

    // sub 的运行时类型 Sub 是 Sub 类型的子类型，因为任何类型都是其自身的子类型
    let opt3 = sub as Sub     // opt3：Option<Sub>.Some(sub)

    // sub 的运行时类型 Sub 是 Base 类型的子类型
    let opt4 = sub as Base    // opt4：Option<Base>.Some(sub)

    // base 的运行时类型 Base 是 Base 类型的子类型
    let opt5 = base as Base   // opt5：Option<Base>.Some(base)

    // base 的运行时类型 Base 不是 Sub 类型的子类型，转换失败
    let opt6 = base as Sub    // opt6：Option<Sub>.None
}
```

在使用 as 操作符进行类型转换时，如果待转换的表达式 e 的运行时类型不是目标类型 T 的子类型，则转换失败，并且返回 Option<T>.None。这时使用 getOrThrow 函数对转换结果进行解构会抛出异常。针对这种情况，除了结合函数 isSome 或 isNone 判断 None 值，还可以先使用 is 操作符来判断表达式 e 的运行时类型是否是 T 的子类型，再使用 as 操作符对其进行转换。

is 操作符的使用方法为：

```
e is T
```

其中，e 可以是任意表达式，T 可以是任何类型。当 e 的运行时类型是 T 的子类型时，e is T 的值为 true ；否则，e is T 的值为 false。

例如，将上一段示例代码中的最后一个声明改为：

```
// 先使用is操作符判断base的运行时类型是否为Sub的子类型
if (base is Sub) {
    let opt6 = base as Sub  // 在判断结果为true时才使用as操作符进行类型转换
} else {
    println("base的运行时类型不是Sub类型的子类型")
}
```

这样，编译并执行程序时，输出结果为：

```
base的运行时类型不是Sub类型的子类型
```

到目前为止，我们学过的仓颉的类型转换方式如图 8-7 所示。

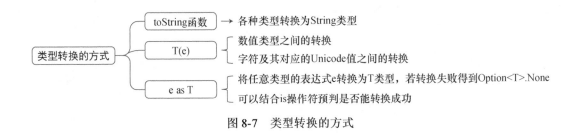

图 8-7　类型转换的方式

## 8.5.5　Option 类型使用示例

本节通过一个猜数字的示例程序来介绍几个实用的函数，并借此来说明 Option 类型的用法。在该示例程序中，目标数字为 0 ～ 9 中的一个随机整数（为了简便起见，假定为 6），我们有 3 次猜数字的机会，每次从键盘输入一个 0 ～ 9 中的数字，若猜中，则输出猜中的信息并结束程序；若输入的数字比目标数字大（或小），则输出提示信息并进入下一轮猜数字，直到次数用尽。

这个程序的大部分操作可以使用已经学过的知识实现，只有一个操作需要注意：从键盘获取一个输入的数字。

通过仓颉标准库 console 包中的 Console 类可以获取用户的键盘输入。本例中使用的是 Console 类的静态成员 stdIn 的 readln 函数，该函数的作用是从控制台读取一行字符（不包括末尾的换行符），返回值类型为 Option<String>。

注：关于控制台输入与输出、文件读写等的相关知识参见《图解仓颉编程：高级篇》。

举例如下：

```
from std import console.Console   // 导入标准库console包中的Console类

main() {
    print("请随便输入点什么：")   // 输出一条提示信息
    let optInput = Console.stdIn.readln()   // 通过readln函数获取键盘输入，存入optInput

    if (optInput.isSome()) {
        let msg = optInput.getOrThrow()   // 解构optInput，将得到的String存入msg
        println("您刚刚输入的内容为：${msg}")
    }
}
```

首先导入 console 包中的 Console 类，接着使用 Console.stdIn.readln 来获取键盘输入，输入的结果存入变量 optInput（Option<String> 类型），然后再对 optInput 进行解构以获取输入的信息。

编译并执行以上代码，终端窗口将输出：

请随便输入点什么：

这时程序会暂停，等待键盘输入，在输入完成后以 Enter 键结束。在输入时，如果在 UNIX 操作系统中按下 Ctrl + D 组合键，或在 Windows 操作系统中按下 Ctrl + Z 组合键，optInput 的值将为 None。例如，我们可以输入 "hello"，然后按下 Enter 键结束输入。

接着调用 isSome 函数对 optInput 进行非 None 判断，若结果为 true 则调用 getOrThrow 函数对 optInput 进行解构，将得到的字符串存入变量 msg，最后输出 msg。完整的输出结果为：

请随便输入点什么：hello
您刚刚输入的内容为：hello

回到猜数字的问题。假设我们已经通过 Console.stdIn.readln 获取了一个输入的数字，新的问题是：我们获取的其实是一个内容为数值的字符串，其类型为 String，并不是一个数值类型。

我们知道，对于数值字符串，"9" > "12" 结果为 true；对于数值，9 > 12 结果为 false。为了能够正确地比较输入的数值与目标数字 6 的大小关系，还需要将数值字符串转换为数值。仓颉标准库的 convert 包提供了对字符串类型进行转换的接口和扩展，本例将使用 Int64 类型的扩展函数 tryParse。该函数用于将内容为整数字面量的字符串转换为 Int64 类型，返回值类型为 Option<Int64>。

注：关于扩展的相关知识详见第14章。

举例如下：

```
from std import convert.Parsable   // 导入标准库convert包中的Parsable接口

main() {
    var numStr = "123"   // numStr为一个内容为整数字面量的字符串
    let optNum = Int64.tryParse(numStr)   // 将numStr转换为?Int64类型
    if (!optNum.isNone()) {
        let num = optNum.getOrThrow()   // 解构optNum，存入num
```

```
        println(num)    // 输出: 123
    }
}
```

使用 tryParse 函数时，需要先从 convert 包中导入 Parsable 接口。在对整数数值字符串 numStr 进行转换时，使用 Int64.tryParse(numStr) 将其转换为 Option<Int64> 类型，接着调用 getOrThrow 函数将其解构为 Int64 类型的数值，存入变量 num。

从键盘获取一个数字的过程如图 8-8 所示。

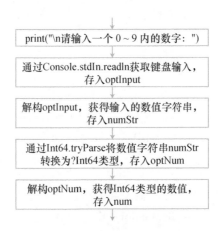

图 8-8　读取键盘输入数字的流程

其中涉及两个返回值为 Option 类型的函数: readln 和 tryParse。整理成代码如下:

```
from std import console.Console
from std import convert.Parsable

func getUserInput(): ?Int64 {
    print("\n请输入一个 0 ~ 9 内的数字: ")
    let optInput = Console.stdIn.readln()    // 获取输入

    // 如果输入的是【Ctrl + Z】组合键，返回None
    if (optInput.isNone()) {
        return None
    }

    // 解构optInput获得输入的数值字符串，存入numStr(String类型)
    let numStr = optInput.getOrThrow()

    // 将数值字符串numStr转换为?Int64类型的optNum
    let optNum = Int64.tryParse(numStr)

    // 如果numStr不能转换为Int64类型，返回None
    if (optNum.isNone()) {
        return None
    }

    let num = optNum.getOrThrow()    // 解构optNum，存入num(Int64类型)
```

```
        // 判断num是否为0 ~ 9的数字
        if (num >= 0 && num <= 9) {
            num
        } else {
            None
        }
    }

    main() {
        let optInput = getUserInput()
        if (optInput.isSome()) {
            println(optInput.getOrThrow())
        } else {
            println("无效的输入")
        }
    }
```

现在可以完成猜数字的程序了。程序的具体实现如代码清单 8-2 所示。

代码清单 8-2    guess_number.cj

```
01  from std import console.Console
02  from std import convert.Parsable
03
04  func getUserInput(): ?Int64 {
05      print("\n请输入一个 0 ~ 9 内的数字：")
06      let optInput = Console.stdIn.readln()
07      if (optInput.isNone()) {
08          return None
09      }
10
11      let numStr = optInput.getOrThrow()
12      let optNum = Int64.tryParse(numStr)
13      if (optNum.isNone()) {
14          return None
15      }
16
17      let num = optNum.getOrThrow()
18      if (num >= 0 && num <= 9) {
19          num
20      } else {
21          None
22      }
23  }
24
25  func guessNumber(targetNum: Int64, times: Int64) {
26      var counter = 0   // 计数器，表示已经猜数字的次数，最多只能猜times次
27      while (counter < times) {
28          let optInput = getUserInput()   // 获取用户输入，类型为?Int64
29          if (optInput.isSome()) {
30              let num = optInput.getOrThrow()   // 解构optInput，存入num
31
```

```
32                if (num == targetNum) {
33                    // 猜中之后输出提示信息并结束函数调用
34                    println("恭喜您，猜对了！")
35                    return
36                } else if (num > targetNum) {
37                    println("比目标数字大！")
38                } else {
39                    println("比目标数字小！")
40                }
41
42                counter++   // 计数器加1
43            } else {
44                println("无效的输入")
45            }
46        }
47        println("\n对不起，次数已用尽，祝您下次好运！")
48    }
49
50    main() {
51        guessNumber(6, 3)   // 目标数字为6，总共可以猜3次
52    }
```

编译并执行以上程序。

数据示例 1：

请输入一个 0 ~ 9 内的数字：9
比目标数字大！

请输入一个 0 ~ 9 内的数字：3
比目标数字小！

请输入一个 0 ~ 9 内的数字：5
比目标数字小！

对不起，次数已用尽，祝您下次好运！

数据示例 2：

请输入一个 0 ~ 9 内的数字：7
比目标数字大！

请输入一个 0 ~ 9 内的数字：6
恭喜您，猜对了！

## 8.6  小结

本章主要介绍了仓颉的自定义类型 enum 类型，包括如何定义 enum 类型、如何创建 enum

值、enum 值的模式匹配以及 Option 类型，如图 8-9 所示。

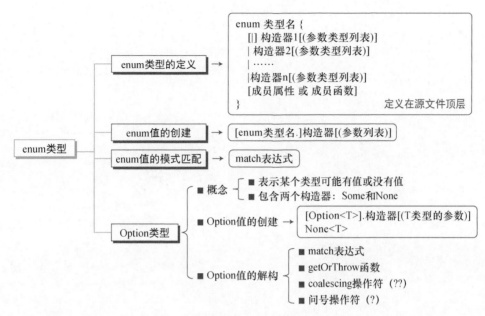

图 8-9　enum 类型小结

enum 类型是最后一种仓颉自定义类型，其他 3 种分别是 class、struct 和 interface 类型。这 4 种自定义类型的主要特点如图 8-10 所示。

| 自定义类型 | | class | struct | interface | enum |
|---|---|---|---|---|---|
| 定义位置 | | 必须定义在源文件顶层 | | | |
| 命　名 | | 建议使用大驼峰命名风格 | | | |
| 修饰符 | 可见性修饰符 | public / 缺省 | | | |
| | sealed修饰符 | 是（抽象类） | 否 | 是 | 否 |
| 成　员 | 成员变量 | ○ | ○ | X | X |
| | 静态初始化器 | ○ | ○ | X | X |
| | 成员属性 | ○ | ○ | ○ | ○ |
| | 成员函数 | ○ | ○ | ○ | ○ |
| | 构造函数 | ○ | ○ | X | X |
| | 构造器 | X | X | X | ○ |
| 是否能被实例化 | | 是（抽象类不能） | 是 | 否 | 是 |
| mut函数 | | X | ○ | ○ | X |
| 是否能被继承 | | 是 | 否 | 是 | 否 |
| 引用类型/值类型 | | 引用类型 | 值类型 | 引用类型 | 取决于构造器 |

注：○表示可以包含该部分，X表示不可以包含该部分。

图 8-10　仓颉自定义类型小结

在仓颉的 4 种自定义类型中，除了 enum 类型的构造器可以同名（要求同名的构造器参数个数必须不同），其他成员均不可以同名（成员函数可以重载）。

# 第 9 章
# 模式匹配

## 9.1　概述

本章主要介绍仓颉的模式匹配（pattern matching）。模式匹配主要用于 match 表达式中，也可以用于变量声明、for-in 表达式、if-let 表达式和 while-let 表达式中。

## 9.2　match 表达式

上一章已经简单地使用过 match 表达式，本章将对 match 表达式做一个详细的介绍。仓颉支持两种 match 表达式：包含待匹配值的 match 表达式和不含待匹配值的 match 表达式。无论是哪种 match 表达式，其工作原理都与 if 表达式类似。

### 9.2.1　包含待匹配值的 match 表达式

包含待匹配值的 match 表达式的语法格式如下：

```
match （待匹配的表达式） {
    case 模式1 [where guard条件1] => 代码块1
    case 模式2 [where guard条件2] => 代码块2
    ……
    case 模式n [where guard条件n] => 代码块n
}
```

包含待匹配值的 match 表达式以关键字 match 开头；match 之后是要匹配的值，它可以是任意表达式；接着，是定义在一对花括号内的若干 case 分支。每个 case 分支以关键字 case 开头；case 之后是一个模式（pattern）；模式之后可以接一个可选的以关键字 where 引导的 guard 条件，表示本条 case 匹配成功后需要额外满足的条件；之后是一个 "=>"；"=>" 之后为本条 case 分支匹配成功之后需要执行的操作。该操作是一个代码块（不需要用花括号括起来），可以包含一系列表达式、变量或函数定义。在代码块中定义的变量和函数为局部变量和局部函数，其作用域都是从定义处开始直到该分支结束处结束。

以上 match 表达式的执行流程为：自上往下依次将待匹配表达式的值与 case 分支中的模式进行匹配，直到与某个 case 分支中的模式匹配成功且 where 之后的 guard 条件为 true（如果有的话）；然后执行此 case 分支中 "=>" 之后的代码块，执行完毕后退出 match 表达式；之后的其他 case 分支将不会再被匹配和执行，如图 9-1 所示。

举例如下：

```
func matchValue(value: Int64) {
    // 包含待匹配值的match表达式
    match (value) {
        case 100 => println("value是100")  // 常量模式
        case 60 => println("value是60")
        case _ => println("value既不是100也不是60")  // 通配符模式
    }
```

```
}

main() {
    matchValue(60)  // 输出：value是60
}
```

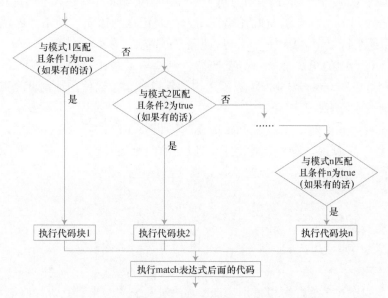

图 9-1  包含待匹配值的 match 表达式的执行流程

在上面的 match 表达式中，待匹配的表达式是函数 matchValue 的形参 value。该 match 表达式有 3 个 case 分支，case 之后的"100""60""_"都是模式，其中的"100"和"60"是常量模式，"_"是通配符模式。执行时，首先将 value 与第 1 个 case 分支中的模式进行匹配。在常量模式中，当 value 的值与常量值相等时则匹配成功。value 的值与 100 不相等，继续与第 2 个 case 分支进行匹配。这次匹配成功，执行"=>"后的代码，输出 "value是 60"，然后退出 match 表达式，不再对第 3 个分支进行匹配。该 match 表达式的流程如图 9-2 所示。

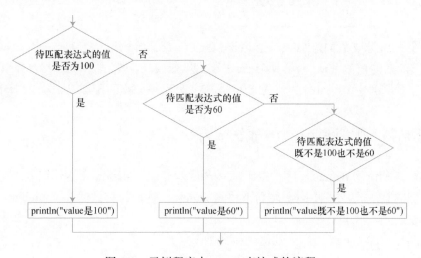

图 9-2  示例程序中 match 表达式的流程

如果在调用函数 matchValue 时传入的实参是 99，那么前两个 case 分支都匹配失败，继续与第 3 个 case 分支进行匹配。通配符模式可以匹配任意值，因此匹配成功，执行"=>"后的代码，输出 "value 既不是 100 也不是 60"，然后退出 match 表达式。

无论是哪种 match 表达式，都要求所有 case 分支**必须是穷尽的**，即所有 case 分支取值范围的并集，必须覆盖待匹配表达式的所有可能取值。如果 match 表达式不是穷尽的，或者编译器判断不出是否穷尽时，都会引发编译错误。为了避免这种错误，通常的做法是在最后一个 case 分支中使用通配符"_"，因为"_"可以匹配任意值。

如果将上面代码中的第 3 个 case 分支删除，则会引发编译错误。因为 value 是一个 Int64 类型的变量，它可能取 Int64 类型表示范围之内的任意一个整数值，而前两个分支只代表了其中两种可能，没有覆盖所有情况。

另外，与 if 表达式类似，在书写 case 分支时，也要注意先后顺序。例如，将上面代码中的 case 分支调整一下顺序，写成下面这样，那么前两个 case 分支总是会匹配成功，第 3 个 case 分支就永远不会被匹配到了。此时，编译器会出现警告提示。

```
match (value) {
    case 100 => println("value是100")
    case _ => println("value既不是100也不是60")
    case 60 => println("value是60")   // 警告，不会被执行的case分支
}
```

在 case 分支的模式之后，可以使用 guard 条件对匹配的结果进行进一步判断。guard 条件使用以下方式表示，且要求 guard 条件必须是一个布尔类型的表达式：

```
where guard条件
```

例如，可以将上面的例子修改为：

```
match (value) {
    case 100 => println("value是100")
    case 60 => println("value是60")
    case _ where value >= 0 => println("value大于等于0，但value既不是100也不是60")
    case _ => println("value是负数")
}
```

在第 3 个 case 分支后面添加了一个 guard 条件，表示当 value >= 0 时，该 case 分支才能匹配成功。若 value 的值为 99，则第 3 个 case 分支匹配成功，输出 "value 大于等于 0，但 value 既不是 100 也不是 60"；若 value 的值为 -99，则第 4 个 case 分支匹配成功，输出 "value 是负数"。

## 9.2.2 不含待匹配值的 match 表达式

与包含待匹配值的 match 表达式相比，不含待匹配值的 match 表达式在关键字 match 之后并没有待匹配的表达式，并且 case 之后不再是 pattern（通配符模式除外）和 guard 条件，而是布尔类型的表达式。

不含待匹配值的 match 表达式的语法格式如下：

```
match {
```

```
    case  条件1 => 代码块1
    case  条件2 => 代码块2
    ......
    case  条件n => 代码块n
}
```

以上 match 表达式的执行流程为：自上往下依次判断 case 之后的表达式的布尔值，直到遇到某个 case 之后的表达式的值为 true，则此 case 分支匹配成功；接着执行此 case 分支中 "=>" 之后的代码块，执行完毕后退出 match 表达式；之后的其他 case 分支将不会再被匹配和执行，如图 9-3 所示。

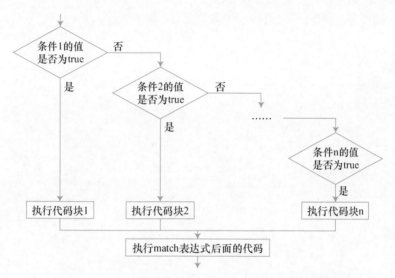

图 9-3    不含待匹配值的 match 表达式的执行流程

下面的示例是根据分数 score 的取值判断分数等级，具体实现如代码清单 9-1 所示。

代码清单 9-1    matching_score_grade.cj

```
01  func matchScoreGrade(score: Int64) {
02      let grade: String  // grade表示分数等级
03
04      // 不含待匹配值的match表达式
05      match {
06          case score < 0 || score > 100 => grade = "无效分数"  // 小于0或大于100为无效分数
07          case score < 60 => grade = "不及格"  // 0 ~ 59之间为不及格
08          case score < 80 => grade = "及格"  // 60 ~ 79之间为及格
09          case score < 90 => grade = "良好"  // 80 ~ 89之间为良好
10          case _ => grade = "优秀"  // 90 ~ 100之间为优秀
11      }
12
13      println("您的分数等级为：${grade}")
14  }
15
16  main() {
17      matchScoreGrade(79)
18  }
```

编译并执行以上程序，输出结果为：

您的分数等级为：及格

该 match 表达式的前几个 case 分支中都是一个布尔类型的表达式，如 score < 0 || score > 100、score < 60 等，最后一个 case 分支中是一个通配符模式。

程序执行时，score 的值为 79，match 表达式自上往下开始对各 case 分支中的条件进行判断。第 1 条 case 分支判断结果为 false；继续对第 2 条 case 分支进行判断，结果仍为 false；继续对第 3 条 case 分支进行判断，结果为 true，将 " 及格 " 赋给 grade，退出 match 表达式；最后执行第 13 行代码，输出 " 您的分数等级为：及格 "，程序结束。

在以上示例中，match 表达式对应的流程图如图 9-4 所示。

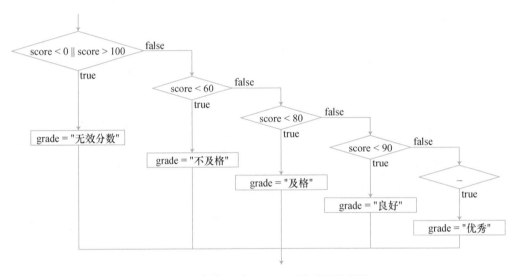

图 9-4　示例程序中 match 表达式的流程图

需要强调的是，在使用这种 match 表达式时，所有 case 分支仍然**必须是穷尽的**，即所有 case 分支取值范围的并集，必须覆盖待匹配表达式的所有可能取值。

两种 match 表达式的主要区别如图 9-5 所示。

图 9-5　两种 match 表达式的主要区别

## 9.2.3　match 表达式的类型

match 表达式的类型和值的判断方法与 if 表达式类似。当 match 表达式的值没有被使用时，match 表达式的类型为 Unit，值为 ()，不要求所有 case 分支类型有最小公共父类型。当 match

表达式的值被使用时，match 表达式的类型是所有 case 分支类型的最小公共父类型，其值是在运行时根据实际执行情况确定的。

match 表达式的 case 分支的类型和值是由"=>"之后的代码块的类型和值决定的：

- 若代码块的最后一项为表达式，则 case 分支的类型是此表达式的类型，值即为此表达式的值；
- 若代码块的最后一项为变量或函数定义，则 case 分支的类型为 Unit，值为 ()。

另外，如果上下文对 match 表达式的类型有明确要求，那么所有 case 分支的类型必须是上下文所要求的类型的子类型。

以上一小节中的 match 表达式为例，将整个 match 表达式赋给一个变量 result，然后输出 result。修改过后的代码如下：

```
let grade: String   // grade表示分数等级

let result = match {
    case score < 0 || score > 100 => grade = "无效分数"
    case score < 60 => grade = "不及格"
    case score < 80 => grade = "及格"
    case score < 90 => grade = "良好"
    case _ => grade = "优秀"
}
println(result)   // 输出: ()
```

在以上代码中，match 表达式的每个 case 分支后的代码块都是一个赋值表达式，而赋值表达式的类型是 Unit，所以该 match 表达式的每个 case 分支类型均为 Unit，该 match 表达式的类型也为 Unit，最后输出的 result 为"()"。

再对以上代码稍做修改：

```
let grade: String   // 删除这行代码
let grade = match {
    case score < 0 || score > 100 => "无效分数"
    case score < 60 => "不及格"
    case score < 80 => "及格"
    case score < 90 => "良好"
    case _ => "优秀"
}
println("您的分数等级为: ${grade}")
```

这次不再在代码块中对 grade 进行赋值，而是直接将所有代码块的最后一项改为一个字符串的表达式，然后将整个 match 表达式赋给 grade。这个 match 表达式的每个 case 分支的类型都是 String，因此该 match 表达式的类型也为 String，由此可以推断 grade 也是 String 类型。而根据运行时 score 的取值不同，match 表达式的值将是最终匹配成功的那个 case 分支的值。

或者，也可以在声明 grade 时直接显式指明类型：

```
let grade: String = match {
    case score < 0 || score > 100 => "无效分数"
    case score < 60 => "不及格"
    case score < 80 => "及格"
```

```
        case score < 90 => "良好"
        case _ => "优秀"
    }
```

此时，由于上下文有明确的类型要求（要求 grade 的类型为 String），因此 match 表达式的每个 case 分支的类型都必须是 String 的子类型。

## 9.3　模式

对于包含待匹配值的 match 表达式，case 之后都是模式。本节将首先介绍仓颉支持的模式在包含待匹配值的 match 表达式中的用法，包括常量模式、通配符模式、绑定模式、类型模式、元组模式以及枚举模式，然后介绍模式的 refutability（即某个模式是否一定能匹配成功）。

### 9.3.1　常量模式

常量模式可以是各种字面量，包括整数字面量、浮点数字面量、字符字面量、字符串字面量（不支持插值字符串）、布尔字面量和 Unit 字面量。

在包含待匹配值的 match 表达式中使用常量模式时，要求常量模式表示的值类型必须与待匹配的值类型相同，匹配成功的条件是常量模式表示的值与待匹配的值相等。另外，在一个 case 之后，可以使用"|"连接多个常量模式，待匹配值只要能与其中的一个模式匹配，就代表此 case 分支匹配成功。

对代码清单 9-1 做一些修改，得到代码清单 9-2。

代码清单 9-2　matching_score_grade.cj

```
01  func matchScoreGrade(score: Int64) {
02      if (score >= 0 && score <= 100) {
03          let grade = match (score / 10) {
04              case 0 | 1 | 2 | 3 | 4 | 5 => "不及格"  // 0 ~ 59之间为不及格
05              case 6 | 7 => "及格"  // 60 ~ 79之间为及格
06              case 8 => "良好"  // 80 ~ 89之间为良好
07              case _ => "优秀"  // 90 ~ 100之间为优秀
08          }
09          println("您的分数等级为: ${grade}")
10      } else {
11          println("无效分数")  // 小于0或大于100为无效分数
12      }
13  }
14
15  main() {
16      matchScoreGrade(79)
17  }
```

在 match 表达式中（第 3 ~ 8 行），匹配的是表达式 score / 10 的值。在第 1 个 case 分支中（第4 行），列出了所有分数不及格时 score / 10 的可能取值，所有模式之间以"|"进行连接。如果

score / 10 的值与第 1 个 case 分支中的任何一个模式匹配成功，则该 case 分支匹配成功。在之后的 2 个分支中，依次列出了分数"及格"和"良好"对应的常量模式（第 5、6 行），如果 score / 10 的值与其中某个常量模式匹配成功，则该常量模式所属的 case 分支匹配成功。

### 9.3.2　通配符模式

通配符模式使用下画线（_）表示，可以匹配任意值。通配符模式可以作为 match 表达式最后一个 case 分支中的模式，用来匹配其他 case 分支没有覆盖到的范围。例如代码清单 9-2 中的最后一个 case 分支（第 7 行）中使用的就是通配符模式。

### 9.3.3　绑定模式

绑定模式使用 id 表示，id 是任意一个合法的标识符（不能和 enum 构造器同名）。与通配符模式相同的是，绑定模式可以匹配任意值；与通配符模式不同的是，绑定模式会将匹配成功的值与 id 进行绑定，在 match 表达式的"=>"之后的代码块中可以通过 id 访问其绑定的值。

对代码清单 9-2 做一些修改，修改过后的代码如代码清单 9-3 所示。

代码清单 9-3　matching_score_grade.cj

```
01  func matchScoreGrade(score: Int64) {
02      if (score >= 0 && score <= 100) {
03          let grade = match (score / 10) {
04              case 0 | 1 | 2 | 3 | 4 | 5 => "不及格"
05              case 6 | 7 => "及格"
06              case 8 => "良好"
07              case x => "优秀, 分数至少为${x * 10}"   // 绑定模式
08          }
09          println(grade)
10      } else {
11          println("无效分数")
12      }
13  }
14
15  main() {
16      matchScoreGrade(96)   // 输出: 优秀, 分数至少为90
17  }
```

以上 match 表达式的最后一个 case 分支使用了绑定模式，使用标识符 x 表示。在这个例子中，绑定模式 x 可以匹配大于 8 的任意整数值，被 x 匹配成功的整数值将被绑定到变量 x 上。绑定模式 x 相当于定义了一个名为 x 的**不可变变量**，x 的作用域是从引入处开始，到该 case 分支结束处结束。

另外，case 分支中的绑定模式会屏蔽在 match 表达式之前定义的同名变量（因为作用域小的变量会屏蔽作用域大的同名变量）。

假设在 match 表达式前面声明了一个名为 x 的变量，当在最后一个 case 分支的代码块中访问 x 时，最终访问到的是 match 表达式中的绑定模式 x，而不是在 match 表达式之外声明的

变量 x。举例如下：

```
let x = -1   // 在match表达式之前声明一个变量x
let grade = match (score / 10) {
    case 0 | 1 | 2 | 3 | 4 | 5 => "不及格"
    case 6 | 7 => "及格"
    case 8 => "良好"
    case x => "优秀，分数至少为${x * 10}"
}
```

注意，在包含待匹配值的 match 表达式中使用绑定模式时，不允许使用"|"连接多个绑定模式。

### 9.3.4 类型模式

类型模式用于判断一个值的运行时类型是否是某个类型的子类型。

类型模式有两种形式：

```
id: Type    或    _: Type
```

给定一个类型模式和待匹配值 v，如果 v 的运行时类型是 Type 的子类型，则匹配成功。匹配成功后，对于 id: Type 这种类型模式，声明了一个 Type 类型的变量 id，并且 v 的值会与 id 进行绑定；对于 _: Type 这种类型模式，不存在绑定操作。

以下示例中定义了 3 个类: BamBoo、Animal 和 GiantPanda，其中 GiantPanda 类是 Animal 类的子类。在这 3 个类中，都有一个成员变量 name。在函数 matchType 中，使用 match 表达式对 Any 类型的 instance 进行了模式匹配。在 match 表达式中，使用了两个类型模式和一个通配符模式。第一次调用函数 matchType 时，instance 的运行时类型 GiantPanda 是 Animal 的子类型，因此第 2 个 case 分支匹配成功。第二次调用函数 matchType 时，instance 的运行时类型 Bamboo 是 Bamboo 的子类型，因此第 1 个 case 分支匹配成功。第三次调用函数 matchType 时，instance 的运行时类型 Int64 既不是 Bamboo 的子类型也不是 Animal 的子类型，因此第 3 个 case 分支匹配成功。

```
// 表示竹子的类
class Bamboo {
    var name = "竹子"
}

// 表示动物的类
open class Animal {
    var name = "动物"
}

// 表示大熊猫的类，是Animal的子类
class GiantPanda <: Animal {
    init() {
        name = "大熊猫"
    }
}
```

```
    }

    func matchType(instance: Any) {
        match (instance) {
            case _: Bamboo => println("竹子")
            case animal: Animal => println(animal.name)
            case _ => println("匹配失败")
        }
    }

    main() {
        var instance: Any = GiantPanda()
        matchType(instance)

        instance = Bamboo()
        matchType(instance)

        instance = 18
        matchType(instance)
    }
```

编译并执行以上代码，输出结果为：

```
大熊猫
竹子
匹配失败
```

## 9.3.5 元组模式

元组模式用于元组值的匹配。元组模式的形式与元组类型字面量是类似的，表示为：

```
(p1, p2, ……, pn)
```

与元组类型字面量不同的是，这里的 p1 到 pn 不是表达式，而是模式。元组模式可以包含本章介绍的任何模式。例如，(1, 2, 3) 是包含 3 个常量模式的元组模式，(x, y, _) 是包含 2 个绑定模式和 1 个通配符模式的元组模式。

给定一个元组模式 tp 和待匹配的元组值 tv，当且仅当 tp 中每个位置的模式都能与 tv 中对应位置的值相匹配时，才称 tp 和 tv 是匹配的。例如，元组模式 (1, 2, 3) 仅可以匹配元组值 (1, 2, 3)，元组模式 (x, y, _) 可以匹配任何三元的元组值。

下面的示例代码演示了元组模式的使用。前两个 case 分支中的元组模式中都包含两个常量模式，此时两个常量模式必须与对应位置上的元组元素值完全相等才能匹配成功，即只有 ("Beijing", 2022) 这样的元组模式才能匹配成功，因此前两个 case 分支匹配失败。第 3 个 case 分支包含了一个绑定模式和一个常量模式，而常量模式是不匹配的，因此第 3 个 case 分支也匹配失败。最后一个 case 分支包含了两个绑定模式，匹配成功。

```
func matchTupleValue(tupleValue: (String, Int64)) {
    match (tupleValue) {
```

```
            case ("Beijing", 2008) => println("city: Beijing  year: 2008")
            case ("Shanghai", 2022) => println("city: Shanghai  year: 2022")
            case (city, 2008) => println("city: ${city}  year: 2008")
            case (city, year) => println("city: ${city}  year: ${year}")    // 匹配成功
    }
}


main() {
    matchTupleValue(("Beijing", 2022))
}
```

编译并执行以上代码，输出结果为：

```
city: Beijing  year: 2022
```

在同一个元组模式中不允许存在同名的绑定模式。因为元组模式中通过绑定模式引入的变量，其作用域从引入处开始。如果同一个元组模式中存在多个同名的绑定模式，编译器会因变量重复定义而报错。例如，在上面的代码中，如果把最后一个 case 分支中的元组模式 (city, year) 修改为 (x, x)，编译器会报错。

在包含待匹配值的 match 表达式中使用元组模式时，如果元组模式中不包含绑定模式，那么多个元组模式之间可以用 "|" 连接。待匹配值只要能与其中的一个模式匹配，就代表此 case 分支匹配成功。举例如下：

```
func matchTupleValue(tupleValue: (String, Int64)) {
    match (tupleValue) {
        case ("小明", 5) | ("小红", 5) => println("小明或小红的等级为: 5")    // 匹配成功
        case (name, level) => println("${name}的等级为: ${level}")
    }
}

main() {
    matchTupleValue(("小明", 5))
}
```

如果将以上示例中的第 2 个 case 分支修改为以下代码，将会引发编译错误：

```
case (name, 95) | ("小明", level) => println("匹配成功")    // 编译错误
```

总之，在包含待匹配值的 match 表达式中，不允许使用 "|" 连接包含绑定模式的元组模式。

## 9.3.6 枚举模式

枚举模式用于匹配 enum 值。枚举模式的形式与 enum 构造器是类似的，无参构造器对应的枚举模式表示为：

```
C
```

有参构造器对应的枚举模式表示为：

```
C(p1, p2, …… , pn)
```

其中，C 是 enum 构造器的名称。与 enum 构造器不同的是，这里的 p1 到 pn 不是类型，而是模式。枚举模式可以包含本章介绍的任何模式。例如，Some(1) 是包含一个常量模式的枚举模式，Some(x) 是包含一个绑定模式的枚举模式。

给定一个枚举模式 ep 和待匹配的有参枚举值 ev，当且仅当 ep 和 ev 的构造器名字相同，并且 ep 中每个位置的模式都能与 ev 中对应位置的参数值相匹配时，才称 ep 和 ev 是匹配的。例如，枚举模式 Some("one") 仅可以匹配 Option<String> 类型的枚举值 Some("one")，枚举模式 Some(x) 可以匹配任何 Option 类型的由 Some 构造的枚举值。

使用 match 表达式匹配 enum 值时，要求所有 case 分支的模式要覆盖待匹配 enum 类型的所有构造器，否则将会引发编译错误。当然，如果 enum 类型的构造器很多，而我们只关注其中某几个构造器，不想将所有构造器一一列出，那么通配符模式总是不错的选择。

下面的示例代码演示了枚举模式的使用。枚举值 Lunch(580) 会与第 2 个 case 分支中的枚举模式 Lunch(calorie) 匹配成功。

```
enum Meal {
    // 参数表示卡路里
    | Breakfast(Int64) | Lunch(Int64) | Supper(Int64)
}

func matchEnumValue(enumValue: Meal) {
    match (enumValue) {
        case Breakfast(calorie) => println("早餐的卡路里为${calorie}")
        case Lunch(calorie) => println("午餐的卡路里为${calorie}")   // 匹配成功
        case Supper(calorie) => println("晚餐的卡路里为${calorie}")
    }
}

main() {
    matchEnumValue(Lunch(580))   // 输出：午餐的卡路里为580
}
```

再看一个无参的 enum 构造器所对应的枚举模式的例子。代码如下：

```
enum Meal {
    | Breakfast | Lunch | Supper
}

func matchEnumValue(enumValue: Meal) {
    match (enumValue) {
        case Breakfast => println("早餐")
        case Lunch => println("午餐")
        case Supper => println("晚餐")   // 匹配成功
    }
}

main() {
    matchEnumValue(Supper)   // 输出：晚餐
}
```

最后，与元组模式类似，在包含待匹配值的 match 表达式中使用枚举模式时，如果枚举模式中不包含绑定模式，那么多个枚举模式之间可以用"|"连接；如果包含了绑定模式，则不允许使用"|"连接。

## 9.3.7 模式的 Refutability

模式的 refutability，指的是某个模式是否一定能匹配成功。根据模式的 refutability，可以将模式分为两类：refutable 模式和 irrefutable 模式。对于一个待匹配值和一个模式，在两者类型匹配的前提下，如果两者有可能匹配不成功，那么称此模式为 refutable 模式；如果两者总是可以匹配成功，那么称此模式为 irrefutable 模式。

前面介绍的 6 种模式的 refutability 如下。

- 通配符模式和绑定模式可以匹配任意值，因此这两种模式总是能匹配成功，属于 irrefutable 模式。
- 常量模式和类型模式可能匹配不成功，因此这两种模式属于 refutable 模式。
- 对于元组模式，当且仅当某元组模式包含的每个模式都属于 irrefutable 模式时，该元组模式才属于 irrefutable 模式。
- 对于枚举模式，当且仅当某枚举模式对应的 enum 类型中只有一个有参构造器，并且该枚举模式中包含的模式都属于 irrefutable 模式时，该枚举模式才属于 irrefutable 模式。

下面通过 3 个示例来说明各种模式的 refutability。

示例 1

```
func matchIntValue(intValue: Int64) {
    match (intValue) {
        case 1 => println(1)   // 常量模式可能匹配不成功，类型模式同理
        case _ => println("除1之外的整数")   // 通配符模式一定能匹配成功，绑定模式同理
    }
}

main() {
    matchIntValue(18)   // 输出：除1之外的整数
}
```

第 1 个 case 分支中的常量模式有可能和待匹配值 intValue 匹配不成功，而第 2 个 case 分支中的通配符模式一定能匹配成功。类型模式和绑定模式同理。

示例 2

```
func matchTupleValue(tupleValue: (Int64, Int64)) {
    match (tupleValue) {
        case (1, 2) => println("(1, 2)")   // (1, 2)属于refutable模式
        case (a, 2) => println("${a}, 2)")   // (a, 2)属于refutable模式
        case (a, b) => println("(${a}, ${b})")   // (a, b)属于irrefutable模式
    }
}

main() {
```

```
    matchTupleValue((9, 9))   // 输出：(9, 9)
}
```

第 1 个 case 分支中的元组模式 (1, 2) 和第 2 个 case 分支中的元组模式 (a, 2) 都有可能与待匹配值 tupleValue 匹配不成功，所以 (1, 2) 和 (a, 2) 都属于 refutable 模式；而无论待匹配值 tupleValue 是什么，第 3 个 case 分支中的元组模式 (a, b) 都能与其匹配成功，所以 (a, b) 属于 irrefutable 模式。

示例 3

```
enum PlayerLevel {
    Level(Int64)
}

func matchEnumValue(enumValue: PlayerLevel) {
    let level = match (enumValue) {
        case Level(1) => 1       // Level(1) 属于 refutable 模式
        case Level(num) => num   // Level(num) 属于 irrefutable 模式
    }
    println("等级为${level}")
}

main() {
    matchEnumValue(Level(18))   // 输出：等级为18
}
```

PlayerLevel 只有一个有参构造器，对于函数 matchEnumValue 中的枚举模式 Level(1) 和 Level(num)，其中包含的常量模式 1 和绑定模式 num 分别属于 refutable 模式和 irrefutable 模式，因此 Level(1) 和 Level(num) 分别属于 refutable 模式和 irrefutable 模式。

如果某个枚举模式对应的 enum 类型有一个以上的构造器，那么该枚举模式属于 refutable 模式。例如，以下 enum 类型 PaymentStatus 有两个有参构造器，因此函数 matchEnumValue 中的枚举模式 Paid(amount) 和 Unpaid(amount) 都属于 refutable 模式。

```
enum PaymentStatus {
    | Paid(UInt64) | Unpaid(UInt64)
}

func matchEnumValue(enumValue: PaymentStatus) {
    let result = match (enumValue) {
        case Paid(amount) => "已付${amount}"   // Paid(amount) 属于 refutable 模式
        case Unpaid(amount) => "未付${amount}" // Unpaid(amount) 属于 refutable 模式
    }
    println(result)
}

main() {
    matchEnumValue(Paid(198))   // 输出：已付198
}
```

关于模式的 refutability，可以总结成表 9-1。

表 9-1　模式的 refutability

| 模式 | 模式类型 |
| --- | --- |
| 常量模式 | refutable |
| 类型模式 | refutable |
| 通配符模式 | irrefutable |
| 绑定模式 | irrefutable |
| 元组模式 | 限定条件下 irrefutable |
| 枚举模式 | 限定条件下 irrefutable |

## 9.4　模式的其他用法

除了在 match 表达式中，还可以在变量声明、for-in 表达式、if-let 表达式和 while-let 表达式中使用模式：

- 在变量声明和 for-in 表达式中只能使用 irrefutable 模式，包括绑定模式、通配符模式、irrefutable 元组模式和 irrefutable 枚举模式；
- 在 if-let 表达式和 while-let 表达式中可以使用常量模式、通配符模式、绑定模式、元组模式和枚举模式。

### 9.4.1　在变量声明中使用 irrefutable 模式

在下面的变量声明中，赋值号左侧就是一个模式。这个声明中的 x 是一个绑定模式。

```
let x = 18  // 绑定模式x
```

在变量声明中也可以使用通配符模式，只不过这样就定义了一个没有名字的变量，之后也无法访问它。举例如下：

```
let _ = 18  // 通配符模式
```

下面举一个在变量声明中使用 irrefutable 元组模式的例子。代码如下：

```
main() {
    var (city, year) = ("Beijing", 2022)   // irrefutable元组模式
    println("city-${city}  year-${year}")   // 输出: city-Beijing  year-2022
}
```

在定义变量时使用了 irrefutable 元组模式 (city, year)，用于对元组 ("Beijing", 2022) 进行解构并分别与 city 和 year 进行绑定（相当于同时定义了两个变量 city 和 year）。

另外，在赋值表达式的赋值号左侧也可以使用 irrefutable 元组模式，用于对赋值号右侧的表达式进行解构。例如，继续修改上面的代码：

```
main() {
    var (city, year) = ("Beijing", 2022)   // irrefutable元组模式
```

```
    println("city-${city}  year-${year}")  // 输出: city-Beijing  year-2022

    // 在赋值表达式中使用 irrefutable 元组模式
    (city, year) = ("Nanjing", 2023)
    println("city-${city}  year-${year}")  // 输出: city-Nanjing  year-2023
}
```

再来看一个使用 irrefutable 枚举模式的例子。代码如下：

```
enum PlayerLevel {
    Level(UInt64)
}

main() {
    let Level(num) = Level(10)   // irrefutable 枚举模式
    println("等级为${num}")   // 输出: 等级为10
}
```

在定义变量时使用了 irrefutable 枚举模式 Level(num)，用于对 Level(10) 进行解构并将构造器的参数值 10 与 num 进行绑定（相当于定义了一个 UInt64 类型的初始值为 10 的不可变变量）。注意，如果将以上声明中的关键字 let 改为 var，得到的将是可变变量。

## 9.4.2 在 for-in 表达式中使用 irrefutable 模式

for-in 表达式的关键字 for 和 in 之间是一个模式。以下 for-in 表达式中的 i 就是一个绑定模式。

```
// 绑定模式
for (i in 1..5) {
    println(i)
}
```

for-in 表达式中的绑定模式相当于定义了一个不可变的局部变量，因此，其作用域从引入处开始，到循环体结束处结束，并且在 for-in 表达式中不允许修改循环变量的值。

以下 for-in 表达式中使用了通配符模式。与绑定模式相比，通配符模式没有绑定操作，因此在循环体中无法访问序列中的元素。

```
// 通配符模式
for (_ in 1..5) {
    println("test")
}
```

在 for-in 表达式中使用 irrefutable 元组模式的示例如下：

```
main() {
    // irrefutable 元组模式
    for ((i, j) in [(1, 2), (3, 4), (5, 6)]) {
```

```
        println("${i} * ${j} = ${i * j}")
    }
}
```

编译并执行以上代码，输出结果为：

```
1 * 2 = 2
3 * 4 = 12
5 * 6 = 30
```

在 for-in 表达式中使用了 irrefutable 元组模式 (i, j)，用于将数组中的元组依次取出后进行解构并分别与 i 和 j 进行绑定。

注：关于数组的知识，详见第 12 章。

最后，再举一个在 for-in 表达式中使用 irrefutable 枚举模式的例子。代码如下：

```
enum PlayerLevel {
    Level(UInt64)
}

main() {
    // irrefutable枚举模式
    for (Level(num) in [Level(3), Level(6), Level(8)]) {
        println("等级: ${num}")
    }
}
```

编译并执行以上代码，输出结果为：

```
等级: 3
等级: 6
等级: 8
```

## 9.4.3　在 if-let 表达式中使用模式

包含 let 的 if 表达式被称为 if-let 表达式。if-let 表达式的语法格式如下：

```
if (let 模式 <- 表达式) {
    代码块1
} [else {
    代码块2
}]
```

if-let 表达式在执行时首先对 "<-" 右边的表达式进行求值（表达式可以是任意类型）。如果表达式的值能匹配 let 之后的模式，则执行代码块 1；否则，执行 else 之后的代码块 2（如果有的话），如图 9-6 所示。

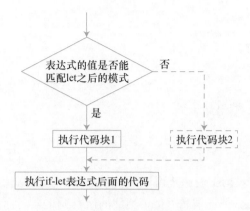

图 9-6 if-let 表达式的执行流程

if-let 表达式的类型和值的判断方法与 if 表达式是一致的。

if-let 表达式支持的模式包括常量模式、通配符模式、绑定模式、元组模式和枚举模式。

示例 1

```
main() {
    let languageName = "Cangjie"

    if (let "CJ" <- languageName) {  // 常量模式
        println("编程语言名称: CJ")
    } else if (let ln <- languageName) {  // 绑定模式, ln是局部变量, 只作用于该分支
        println("编程语言名称: ${ln}")
    }
}
```

示例代码在 if 分支中使用了一个常量模式用于匹配表达式 languageName，在 else if 分支中使用了一个绑定模式用于匹配表达式 languageName。编译并执行以上代码，绑定模式匹配成功，输出结果为：

编程语言名称: Cangjie

注意，在 if-let 表达式中，当绑定模式匹配成功之后，绑定的变量（如变量 ln）是一个**局部**的**不可变变量**，其作用域只限于该分支。

示例 2

```
enum Geometry {
    | Circle | Rectangle | Cuboid
    | Circle(Int64) | Rectangle(Int64, Int64) | Cuboid(Int64, Int64, Int64)
}

main() {
    var geometry = Cuboid(3, 6, 8)
    // 枚举模式, 匹配并解构有参构造器
    if (let Cuboid(length, width, height) <- geometry) {
        println("长度: ${length}  宽度: ${width}  高度: ${height}")
    }

    geometry = Circle
```

```
        // 枚举模式，匹配无参构造器
        if (let Circle <- geometry) {
            println("构造器：Circle")
        }
    }
```

编译并执行以上代码，输出结果为：

```
长度：3　宽度：6　高度：8
构造器：Circle
```

由以上示例可知，使用 if-let 表达式可以实现对 enum 值的快速解构。match 表达式在解构 enum 值时需要保证所有 case 分支覆盖 enum 类型的所有构造器，而 if-let 表达式则可以只匹配我们感兴趣的构造器。

在 enum 类型中，Option 类型无疑是一种很常用的类型，因此可以使用 if-let 表达式来解构 Option 类型。举例如下：

```
main() {
    var languageName: ?String = None

    if (let None <- languageName) {
        println("None")
    }

    languageName = Some("Cangjie")
    if (let Some(ln) <- languageName) {
        println("编程语言名称：${ln}")
    }
}
```

编译并执行以上代码，输出结果为：

```
None
编程语言名称：Cangjie
```

## 9.4.4　在 while-let 表达式中使用模式

包含 let 的 while 表达式被称为 while-let 表达式。while-let 表达式的语法格式如下：

```
while (let 模式 <- 表达式) {
    循环体
}
```

while-let 表达式在执行时首先对"<-"右边的表达式进行求值（表达式可以是任意类型）。如果表达式的值能匹配 let 之后的模式，则执行循环体，并在执行完循环体之后再次对表达式进行求值。只要表达式的值能匹配 let 之后的模式就执行循环体，如此重复，直到表达式的值不能匹配 let 之后的模式时循环结束，然后继续执行 while-let 表达式后面的代码。while-let 表达式的执行流程如图 9-7 所示。

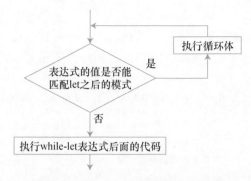

图 9-7 while-let 表达式的执行流程

while-let 表达式的类型和值与 while 表达式是一致的,其类型为 Unit,值为 ()。

while-let 表达式支持的模式包括常量模式、通配符模式、绑定模式、元组模式和枚举模式。举例如下:

```
from std import console.Console

main() {
    var line = Console.stdIn.readln()

    // 在while-let表达式中使用枚举模式
    while (let Some(msg) <- line) {
        println("您刚刚的输入为: ${msg}")
        line = Console.stdIn.readln()
    }
}
```

8.5.5 节介绍了通过标准库 console 包的 Console 类可以获取键盘输入。以上示例程序通过 readln 函数获取键盘输入,并将得到的 Option<String> 类型的实例存入变量 line。接着使用 while-let 表达式对 line 进行解构,如果 line 与枚举模式 Some(msg) 匹配成功,则输出相应的提示信息,并继续获取键盘输入。直到按下了 Ctrl + Z 组合键(Windows 操作系统),readln 函数的返回值为 None,while-let 表达式才会结束循环。

以下是一个运行结果示例:

```
hello
您刚刚的输入为: hello
hi
您刚刚的输入为: hi
^Z
```

注:"^Z"表示按下了Ctrl + Z组合键。在UNIX操作系统中按下Ctrl + D组合键时,readln函数的返回值为None。

## 9.5 小结

本章主要学习了模式匹配的相关知识。

### 1. match 表达式

match 表达式分为包含待匹配值的和不含待匹配值的两种。无论是哪种 match 表达式，都要求所有 case 分支必须是穷尽的。match 表达式的工作原理和类型判断都与 if 表达式类似。

### 2. 模式

模式主要用于包含待匹配值的 match 表达式，包括 6 种，各种模式的形式和特点如图 9-8 所示。

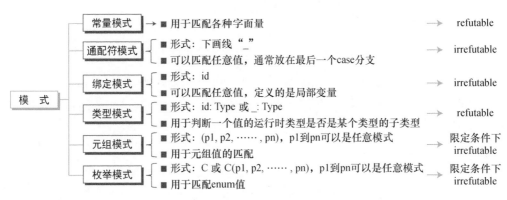

图 9-8　各种模式的形式和特点

### 3. 模式的其他用法

除了用于 match 表达式，模式还可以用于变量声明、for-in 表达式、if-let 表达式和 while-let 表达式中。

本章的知识结构可总结成图 9-9。

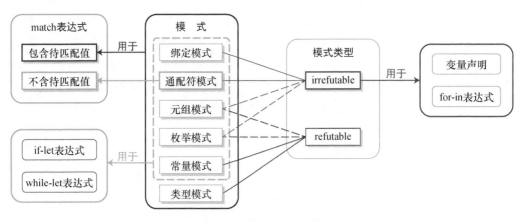

图 9-9　模式匹配小结

# 第 10 章
# 函数高级特性

## 10.1  函数是"一等公民"

在仓颉中，函数是"一等公民"。函数本身具有类型，且具有与其他数据类型相同的地位。这主要体现在 3 个方面：

- 可以将函数赋给变量；
- 可以将函数作为另一个函数的实参；
- 可以将函数作为另一个函数的返回值。

### 10.1.1  函数类型

作为一等公民，函数本身也有类型，称为函数类型。函数类型是由函数的参数类型列表和返回值类型组成的，形式如下：

```
([参数类型列表]) -> 返回值类型
```

参数类型列表使用一对圆括号括起来，可以包含 0 到多个参数；如果有 1 个以上的参数，则参数类型之间使用逗号作为分隔符；如果没有参数，一对圆括号不能省略。参数类型列表和返回值类型之间以符号"->"连接，该符号是右结合的。

示例 1

以下代码定义了一个函数 printHi，其类型为 () -> Unit。

```
// 函数没有参数；返回值类型为 Unit
func printHi() {
    println("Hi!")
}
```

示例 2

以下代码定义了一个函数 calcSquare，其类型为 (Int64) -> Int64。

```
// 函数有 1 个参数，类型为 Int64；返回值类型为 Int64
func calcSquare(n: Int64) {
    n ** 2
}
```

示例 3

以下代码定义了一个函数 getTuple，其类型为 (Int64, String) -> (String, Int64)。

```
// 函数有 2 个参数，类型为 Int64 和 String；返回值类型为元组类型 (String, Int64)
func getTuple(a: Int64, b: String): (String, Int64) {
    (b, a)
}
```

类似于元组类型，在函数类型中，也可以为参数类型列表中的参数类型标记显式的类型参数名。在一个函数类型中，要么统一为每个参数类型加上类型参数名，要么统一不加，不允许混合使用。举例如下：

```
(width: Int64, height: Int64) -> Int64   // 带类型参数名的函数类型
(Int64, Int64) -> Int64   // 不带类型参数名的函数类型
```

函数名代表函数，**函数名本身是一个表达式**，其类型即为对应的**函数类型**。

对于某个函数，与之相关的类型有 3 个，如图 10-1 所示。

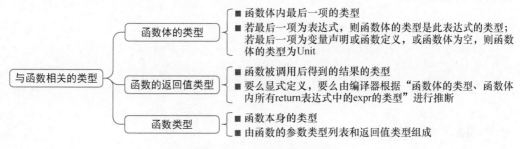

图 10-1  与函数相关的类型

## 10.1.2 函数作为变量值

仓颉允许将函数赋给变量，被赋值的变量类型（如果有显式声明的话）与对应函数的类型必须一致。

以下示例代码定义了一个函数 calcArea，在 main 中通过函数名 calcArea 将函数赋给变量 ca，ca 的类型和函数 calcArea 的类型一致，为 (Int64, Int64) -> Int64。

将函数赋给变量就相当于给函数起了一个别名。除了使用函数名调用函数，还可以使用变量名（别名）来调用函数。

```
func calcArea(width: Int64, height: Int64) {
    width * height
}

main() {
    let ca: (Int64, Int64) -> Int64 = calcArea
    // 使用函数名调用函数
    println(calcArea(2, 3))   // 输出结果为 6
    // 使用变量名调用函数
    println(ca(2, 3))   // 输出结果仍为 6
}
```

如果一个函数在当前作用域中被重载了，那么直接使用该函数名作为表达式**可能**会产生歧义，从而引发编译错误。

例如，在下面的示例代码中，函数 calcArea 构成了重载。当利用函数名给变量 ca1 赋值时，指明了 ca1 的类型，没有歧义，因此不会报错。而给变量 ca2 赋值时没有指明类型，产生了歧义，导致了编译错误。

```
// 函数类型为 (Int64, Int64) -> Int64
func calcArea(width: Int64, height: Int64) {
```

```
        width * height
    }

    // 函数类型为(Float64, Float64) -> Float64
    func calcArea(width: Float64, height: Float64) {
        width * height
    }

    main() {
        let ca1: (Int64, Int64) -> Int64 = calcArea   // 不产生歧义，不会报错
        let ca2 = calcArea   // 产生歧义，引发编译错误
    }
```

## 10.1.3　函数作为实参

仓颉允许将函数作为另一个函数的实参。

在代码清单 10-1 中首先定义了两个函数 add（第 1 ～ 3 行）和 sub（第 5 ～ 7 行），分别用于计算两个 Int64 类型整数的和与差。接着定义了函数 printOpResult（第 9 ～ 12 行），该函数有 3 个形参：Int64 类型的形参 a 和 b，以及 (Int64, Int64) -> Int64 类型的形参 operation。第 3 个形参 operation 的类型是函数类型。在 printOpResult 的函数体中调用 operation，并且将 a 和 b 分别作为函数 operation 的实参（第 11 行）。

代码清单 10-1　functions_as_arguments.cj

```
01  func add(a: Int64, b: Int64) {
02      a + b
03  }
04
05  func sub(a: Int64, b: Int64) {
06      a - b
07  }
08
09  // 函数printOpResult的类型为(Int64, Int64, (Int64, Int64) -> Int64) -> Unit
10  func printOpResult(a: Int64, b: Int64, operation: (Int64, Int64) -> Int64) {
11      println(operation(a, b))
12  }
13
14  main() {
15      printOpResult(5, 3, add)   // 输出：8
16      printOpResult(5, 3, sub)   // 输出：2
17  }
```

在 main 中两次调用了函数 printOpResult。第 1 次调用（第 15 行）时传入的第 3 个实参是 add，执行 println(operation(5, 3)) 就相当于执行 println(add(5, 3))；第 2 次调用（第 16 行）时传入的第 3 个实参是 sub，执行 println(operation(5, 3)) 就相当于执行 println(sub(5, 3))。

为了适应动态变化的业务逻辑，我们可以定义函数类型的形参。这样，只需在调用函数时传递不同函数作为实参，便能轻松调整对应的逻辑处理操作。

### 10.1.4 函数作为返回值

仓颉允许将函数作为另一个函数的返回值。

具体示例见代码清单 10-2。

代码清单 10-2 functions_as_return_values.cj

```
01  enum Operations {
02      | Add
03      | Sub
04  }
05
06  func add(a: Int64, b: Int64) {
07      a + b
08  }
09
10  func sub(a: Int64, b: Int64) {
11      a - b
12  }
13
14  func getOperation(operations: Operations): (Int64, Int64) -> Int64 {
15      match (operations) {
16          // 将函数作为返回值
17          case Add => add
18          case Sub => sub
19      }
20  }
21
22  main() {
23      println(getOperation(Add)(5, 3))   // 输出: 8
24      println(getOperation(Sub)(5, 3))   // 输出: 2
25  }
```

在程序中首先定义了两个函数 add 和 sub，分别用于计算两个 Int64 类型整数的和与差。接着定义了函数 getOperation（第 14 ~ 20 行），并在函数体中根据形参 operations 接收的实参值来判断是返回函数 add 还是 sub。函数 getOperation 的返回值类型为 (Int64, Int64) -> Int64，函数类型为 (Operations) -> (Int64, Int64) -> Int64。由于符号 "->" 是右结合的，所以该函数的类型应该如图 10-2 所示的这样去理解。

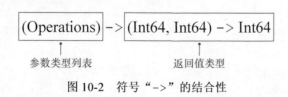

图 10-2 符号 "->" 的结合性

在 main 中两次调用了函数，第 1 次调用（第 23 行）时传入的实参是 Add，返回函数 add 之后接着对其进行调用，传入的两个实参分别是 5 和 3，输出结果是 5 与 3 的和 8。第 2 次调用（第 24 行）时传入的实参是 Sub，返回函数 sub 之后接着对其进行调用，传入的两个实参分别是 5 和 3，输出结果是 5 与 3 的差 2。

在 main 中调用函数 getOperation 的过程如图 10-3 所示（以第 23 行代码为例）。

图 10-3　函数 getOperation 的调用过程

也可以对 main 做一些修改，将调用的过程表示得更直观一些。修改过后的代码如下：

```
main() {
    var getOp = getOperation(Add)   // 将函数作为变量值，变量getOp为add
    println(getOp(5, 3))   // 调用getOp(5, 3)相当于调用add(5, 3)，输出结果为8

    getOp = getOperation(Sub)   // 将函数作为变量值，变量getOp为sub
    println(getOp(5, 3))   // 调用getOp(5, 3)相当于调用sub(5, 3)，输出结果为2
}
```

# 10.2　lambda 表达式

## 10.2.1　lambda 表达式的定义

lambda 表达式可以视作匿名的函数，其语法格式如下：

```
{[参数列表] => 表达式体}
```

lambda 表达式定义在一对花括号中，符号 "=>" 前面是参数列表，后面是 lambda 表达式的表达式体。其中，参数列表的语法格式如下：

```
参数1[: 参数类型]，参数2[: 参数类型]，……，参数n[: 参数类型]
```

多个参数之间以逗号作为分隔符。即使 lambda 表达式没有参数，符号 "=>" 也不可以省略。

注：在某些场景中，lambda 表达式的符号 "=>" 可以省略，例如尾随 lambda（不带参数时）、spawn 表达式。

lambda 表达式的表达式体中可以包含一组表达式或声明。

以下是几个 lambda 表达式的例子：

```
{ => println("Hello World!")}   // 没有参数的lambda表达式，"=>"不可以省略

{width: Int64, height: Int64 => width * height}   // 有两个参数的lambda表达式
```

```
{a: Int64, b: Int64 =>
    // 表达式体中包含了一系列声明
    var m = a
    var n = b
    var r = 0

    // 表达式体中包含了多个表达式
    do {
        r = m % n
        m = n
        n = r
    } while (r != 0)
    m  // 或 return m，lambda 表达式中也可以使用 return 表达式
}
```

当 lambda 表达式的表达式体中包含多行代码（或代码过长）时，可以在符号"=>"后面换行，并给后面的代码添加一个级别的缩进，如以上示例中的第 3 个 lambda 表达式。

lambda 表达式**本质上就是没有名字的函数**，因此函数的很多特性对 lambda 表达式也是适用的。函数和 lambda 表达式在语法格式上的对应关系如图 10-4 所示。

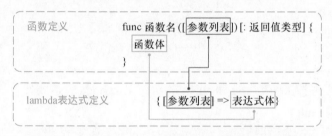

图 10-4　函数和 lambda 表达式在语法格式上的对比

lambda 表达式的返回值类型就相当于其所对应函数的返回值类型，尽管其语法格式中没有显式指明返回值类型。lambda 表达式本身的类型为：

```
([参数类型列表]) -> 返回值类型
```

## 10.2.2　lambda 表达式的使用

lambda 表达式的本质是函数，而函数是一等公民，因此 lambda 表达式也可以作为一等公民。

### 1. lambda 表达式作为变量值

lambda 表达式可以作为变量值。

对 10.1.2 节中的示例代码稍做修改，将其中的函数 calcArea 改为 lambda 表达式，然后将其赋给变量。修改过后的代码如下：

```
main() {
    // 将 lambda 表达式作为变量值
    let ca: (Int64, Int64) -> Int64 =
```

```
    {width: Int64, height: Int64 => width * height}
    println(ca(2, 3))   // 输出: 6
}
```

另外，仓颉也支持直接调用 lambda 表达式，上面的代码也可以修改为：

```
main() {
    // 直接调用 lambda 表达式
    let result = {width: Int64, height: Int64 => width * height}(2, 3)
    println(result)   // 输出: 6
}
```

### 2. lambda 表达式作为实参

lambda 表达式也可以作为实参传递给另一个函数。

对 10.1.3 节中的示例代码进行修改，修改过后的代码如下：

```
func printOpResult(a: Int64, b: Int64, operation: (Int64, Int64) -> Int64) {
    println(operation(a, b))
}

main() {
    // 将 lambda 表达式作为实参
    printOpResult(5, 3, {a: Int64, b: Int64 => a + b})   // 输出: 8
    printOpResult(5, 3, {a: Int64, b: Int64 => a - b})   // 输出: 2
}
```

修改过后的代码去掉了函数 add 和 sub，改用两个 lambda 表达式代替这两个函数作为实参去调用函数 printOpResult。

### 3. lambda 表达式作为返回值

最后，lambda 表达式可以作为另一个函数的返回值。

修改一下 10.1.4 节中的示例代码，使用 lambda 表达式作为函数 getOperation 的返回值。修改过后的代码如下：

```
enum Operations {
    | Add
    | Sub
}

func getOperation(operations: Operations): (Int64, Int64) -> Int64 {
    match (operations) {
        // 将 lambda 表达式作为返回值
        case Add => {a: Int64, b: Int64 => a + b}
        case Sub => {a: Int64, b: Int64 => a - b}
    }
}

main() {
    println(getOperation(Add)(5, 3))   // 输出: 8
    println(getOperation(Sub)(5, 3))   // 输出: 2
}
```

## 10.2.3 注意事项

在定义和使用 lambda 表达式时，有以下 3 点注意事项。

**1. lambda 表达式的返回值类型**

lambda 表达式不支持声明返回值类型，其返回值类型总是编译器根据上下文推断出来的。

**如果上下文中没有明确地指定类型**，那么编译器将自动推断 lambda 表达式的返回值类型，**推断规则和函数返回值类型的推断规则一致**：lambda 表达式的返回值类型将是 "lambda 表达式的表达式体的类型" 和 "表达式体内所有 **return 表达式中的 expr 的类型**" 的**最小公共父类型**。若编译器推断失败，则编译报错。

lambda 表达式的**表达式体的类型和值**的判断方法，与函数体的类型和值的判断方法是一致的。lambda 表达式的表达式体的类型和值即是表达式体内最后一项的类型和值：

- 若最后一项为表达式，则表达式体的类型是此表达式的类型，值是该表达式的值；
- 若最后一项为变量声明或函数定义，或表达式体为空，则表达式体的类型为 Unit，值为 ()。

**如果上下文明确指定了 lambda 表达式的返回值类型**，则其返回值类型为上下文指定的类型。主要包括以下几种情况：

- 将 lambda 表达式赋给变量时，根据变量类型推断 lambda 表达式的返回值类型；
- 将 lambda 表达式作为函数实参时，根据函数形参的类型推断 lambda 表达式的返回值类型；
- 将 lambda 表达式作为函数返回值时，根据函数的返回值类型推断 lambda 表达式的返回值类型。

示例 1

```
// 根据变量类型推断lambda表达式的返回值类型，lambda表达式的返回值类型为Unit
let output: () -> Unit = { => println("仓颉")}
```

示例 2

```
// 根据函数的形参类型，推断作为实参的lambda表达式的返回值类型
func printArea(width: Int64, height: Int64, calcArea: (Int64, Int64) -> Int64) {
    println(calcArea(width, height))
}

main() {
    // lambda表达式的返回值类型为Int64
    printArea(2, 3, {w: Int64, h: Int64 => w * h})
}
```

示例 3

```
// 根据函数的返回值类型，推断作为函数返回值的lambda表达式的返回值类型
func calcArea(): (Int64, Int64) -> Int64 {
    // lambda表达式的返回值类型为Int64
    {width: Int64, height: Int64 => width * height}
}
```

lambda 表达式的**返回值**与函数返回值的判断方式是一致的，主要取决于执行时的情况：

■　若 lambda 表达式是执行了某个 return 表达式而结束的，则返回值为该 return 表达式中的 expr 的计算结果；

■　若 lambda 表达式没有执行任何一个 return 表达式，而是正常将表达式体执行完毕而结束的，则返回值为表达式体的值。

**2. lambda 表达式中的参数类型可以缺省**

在以下情形中，如果缺省了 lambda 表达式的参数类型，编译器会尝试进行类型推断。

■　lambda 表达式作为变量值时，根据变量类型推断 lambda 表达式的参数类型。此时变量的类型必须是明确的，否则会导致编译错误。

■　lambda 表达式作为函数实参时，根据形参类型推断 lambda 表达式的参数类型。

■　lambda 表达式作为函数返回值时，根据函数返回值类型推断 lambda 表达式的参数类型。

示例 1

```
main() {
    // 根据sum的类型推断出a和b的类型均为Int64
    let sum: (Int64, Int64) -> Int64 = {a, b => a + b}
    println(sum(3, 4))  // 输出: 7
}
```

根据变量 sum 的类型可以推断出 lambda 表达式缺省的参数类型。变量 sum 的类型是函数类型 (Int64, Int64) -> Int64，所以可以推断出 lambda 表达式的参数 a 和 b 的类型均为 Int64。

在上面的代码中，lambda 表达式缺省了参数类型，编译器根据变量 sum 的类型推断出了 lambda 表达式的参数类型。但是，如果缺省了变量的类型，就不能缺省 lambda 表达式的参数类型。

```
main() {
    // 根据lambda表达式的类型推断出sum的类型为(Int64, Int64) -> Int64
    let sum = {a: Int64, b: Int64 => a + b}
    println(sum(3, 4))  // 输出: 7
}
```

以上示例缺省了变量 sum 的类型，此时编译器需要根据 sum 的初始值类型（lambda 表达式的类型）来推断 sum 的类型。如果缺省了 lambda 表达式的参数类型，会导致类型推断失败，引发编译错误。

```
let sum = {a, b: Int64 => a + b}  // 编译错误, 缺省了参数a的类型无法进行类型推断
```

示例 2

```
func printArea(width: Int64, height: Int64, calcArea: (Int64, Int64) -> Int64) {
    println(calcArea(width, height))
}

main() {
    printArea(2, 3, {w, h => w * h})  // 输出: 6
}
```

函数 printArea 的第 3 个形参的类型为 (Int64, Int64) -> Int64，在 main 中调用函数 printArea 时传入的第 3 个实参是一个缺省了参数类型的 lambda 表达式。根据函数 printArea 的形参 calcArea 的类型可以推断出该 lambda 表达式中的两个参数 w 和 h 的类型均为 Int64。

示例 3

```
func calcArea(): (Int64, Int64) -> Int64 {
    {width, height => width * height}
}

main() {
    println(calcArea()(2, 3))  // 输出: 6
}
```

函数 calcArea 的返回值类型为 (Int64, Int64) -> Int64。函数体中的 lambda 表达式缺省了参数 width 和 height 的类型。根据函数的返回值类型可以推断出 width 和 height 的类型均为 Int64。

**3. lambda 表达式中的局部变量**

lambda 表达式中的局部变量包括两种：

- lambda 表达式的参数；
- 在 lambda 表达式的表达式体中声明的变量。

lambda 表达式的参数的作用域只限于 lambda 表达式的表达式体。在 lambda 表达式的表达式体中声明的变量，其作用域从声明处开始，到 lambda 表达式的表达式体结束处结束。

另外，与函数的形参一样，lambda 表达式的参数是不可变变量，在 lambda 表达式的表达式体中不可以修改参数的值。

关于 lambda 表达式的相关知识如图 10-5 所示。

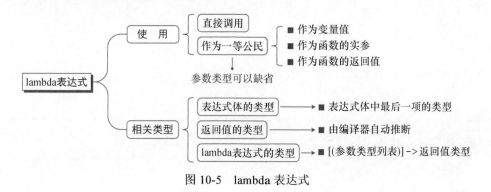

图 10-5　lambda 表达式

## 10.3　嵌套函数

定义在仓颉源文件顶层的函数称为全局函数；定义在函数体内的函数称为局部函数，或称为嵌套函数。嵌套函数可以隐藏内部函数的实现细节，只有外部函数知道它的存在，从而防止内部函数被其他代码误用。

示例 1

找出所有两位的素数，并按照 8 个一行的格式输出。

在本例中，我们可以定义一个函数 findPrimes 用于查找指定区间内所有的素数，然后通过 main 调用该函数。具体实现如代码清单 10-3 所示。

代码清单 10-3　find_primes.cj

```
01  // 找出start..=stop之内的所有素数，并按照8个一行输出
02  func findPrimes(start: Int64, stop: Int64) {
03      // 嵌套函数，判断n是否是一个素数
04      func isPrime(n: Int64) {
05          for (i in 2..=(n / 2)) {
06              if (n % i == 0) {
07                  return false
08              }
09          }
10          true
11      }
12
13      var counter = 0   // 计数器
14      for (i in start..=stop) {
15          if (isPrime(i)) {
16              counter++
17              print("${i}  ")
18              if (counter % 8 == 0) {
19                  print("\n")
20              }
21          }
22      }
23  }
24
25  main() {
26      findPrimes(10, 99)
27  }
```

编译并执行以上代码，输出结果为：

```
11  13  17  19  23  29  31  37
41  43  47  53  59  61  67  71
73  79  83  89  97
```

程序执行时从 main 开始，在 main 中调用了函数 findPrimes（第 26 行），传入的实参为 10 和 99，表示查找素数的范围。

在函数 findPrimes 中首先定义了一个嵌套函数 isPrime 用于判断某个整数是否为素数（第 3 ～ 11 行）。接着定义了一个计数器 counter，用于对已经找到的素数进行计数。然后使用一个 for-in 表达式遍历指定区间内的所有整数。在 for-in 表达式的循环体中，通过调用函数 isPrime 对每个遍历的数进行判断（第 15 行），如果是素数，则将计数器加 1 并按照指定格式输出。

对于包含嵌套函数的某函数 fn，从 fn 的外部无法直接调用其内部的嵌套函数。通过将内部的嵌套函数作为 fn 的返回值，可以从 fn 的外部间接调用嵌套函数。举例如下。

示例 2

计算墙面信息。

具体实现见代码清单 10-4。函数 getWallOperation 用于获取墙面信息。该函数中定义了两个嵌套函数 calcArea 和 calcPerimeter，分别用于获取墙面的面积和周长信息。如果调用函数 getWallOperation 时传入的实参为 Area，则返回函数 calcArea；如果传入的实参为 Perimeter，则返回函数 calcPerimeter。通过这种方式，可以从函数 getWallOperation 之外间接调用函数 getWallOperation 之内的嵌套函数。

代码清单 10-4　get_wall_operation.cj

```
01  enum Measurements {
02      | Area
03      | Perimeter
04  }
05
06  // 获取计算墙面信息的操作
07  func getWallOperation(measurements: Measurements) {
08      // 嵌套函数，计算墙的面积
09      func calcArea(width: Int64, height: Int64) {
10          width * height
11      }
12
13      // 嵌套函数，计算墙的周长
14      func calcPerimeter(width: Int64, height: Int64) {
15          2 * (width + height)
16      }
17
18      match (measurements) {
19          // 将嵌套函数作为返回值
20          case Area => calcArea
21          case Perimeter => calcPerimeter
22      }
23  }
24
25  main() {
26      var operation = getWallOperation(Area)     // 获取嵌套函数calcArea
27      println(operation(2, 3))  // 调用calcArea(2, 3)，输出：6
28
29      operation = getWallOperation(Perimeter)   // 获取嵌套函数calcPerimeter
30      println(operation(2, 3))  // 调用calcPerimeter(2, 3)，输出：10
31  }
```

最后，由于 lambda 表达式相当于函数，**在函数内部定义的 lambda 表达式也相当于嵌套函数**。

## 10.4　闭包

### 10.4.1　闭包的概念

仓颉中的闭包（closure）可以简单地理解为一个嵌套函数及其捕获的外部变量的组合。为了说明什么是闭包，先看一个示例。

```
func outer() {
    let num = 1

    func inner() {
        println(num)
    }

    return inner
}

main() {
    let fn = outer()
    fn()    // 输出: 1
}
```

在以上代码中定义了一个函数 outer。在该函数内首先声明了一个局部变量 num，接着定义了一个嵌套函数 inner，最后将该嵌套函数作为函数 outer 的返回值返回。在嵌套函数 inner 中，使用 println 表达式输出了变量 num。

在这个例子中，嵌套函数 inner 访问了一个**非自身所有**的**局部变量** num。变量 num 既不是函数 inner 的形参，也不是函数 inner 的函数体内定义的局部变量，对于嵌套函数 inner 来说，它是一个**外部的局部变量**。在这种情况下，我们称嵌套函数 inner 捕获了变量 num。嵌套函数 inner 及其捕获的变量 num 组成了闭包，如图 10-6 所示。

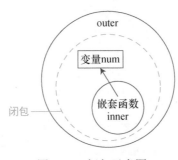

图 10-6　闭包示意图

由于 lambda 表达式相当于函数，如果将上面示例程序中的嵌套函数 inner 改为对应的 lambda 表达式，那么该 lambda 表达式也捕获了变量 num。该 lambda 表达式及其捕获的变量也是一个闭包。修改过后的函数 outer 如下：

```
func outer() {
    let num = 1
    return { => println(num)}
}
```

在**嵌套函数**或 **lambda 表达式**的定义中对于以下几种变量的访问，被称为变量捕获：

- 在嵌套函数或 lambda 表达式中访问了本嵌套函数或本 lambda 表达式之外定义的局部变量；
- 在嵌套函数的参数默认值中访问了本嵌套函数之外定义的局部变量；
- 在 class 类型及其扩展内定义的嵌套函数或 lambda 表达式中访问了 this；
- 在 struct 类型及其扩展内定义的嵌套函数或 lambda 表达式中访问了 this 或实例成员变量。

本节开头的示例就属于第一种情况：嵌套函数 inner 访问了本函数之外定义的局部变量 num。下面再看两个例子。

示例 1

```
func outer() {
    let num = 1

    // 在嵌套函数的参数默认值中访问了本嵌套函数之外定义的局部变量
    func inner(param!: Int64 = num) {
        println(param)
    }
}
```

示例 2

```
class TestClass {
    let num = 1

    func outer() {
        func inner() {
            println(num)   // 在class类型内定义的嵌套函数访问了实例成员变量（通过this）
        }
    }
}
```

在以上示例中嵌套函数 inner 捕获的并不是实例成员变量 num，而是其外围实例的引用，即 this。在类的内部访问实例成员变量 num 时，实际上访问的是 this.num，即 **this 所引用的当前实例**的成员变量 num，只不过在这里没有显式书写前缀 this。变量 num 不是一个直接变量，而是 this 的成员。因此，当 class 及其扩展中的嵌套函数或 lambda 表达式访问了实例成员变量或 this 时，捕获了 this。注意，被捕获的 this 相当于以 let 声明的不可变变量。

由于 class 是引用类型，struct 是值类型，因此 struct 的变量捕获规则与 class 稍有不同。当 struct 及其扩展中的嵌套函数或 lambda 表达式访问了 this 时，捕获的是 this；当访问的是实例成员变量时，捕获的是实例成员变量。

以下情形的变量访问**不属于变量捕获**：

■ 对本函数或本 lambda 表达式的局部变量（包括参数）的访问；

■ 对全局变量或静态成员变量的访问；

■ 在构造函数、实例成员函数或实例成员属性中对 this 的访问。

关于变量捕获的相关知识点，如图 10-7 所示。

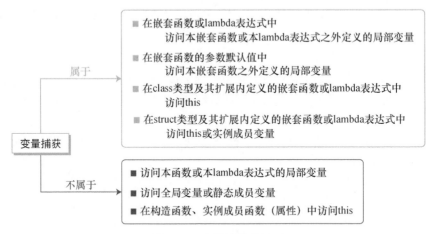

图 10-7 变量捕获的情形

变量的捕获发生在嵌套函数或 lambda 表达式定义时。因此，被捕获的变量必须在嵌套函数或 lambda 表达式定义时可见，并且已经完成初始化。以下是两个错误示例。

示例 3

```
func outer() {
    return { => println(num)}   // 编译错误，num不可见
    let num = 1
}
```

示例 4

```
func outer() {
    let num: Int64
    { => println(num)}   // 编译错误，num未完成初始化
}
```

## 10.4.2　闭包的工作原理和特点

闭包允许一个函数记住并访问它的静态作用域。静态作用域（也称词法作用域）是一种变量和函数作用域的决定机制，它根据源代码中变量和函数的声明位置来确定程序在运行时如何查找标识符（例如变量名、函数名）。在静态作用域的规则下，函数的作用域在函数定义时就已经确定了，而不是在函数被调用时确定。这意味着函数可以自由访问其自身作用域内的变量，以及其定义时所处的任何外部作用域中的变量。

闭包的存在依赖于静态作用域的规则。闭包允许一个函数访问该函数定义时所在作用域的变量，即使该函数脱离了其原始作用域也能够做到这一点。通俗地说，闭包"记住"了它被创

建时的环境。

请看以下代码。

```
class C {
    var counter: Int64

    init(counter: Int64) {
        this.counter = counter
    }
}

func outer() {
    let c = C(0)

    c.counter++
    println("c.counter: ${c.counter}")
}

main() {
    // 连续3次调用outer
    outer()
    outer()
    outer()
}
```

编译并执行以上代码，输出结果为：

```
c.counter: 1
c.counter: 1
c.counter: 1
```

在函数 outer 中定义了一个局部变量 c，它是一个 C 类的实例，其成员变量 counter 的初始值为 0。接着将 c 的成员变量 counter 的值增加 1，并输出 counter 的值。在 main 中，连续 3 次调用了函数 outer。

每当函数 outer 被调用并执行时，局部变量 c 便被实例化；当函数 outer 执行完毕后，c 的生命周期也随之终止，导致它被销毁，无法再被访问。在函数 outer 的每次调用过程中，均会重新创建并初始化一个新的局部变量 c，而随着函数执行完毕，这个变量就会被销毁。每次函数调用时创建的局部变量都是独立的，它们在函数调用结束后将被清理。因此，在 3 次连续调用时，counter 的值都从初始值 0 变为了 1。

注：从逻辑上说，变量 c 在函数执行完毕后将被销毁，但变量 c 不一定会被即时销毁，实际的销毁时机取决于编程语言的垃圾回收机制。不过从变量生命周期的角度看，我们可以认为该变量在函数执行完毕后即不再可用。

以上示例中没有发生变量捕获，如果局部变量 c 被函数 outer 内部的嵌套函数捕获，那么就是另一种情况了。修改上面的示例代码，修改过后的代码如下。

```
class C {
    // 代码略
}
```

```
func outer() {
    let c = C(0)

    func inner() {
        c.counter++  // 嵌套函数inner捕获了局部变量c
        println("c.counter: ${c.counter}")
    }
    inner  // 将inner作为outer的返回值
}

main() {
    let fn = outer()

    // 连续3次调用fn
    fn()
    fn()
    fn()
}
```

编译并执行以上代码，输出结果为：

```
c.counter: 1
c.counter: 2
c.counter: 3
```

在这个修改过后的示例中，函数 outer 内部的嵌套函数 inner 捕获了局部变量 c，嵌套函数 inner 及其捕获的变量 c 形成一个闭包。程序通过下面这行代码调用并执行了函数 outer，并将返回的 inner 赋给变量 fn。

```
let fn = outer()
```

接着通过 fn() 连续 3 次执行了 inner。在第 1 次调用 fn 时，函数 inner 将 c.counter 的值从 0 增加到 1；第 2 次调用时，由于闭包使得 inner 记住了 c 的当前状态（c.counter 值为 1），c.counter++ 操作将 c.counter 增加到 2；第 3 次调用亦是同理。

通过闭包，变量 c 在函数调用之间可以保持状态持久化。因为变量 c 不是在每次调用 fn 时重新初始化的，而是在函数 outer 首次被调用时初始化，并由闭包维持了状态。函数 inner 通过闭包机制"记住"了其创建时作用域中的变量 c 的状态，即使函数 outer 的执行上下文已经结束，闭包仍能访问和修改变量 c，变量 c 的生命周期被延长了。

当嵌套函数被返回并在外部函数的作用域外被调用时，即便外部函数已经执行结束，嵌套函数仍然能够访问外部函数的局部变量。这就是闭包的主要特点。

通过使用闭包，我们可以创建具有私有状态的函数，这在模块化编程和设计模式实现中非常有用。它允许我们封装和保护变量，防止其被外部作用域直接访问和修改，同时提供了操作这些变量的方法。

另外，**闭包会为每次函数调用创建独立的上下文环境。**

继续修改上面的示例代码（主要修改了 main）。修改过后的 main 如下：

```
main() {
    let fn1 = outer()
    let fn2 = outer()

    // 连续2次调用fn1
    fn1()
    fn1()

    // 连续2次调用fn2
    fn2()
    fn2()
}
```

再次编译并执行以上代码，输出结果为：

```
c.counter: 1
c.counter: 2
c.counter: 1
c.counter: 2
```

在 main 中，先调用并执行了 outer 一次，并将返回的 inner 赋给 fn1，然后又调用并执行了 outer 一次，并将返回的 inner 赋给 fn2。每次调用函数 outer 时将创建 c 的一个新实例，得到的是一个新的闭包。每个闭包能够独立地访问和修改其各自的 c 实例，也就是说，fn1 和 fn2 维护着各自的变量 c，如图 10-8 所示。

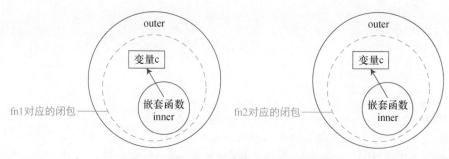

图 10-8　fn1 和 fn2 维护着各自的变量 c

### 10.4.3　使用限制和注意事项

当捕获的局部变量为使用关键字 let 声明的不可变变量时，闭包中的嵌套函数可以作为一等公民使用，包括作为变量值、作为实参和作为返回值，也可以作为表达式。但是，**当捕获的局部变量为使用关键字 var 声明的可变变量时，闭包中的嵌套函数只能被直接调用，不允许作为一等公民，也不允许作为表达式使用。**

例如，我们可以将本节开头的示例稍做修改，将变量 num 改为使用关键字 var 声明的可变变量，那么嵌套函数 inner 只能被调用，不能再作为函数的返回值，也不能作为表达式使用。

```
func outer() {
    var num = 1

    func inner() {
        println(num)
    }

    // 函数inner只能被调用，不能作为一等公民
    return inner   // 编译错误，不能作为返回值

    inner   // 编译错误，不能作为表达式使用

    inner()
}
```

还需要注意的一点是，**对变量的捕获具有传递性**。举例如下：

```
func outer() {
    var num = 1

    func inner1() {
        println(num)
    }

    func inner2() {
        inner1()
    }
}
```

函数 inner1 捕获了可变变量 num，函数 inner2 调用了函数 inner1，并且 num 不是定义在 inner2 中的，那么 inner2 也捕获了 num。此时，inner2 也不能作为一等公民使用。

在上面的示例代码中，如果把变量 num 和函数 inner1 的定义都放在 inner2 中，那么对 num 的捕获就没有传递到 inner2 中（因为对于 inner2 来说 num 不是外部的局部变量）。因此 inner2 没有捕获任何可变变量。此时，inner2 可以作为一等公民使用。

```
func outer() {
    // 函数inner2可以作为一等公民使用
    func inner2() {
        var num = 1

        func inner1() {
            println(num)
        }
    }
```

```
        inner1()
    }
}
```

## 10.5　函数重载决议

使用同一函数名对重载函数进行调用时，可能会出现同时存在多个函数的形参类型列表与实参类型列表相匹配的情况。这时，所有与实参类型列表匹配的函数构成一个候选集，至于究竟调用候选集中的哪个函数，则需要进行函数重载决议，如图 10-9 所示。

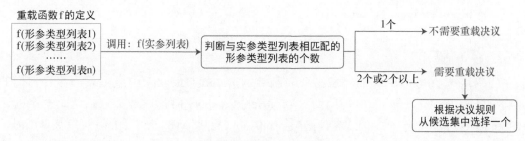

图 10-9　重载函数的调用过程

重载决议的规则如下。

- 当作用域级别**不同**时，优先选择级别高的作用域内的函数。在嵌套的表达式或函数中，越是内层的作用域级别越高。
- 当作用域级别**相同**时，优先选择**最匹配**的函数。对于函数 f 和 g 以及给定的实参，如果 f 可以被调用时 g 也总是可以被调用的，但反之不然，则称 f 比 g 更匹配。

需要注意的是，当分别定义在父类和子类中的两个函数在可见的作用域中构成重载时，两者的作用域级别是相同的。

示例 1

在代码清单 10-5 中，全局函数 printBookCategory（第 4 ～ 6 行）的作用域是全局的，而嵌套函数 printBookCategory（第 9 ～ 11 行）的作用域是局部的，两者在它们重叠的作用域（函数 outer）中构成重载。

在函数 outer 中调用函数 printBookCategory 时（第 13 行），候选集包括全局函数 printBookCategory(book: Fiction) 和嵌套函数 printBookCategory(book: Book)，函数重载决议选择作用域级别更高的嵌套函数。在 main 中调用函数 printBookCategory 时（第 18 行），只有全局函数是匹配的，不需要函数重载决议。

代码清单 10-5　test_overload_0.cj

```
01  open class Book {}
02  class Fiction <: Book {}
03
04  func printBookCategory(book: Fiction) {
```

```
05          println("小说")
06      }
07
08  func outer() {
09      func printBookCategory(book: Book) {
10          println("图书")
11      }
12
13      printBookCategory(Fiction())  // 调用嵌套函数printBookCategory
14  }
15
16  main() {
17      outer()  // 输出：图书
18      printBookCategory(Fiction())  // 调用全局函数printBookCategory，输出：小说
19  }
```

**示例 2**

在代码清单 10-6 中，两个同名的全局函数 printBookCategory 构成重载，并且它们的作用域级别是相同的。在 main 内调用函数 printBookCategory 时，候选集包括两个同名的函数 printBookCategory。对于给定的实参，函数 printBookCategory(book: Fiction) 可以被调用时，函数 printBookCategory(book: Book) 也总是可以被调用的（因为子类型天然是父类型），但反之不然，因此函数 printBookCategory(book: Fiction) 比 printBookCategory(book: Book) 更匹配，函数重载决议选择 printBookCategory(book: Fiction)。

代码清单 10-6　test_overload_1.cj

```
01  open class Book {}
02  class Fiction <: Book {}
03
04  func printBookCategory(book: Fiction) {
05      println("小说")
06  }
07
08  func printBookCategory(book: Book) {
09      println("图书")
10  }
11
12  main() {
13      let book = Fiction()
14      printBookCategory(book)  // 输出：小说
15  }
```

**示例 3**

示例代码见代码清单 10-7。在子类 Fiction 中，函数 printBookCategory(book: Book)（第 8 ~ 10 行）与 Fiction 从父类继承的函数 printBookCategory(book: Fiction)（第 2 ~ 4 行）构成重载，且两者的作用域级别是相同的。在 main 中通过 Fiction 类型的变量 book 调用函数 printBookCategory 时，提供的实参 Fiction() 是 Fiction 类型的，因此从父类继承的函数

printBookCategory(book: Fiction) 比函数 printBookCategory(book: Book) 更匹配，函数重载决议选择函数 printBookCategory(book: Fiction)。

代码清单 10-7　test_overload_2.cj

```
01  open class Book {
02      func printBookCategory(book: Fiction) {
03          println("小说")
04      }
05  }
06
07  class Fiction <: Book {
08      func printBookCategory(book: Book) {
09          println("图书")
10      }
11  }
12
13  main() {
14      let book = Fiction()
15      book.printBookCategory(Fiction())    // 输出：小说
16  }
```

注：要区分重写和重载的概念。子类对从父类继承的函数进行重写时，函数的参数类型列表是必须保持不变的；而同名函数构成重载时，同名函数的参数类型列表必须是不同的。

# 10.6　操作符重载函数

在第 3 章，我们学习了仓颉的部分常用操作符。每个操作符都有其适用的数据类型。例如，自增操作符 "++" 只能用于整数类型进行自增运算，逻辑操作符 "&&" 只能用于布尔类型进行逻辑运算。如果某个类型在默认情况下不支持某个操作符，那么可以在该类型上使用操作符重载函数（简称操作符函数）来重载该操作符，使得该类型的实例可以使用该操作符进行运算。

## 10.6.1　操作符重载的规则

操作符函数有两种定义方式。
- 直接定义在 class、struct、interface 和 enum 类型中。
- 通过扩展的方式为某个类型添加操作符函数。对于无法改变其实现的类型（例如第三方定义的自定义类型），只能通过扩展的方式实现操作符的重载。

仓颉不支持自定义操作符，只允许对部分操作符进行重载。所有可以被重载的操作符如表 10-1 所示，并且被重载的操作符不改变它们固有的优先级和结合性。

表 10-1　可以被重载的操作符

| 操作符 | 结合性 |
| --- | --- |
| [ ]（索引）、( )（函数调用） | 左结合 |
| !（逻辑非、按位取反）、-（负号） | 右结合 |
| **（乘方） | 右结合 |
| *（乘法）、/（除法）、%（取模） | 左结合 |
| +（加法）、-（减法） | 左结合 |
| <<（左移）、>>（右移） | 左结合 |
| <（小于）、<=（小于等于）、>（大于）、>=（大于等于） | 无 |
| ==（相等）、!=（不等） | 无 |
| &（按位与） | 左结合 |
| ^（按位异或） | 左结合 |
| \|（按位或） | 左结合 |

注：表格中的操作符自上往下按优先级从高到低排列，同一行的操作符优先级相同。

## 10.6.2　操作符重载函数的定义和使用

为某个类型定义一个以某操作符作为函数名的函数，即可在该类型上实现该操作符的重载。这样，在该类型的实例上使用该操作符时，系统将会自动调用这个操作符函数。

操作符函数被视作一种特殊的**实例成员函数**，因此**禁止**使用 static 修饰符。在定义操作符函数时，需要在关键字 func 前面添加 **operator 修饰符**，并且操作符函数的参数个数**必须**匹配对应操作符的要求。

另外，关于操作符函数，还需要注意以下两点：

■ 操作符函数只能定义在 class、struct、interface 和 enum 类型以及扩展中；

■ 操作符函数不能为泛型函数（见第 11 章）。

**1. 一元操作符的重载**

对于一元操作符，操作符函数没有形参，并且对返回值类型没有要求。

在代码清单 10-8 中，定义了一个用于包装布尔值的 struct 类型 BoolWrapper，该类型在默认情况下不支持"!"运算。为了让 BoolWrapper 支持"!"运算，我们定义了一个操作符函数"!"（第 16 ～ 18 行）。这样，当 BoolWrapper 的实例使用操作符"!"时，系统会自动调用相应的操作符函数。

在 main 中，首先创建了一个 BoolWrapper 的实例 wrapper1（第 22 行），接着在实例 wrapper1 上直接使用了一元操作符"!"（第 23 行），得到了一个反转了布尔值的 BoolWrapper 实例 wrapper2。

代码清单 10-8　operator_overload_0.cj

```
01   // 表示布尔值的包装器
02   struct BoolWrapper {
03       private let value: Bool
04
05       init(value: Bool) {
06           this.value = value
```

```
07          }
08
09      prop propValue: Bool {
10          get() {
11              value
12          }
13      }
14
15      // 对操作符 "!" 进行重载
16      operator func !(): BoolWrapper {
17          BoolWrapper(!value)
18      }
19  }
20
21  main() {
22      let wrapper1 = BoolWrapper(true)
23      let wrapper2 = !wrapper1
24      println("wrapper1:\n\tvalue: ${wrapper1.propValue}")
25      println("wrapper2:\n\tvalue: ${wrapper2.propValue}")
26  }
```

编译并执行程序，输出结果为：

```
wrapper1:
        value: true
wrapper2:
        value: false
```

### 2. 二元操作符的重载

对于二元操作符，操作符函数只有一个形参（表示右操作数），并且对返回值的类型没有要求。

在代码清单 10-9 中，定义了一个 struct 类型 Money，并且在该类型中定义了一个操作符函数 "+"（第 9 ~ 11 行）。这样，就可以在 Money 的实例上直接使用 "+" 进行运算了。在 main 中，首先创建了 Money 的两个实例 money1 和 money2（第 15、16 行），接着通过表达式 money1 + money2 计算出了两个实例的和（第 17 行）。

代码清单 10-9　operator_overload_1.cj

```
01  struct Money {
02      var amount: Int64
03
04      init(amount: Int64) {
05          this.amount = amount
06      }
07
08      // 对操作符 "+" 进行重载
09      operator func +(rhs: Money): Int64 {
10          amount + rhs.amount
11      }
12  }
13
```

```
14  main() {
15      let money1 = Money(8)
16      let money2 = Money(10)
17      println(money1 + money2)   // 输出：18
18  }
```

仓颉的 String 类型是一种 struct 类型，String 类型支持 "+" "*" 和 "[]" 这 3 个操作符的运算，原因是在 String 类型中定义了相应的操作符函数实现了对这 3 个操作符的重载。

在使用操作符函数对操作符实现重载时，如果在某个类型上重载了**除关系操作符之外的其他二元操作符**，并且**操作符函数的返回值类型与左操作数的类型一致或是其子类型**，那么**此类型支持对应的复合赋值操作符**。但是，如果操作符函数的返回值类型与左操作数的类型不一致且不是其子类型，那么此类型不支持对应的复合赋值操作符。

例如，以上示例中 Money 类型的操作符函数 "+" 的作用是对 Money 实例的金额求和，返回值类型为 Int64。而左操作数的类型为 Money，Int64 类型既不是 Money 类型也不是 Money 的子类型，因此 Money 类型不支持复合赋值操作符 "+="。

为了使 Money 类型支持操作符 "+="，我们可以修改一下代码清单 10-9 中的操作符函数 "+"，将其返回值类型改为 Money 类型，如代码清单 10-10 所示。

代码清单 10-10　operator_overload_2.cj

```
01  struct Money {
02      var amount: Int64
03
04      init(amount: Int64) {
05          this.amount = amount
06      }
07
08      // 对操作符 "+" 进行重载
09      operator func +(rhs: Money): Money {
10          Money(amount + rhs.amount)
11      }
12  }
13
14  main() {
15      let money1 = Money(8)
16      var money2 = Money(10)
17      money2 += money1   // Money 类型支持复合赋值操作符 "+="
18      println(money2.amount)   // 输出：18
19  }
```

## 10.7　mut 函数

第 6 章介绍了 struct 类型。struct 类型是一种值类型，在默认情况下，其实例成员函数无法修改实例本身（实例成员变量或实例成员属性）。要使 struct 类型的实例成员函数能够修改实例本身，可以在实例成员函数的关键字 func 前面加上修饰符 mut，使其成为 mut 函数。mut

函数是一种可以修改 struct 实例本身的特殊的**实例成员函数**。仓颉只允许在 struct、struct 的扩展和 interface 内定义 mut 函数。

## 10.7.1　struct 中的 mut 函数

如前所述，在默认情况下，struct 类型的实例成员函数无法修改实例本身，但可以通过 mut 函数使得实例成员函数能够修改实例成员变量（属性）。

下面的示例代码通过 mut 函数实现了 Money 类型的实例成员函数 setAmount 对实例成员变量 amount 的修改操作。

```
struct Money {
    var amount = 10

    mut func setAmount(amount: Int64) {
        this.amount = amount
    }
}

main() {
    var money = Money()
    println("修改前：${money.amount}")
    money.setAmount(30)
    println("修改后：${money.amount}")
}
```

编译并执行程序，输出结果为：

```
修改前：10
修改后：30
```

需要注意的是，在 mut 函数中，不能捕获 this 或实例成员变量，也不能将 this 作为表达式使用。

下面的示例代码在 struct 类型 Money 中定义了一个实例成员变量 amount。在非 mut 实例成员函数 testNotMut 中，可以在 lambda 表达式中捕获 this 和实例成员变量 amount，也可以将 this 作为表达式使用。而 mut 函数 testMut 的所有代码都会引发编译错误。

```
struct Money {
    var amount = 10    // 实例成员变量

    // 非mut函数
    func testNotMut(): Money {
        { => this}    // 在非mut函数中可以捕获this
        { => amount}    // 在非mut函数中可以捕获实例成员变量
        this    // 在非mut函数中，可以将this作为表达式使用
    }

    // mut函数
    mut func testMut(): Money {
```

```
        { => this}    // 编译错误: 在mut函数中, 不可以捕获this
        { => amount}  // 编译错误: 在mut函数中, 不可以捕获实例成员变量
        this  // 编译错误: 在mut函数中, 不可以将this作为表达式使用
    }
}
```

## 10.7.2　interface 中的 mut 函数

接口中定义的实例成员函数也可以使用 mut 修饰。

当 struct 类型实现了接口时，其中定义的实例成员函数必须保持一致的 mut 修饰，即既不能将接口中的 mut 函数实现为非 mut 函数，也不能将接口中的非 mut 函数实现为 mut 函数。当实现接口的类型不是 struct 类型时，接口中定义的实例成员函数在实现类型中不允许使用 mut 修饰，即无论接口中的实例成员函数是否为 mut 函数，都要实现为非 mut 函数。上述实现规则如表 10-2 所示。

表 10-2　接口中的 mut 函数和非 mut 函数的实现规则

| 实现接口的类型 接口中的实例成员函数 | mut 函数 | 非 mut 函数 |
|---|---|---|
| struct 类型 | 实现为 mut 函数 | 实现为非 mut 函数 |
| 非 struct 类型 | 实现为非 mut 函数 | 实现为非 mut 函数 |

对于接口中需要修改自身实例成员的实例成员函数，建议使用 mut 修饰，以便于 struct 类型及其扩展实现该接口。

在代码清单 10-11 中，struct 类型的 Money 实现了接口 Changeable，而且将接口 Changeable 中的 mut 函数 changeAmount 也实现为一个 mut 函数（第 8 ～ 11 行）。

代码清单 10-11　mut_function.cj

```
01  interface Changeable {
02      mut func changeAmount(): Unit
03  }
04
05  struct Money <: Changeable {
06      var amount = 10
07
08      // 实现接口中的mut函数
09      public mut func changeAmount() {
10          amount++
11      }
12  }
13
14  main() {
15      var money: Money = Money()
16      println("money.amount = ${money.amount}")  // 输出: money.amount = 10
17      money.changeAmount()
18      println("money.amount = ${money.amount}")  // 输出: money.amount = 11
19  }
```

在 main 中，首先声明了一个 Money 类型的变量 money，其值为一个 Money 实例（第 15 行）；接着通过 money.amount 访问了该 Money 实例的实例成员变量 amount，此时 amount 的值为 10（第 16 行）；然后通过变量 money 调用了 mut 函数 changeAmount（第 17 行），输出 money.amount 的值为 11（第 18 行）。由此可知，在实现了接口后，struct 类型的 mut 函数对 struct 实例可以正常进行修改操作。

### 10.7.3  mut 函数的使用限制

mut 函数在使用时有如下限制：

- 如果一个 struct 类型的变量是使用关键字 let 声明的，那么不能通过该不可变变量调用 struct 中的 mut 函数来修改实例成员；
- struct 类型的变量只能调用该 struct 类型中的 mut 函数，而不能将 mut 函数作为一等公民来使用；
- 非 mut 实例成员函数、嵌套函数（包括 lambda 表达式）不能调用所在类型的 mut 函数，反之可以。

示例 1

```
struct Money {
    var amount = 10

    mut func changeAmount() {
        amount++
    }
}

main() {
    let money = Money()
    money.changeAmount()    // 编译错误，money是不可变变量，不能调用mut函数changeAmount
}
```

以上示例中的变量 money 是不可变变量。作为不可变变量，money 中存储的 struct 实例作为一个整体不能发生任何变化，因此不能通过 money 调用 struct 中的 mut 函数来修改成员变量 amount。

示例 2

```
interface Changeable {
    mut func changeAmount(): Unit
}

struct Money <: Changeable {
    var amount = 10

    public mut func changeAmount() {
        amount++
    }
}
```

```
main() {
    var money: Money = Money()
    money.changeAmount()    // money可以调用mut函数changeAmount

    // 编译错误，money是struct类型，不能将mut函数changeAmount作为一等公民
    let ca1 = money.changeAmount

    var changeable: Changeable = Money()
    let ca2 = changeable.changeAmount    // 编译通过
}
```

在以上示例中，变量 money 是 struct 类型，因此 money 只能调用 mut 函数 changeAmount，而不能将函数 changeAmount 作为一等公民来使用。而变量 changeable 是 Changeable 类型，可以将函数 changeAmount 作为一等公民来使用。

示例 3

```
struct Money {
    var amount = 10

    mut func changeAmount() {
        amount++
        printAmount()    // mut函数可以调用所在类型的非mut实例成员函数
    }

    func printAmount() {
        println(amount)
    }

    func decideAmount() {
        if (amount < 8) {
            changeAmount()    // 编译错误，非mut实例成员函数不能调用所在类型的mut函数
        }
    }
}
```

在以上示例中，struct 类型 Money 中定义了一个 mut 函数 changeAmount 以及两个非 mut 实例成员函数 printAmount 和 decideAmount。mut 函数 changeAmount 可以调用非 mut 函数 printAmount，但非 mut 函数 decideAmount 不能调用 mut 函数 changeAmount。

## 10.8　函数类型的子类型关系

在仓颉中，函数是一等公民，函数类型也有子类型关系。对于**函数类型 A** 和**函数类型 B**，如果以下条件同时成立，那么 A 类型是 B 类型的子类型（A <: B）。
- A 和 B 的参数个数相同；
- A 的所有参数类型都是 B 的对应位置参数类型的父类型；
- A 的返回值类型是 B 的返回值类型的子类型。

例如，给定两个函数类型 (U1) -> S2 和 (U2) -> S1，若 U2 <: U1 且 S2 <: S1（注意顺序），则 (U1) -> S2 <: (U2) -> S1，如图 10-10 所示。

图 10-10　函数类型的子类型关系示意图

下面看一个示例。

```
open class U1 {}
class U2 <: U1 {}

open class S1 {}
class S2 <: S1 {}

// 函数 g 的类型为 (U2) -> S1
func g(a: U2): S1 {
    S1()
}

// 函数 f 的类型为 (U1) -> S2, f 的类型为 g 的子类型
func f(a: U1): S2 {
    S2()
}

// 函数 call 的形参类型为 (U2) -> S1
func call(x: (U2) -> S1): S1 {
    x(U2())
}

main() {
    call(g)  // 可以调用, g 的类型完全匹配形参的类型
    call(f)  // 可以调用, f 的类型是 g 的子类型, 子类型天然是父类型
    ()
}
```

在以上示例代码中，定义了两个函数 g 和 f，g 的类型为 (U2) -> S1，f 的类型为 (U1) -> S2。由于 U2 <: U1 且 S2 <: S1，因此 f 的类型为 g 的子类型。根据子类型多态的相关知识（7.3 节），在程序中调用函数 call 时，传递的实参既可以是 g，也可以是 f。

## 10.9　调用函数时的语法糖

本节将介绍调用函数时的 3 种语法糖。所谓语法糖，指的是编程语言中的某种语法，这种语法对语言的功能并没有什么影响，但是更方便开发人员使用。简单理解就是在不改变代码功能的情况下，通过改变代码的写法，让代码更"甜蜜"（更简洁、更方便）。

### 10.9.1　尾随 lambda

在调用函数时，如果传入的最后一个实参是 lambda 表达式，就可以使用尾随 lambda 这种语法糖，将 lambda 表达式放在函数调用的尾部、圆括号的外面。举例如下：

```
func printOpResult(a: Int64, b: Int64, operation: (Int64, Int64) -> Int64) {
    println(operation(a, b))
}

main() {
    printOpResult(5, 3, {a, b => a + b})   // 通常的函数调用语法
    printOpResult(5, 3) {a, b => a + b}    // 尾随lambda语法糖
}
```

函数 printOpResult 的第 3 个形参的类型为 (Int64, Int64) -> Int64。在 main 中调用函数 printOpResult 时，第 1 次使用的是通常的函数调用语法，第 2 次调用时使用的是尾随 lambda 语法糖。这 2 种调用方式的运行结果是完全相同的。

在调用函数时，如果传入的实参只有一个 lambda 表达式，还可以省略 ()。举例如下：

```
func printOpResult(operation: (Int64) -> Int64) {
    println(operation(10))
}

main() {
    printOpResult({i => i * i})    // 通常的函数调用语法
    printOpResult() {i => i * i}   // 尾随lambda语法糖
    printOpResult {i => i * i}     // 尾随lambda语法糖，省略了()
}
```

当 lambda 表达式作为尾随 lambda 时，如果该 lambda 表达式没有参数，符号"=>"可以省略。举例如下：

```
func perfromTask(completion: () -> Unit) {
    println("正在执行任务...")
    completion()
}

main() {
    // 没有参数的lambda表达式作为尾随lambda，省略了"=>"
    perfromTask {println("任务执行完毕！")}
}
```

### 10.9.2　flow 表达式

flow 表达式由流操作符和操作数构成。流操作符有 pipeline 操作符"|>"和 composition 操作符"~>"，构成的表达式分别对应 pipeline 表达式和 composition 表达式。这两个流操作符都是左结合的。

**1．pipeline 表达式**

使用 pipeline 表达式可以简化描述对输入数据的一系列处理操作。pipeline 表达式的语法

格式如下：

```
e1 |> e2
```

其中，e2 是函数类型的表达式，它可以是**函数名**或 **lambda 表达式**；e1 的类型必须是 e2 的形参类型的子类型。

以上 pipeline 表达式等价于以下代码：

```
let v = e1
e2(v)
```

下面来看一个示例。

```
// 将年份数转换为月份数
func yearsToMonths(years: UInt64) {
    years * 12
}

// 将月份数转换为天数，假设平均每个月有30.5天
func monthsToDays(months: UInt64) {
    Float64(months) * 30.5
}

main() {
    let age: UInt64 = 18
    let result = age |> yearsToMonths |> monthsToDays
    println(result)  // result为6588.0
}
```

以上示例首先定义了两个函数：用于将年份数转换为月份数的函数 yearsToMonths；用于将月份数转换为天数的函数 monthsToDays。然后，在 main 中，使用 pipeline 操作符编写了一个 pipeline 表达式 age |> yearsToMonths |> monthsToDays，该表达式等价于以下代码：

```
let temp = yearsToMonths(age)
let result = monthsToDays(temp)
```

在上面的 pipeline 表达式中，yearsToMonths 和 monthsToDays 相当于两个 pipeline（管道），age 作为管道 yearsToMonths 的输入，产生的输出再作为管道 monthsToDays 的输入，最后产生输出 result，如图 10-11 所示。

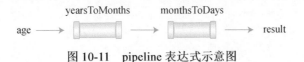

图 10-11 pipeline 表达式示意图

### 2. composition 表达式

使用 composition 表达式可以将两个单参函数组合起来。composition 表达式的语法格式如下：

```
f ~> g
```

其中，f 和 g 均为只有一个形参的函数类型的表达式；f 的返回值类型是 g 的形参类型的子类

型。表达式 f ~> g 将函数类型的 f 和 g 组合为了一个 lambda 表达式，该表达式等价于以下代码：

```
{x => g(f(x))}
```

我们可以将上面的 pipeline 表达式改写为 composition 表达式，代码如下：

```
main() {
    let age: UInt64 = 18
    let compo = yearsToMonths ~> monthsToDays
    let result = compo(age)
    println(result)   // result为6588.0
}
```

在 main 中，使用 composition 操作符编写了一个 composition 表达式 yearsToMonths ~> monthsToDays，将函数类型的 yearsToMonths 和 monthsToDays 组合为一个 lambda 表达式，然后以 age 作为实参调用该 lambda 表达式。该 composition 表达式相当于通过函数的组合将管道 yearsToMonths 和 monthsToDays 组合为一个新的管道，再将 age 作为新管道的输入，产生的输出是 result，如图 10-12 所示。

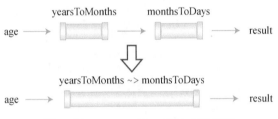

图 10-12　composition 表达式示意图

### 10.9.3　变长参数

在调用函数时，还可以使用变长参数这种语法糖。如果函数形参中最后一个非命名参数是 Array 类型（见第 12 章），那么在调用函数时对应位置的实参可以直接传入 0 个或多个参数组成的序列来代替 Array 字面量。举例如下：

```
// 根据数组arr中指定的索引index1和index2计算对应元素的和
func printSum(index1: Int64, arr: Array<Int64>, index2!: Int64) {
    if (index1 < 0 || index1 > arr.size || index2 < 0 || index2 > arr.size) {
        println("索引越界")
        return
    }
    println(arr[index1] + arr[index2])
}

main() {
    // 相当于调用printSum(0, [5, 3, 7], index2: 2)
    printSum(0, 5, 3, 7, index2: 2)   // 输出：12

    // 相当于调用printSum(1, [], index2: 3)
```

```
    printSum(1, index2: 3)   // 输出: 索引越界
}
```

函数 printSum 的最后一个非命名参数的类型是 Array<Int64>。第 1 次调用函数 printSum 时为形参 arr 传入了实参 5、3 和 7，相当于传入了实参 [5, 3, 7]。第 2 次调用函数 printSum 时没有为形参 arr 传入实参，相当于传入了实参 []。在这两次调用函数时，参数传递的对应关系如图 10-13 所示。

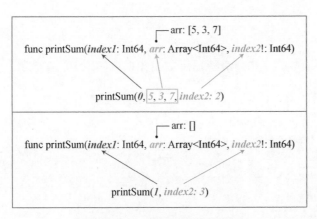

图 10-13  变长参数的传递

函数重载决议总是会优先选择不使用变长参数就能匹配的函数。举例如下：

```
func fn(num: Int64) {
    println("num = ${num}")
}

func fn(arr: Array<Int64>) {
    println("arr = ${arr}")
}

main() {
    fn(18)   // 输出: num = 18
}
```

两个函数 fn 构成了重载。在调用函数 fn(18) 时，两个函数 fn 都是匹配的，并且函数 fn(arr: Array<Int64>) 的调用使用了变长参数。因此，函数重载决议会优先选择不使用变长参数就能匹配的函数 fn(num: Int64)。

当无法进行重载决议时，编译器会报错。举例如下：

```
func fn(arr: Array<Int64>) {
    println("arr = ${arr}")
}

func fn(num: Int64, arr: Array<Int64>) {
    println("arr = ${arr}")
}
```

```
main() {
    fn(1, 2, 3)  // 编译错误，函数重载决议失败
}
```

以上示例中的两个函数 fn 构成了重载。在调用函数 fn(1, 2, 3) 时，两个函数 fn 都使用了变长参数，并且都是匹配的。编译器无法进行重载决议，从而导致编译错误。

# 10.10　小结

本章主要介绍了函数的一些高级特性，主要知识点如图 10-14 所示。

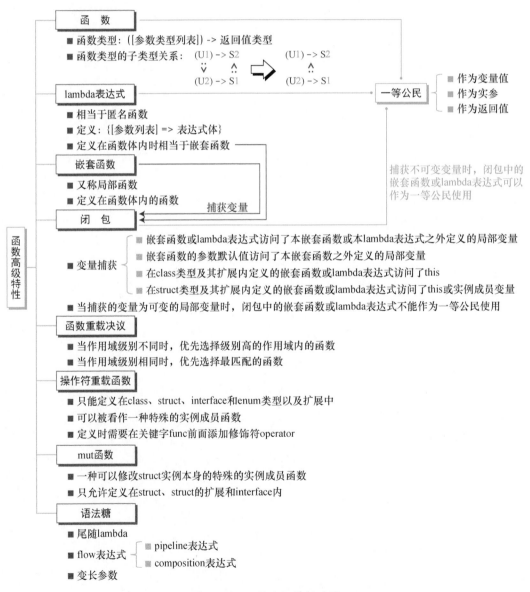

图 10-14　函数高级特性小结

# 第 11 章
# 泛 型

## 11.1 概述

泛型指的是参数化类型，参数化类型是一个在定义时未知但需要在使用时指定的类型。在仓颉中，**函数定义**和**类型定义**都可以是泛型的。

典型的泛型示例就是第 12 章将要介绍的各种 Collection 类型。动态数组（ArrayList 类型）就是一种基础的 Collection 类型。动态数组用于存储一组同一类型的数据，不过其存储的数据可能是各种类型的。例如，一组分数对应一组数值，一份名单对应一组字符串，等等。总之，在使用动态数组存储数据时，需要存放各种不同类型的数据，但只有到使用时才能知道具体是哪种类型，并且不可能定义所有类型的数组。因此仓颉将动态数组定义为 ArrayList<T>，其中的 T 可以是任意类型，这样就允许我们在使用 ArrayList 时才为其指定明确的类型。

可以这样理解**参数化类型**（**泛型**），它与函数的参数类似（见图 11-1）。

■ 对于函数，在定义函数时使用**形参**作为占位符，在调用函数时给形参传递相应的**实参**。

■ 对于泛型函数或泛型类型，在**定义**泛型函数或泛型类型时，使用类型标识符（类型形参）来表示未知的类型，在**调用泛型函数**或**实例化泛型类型**时，为类型标识符传递具体的类型（类型实参）。

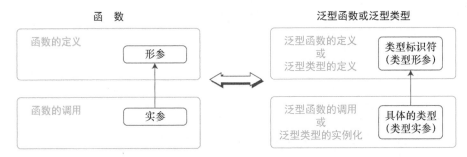

图 11-1 泛型的概念

泛型类型 ArrayList<T> 定义在标准库的 collection 包中，其定义如图 11-2 所示。

图 11-2 ArrayList 的定义

下面为 ArrayList<T> 中的类型形参 T 传递类型实参 Int64，并创建一个实例，代码如下：

```
from std import collection.ArrayList   // 导入标准库collection包中的ArrayList类

main() {
    let arrList = ArrayList<Int64>()   // 类型实参为Int64
}
```

在 ArrayList<T> 的定义中，用于指定类型的 T 被称作类型形参，它必须是一个合法的标识符，一般使用 T（因为 type 的首字符为 t），当然也可以使用其他标识符。例如 HashMap<K, V> 中就分别使用 K 和 V 作为键和值的类型形参（HashMap 也是一种 Collection 类型）。类型形参在声明时放在类型名称或函数名称之后，使用一对尖括号 "<>" 括起来，多个类型形参之间以逗号作为分隔符。

在声明类型形参后，就可以通过类型形参的标识符来引用这些类型，这些标识符被称作类型变元。例如，在上面 ArrayList<T> 的定义中，成员函数 set 的参数 element 的类型为 T，这个 T 就是对类型形参 T 的引用，因此 "element: T" 中的 T 就是类型变元。

在以上示例代码中，创建了一个 ArrayList 实例 arrList，其类型为 ArrayList<Int64>，其中传入的类型 Int64 被称作类型实参。像 ArrayList、HashMap 这种需要若干个类型作为实参的类型又被称作类型构造器。

## 11.2 泛型函数

如果一个函数定义了一个或多个类型形参，则将该函数称为泛型函数。在仓颉中，如图 11-3 所示的函数可以是泛型的。

图 11-3 泛型函数

需要注意的是，如果自定义类型的实例成员函数具有 open 语义，那么该函数不可以是泛型的。这样的函数如图 11-4 所示。

图 11-4 自定义类型中具有 open 语义的实例成员函数

在定义泛型函数时，只需要在函数名后使用尖括号定义类型形参列表，然后就可以在函数形参类型、返回值类型以及函数体中对定义的类型形参进行引用了。在**调用泛型函数**时，每一个类型形参都必须获得具体的类型实参。类型形参获得类型实参的方式有两种：

- 在代码中显式指明类型实参；
- 缺省类型实参，交由编译器自动推断。

示例 1

下面的示例代码中定义了一个全局泛型函数 getMiddleElem<T>，用于获取指定 ArrayList 的中间元素。

注：与元组类似，对于动态数组 arrList，使用下标语法 arrList[idx] 可以获取 arrList 指定索引位置 idx 处的元素。ArrayList 元素的索引也类似于元组元素的索引，第 1 个元素的索引为 0，第 2 个元素的索引为 1，以此类推。arrList.size 表示 arrList 中包含的元素的个数，arrList 的元素索引取值范围为 0～arrList.size - 1。

```
from std import collection.ArrayList

// 定义全局泛型函数，用于获取指定 ArrayList 的中间元素
func getMiddleElem<T>(arrList: ArrayList<T>): ?T {
    if (arrList.isEmpty()) {   // 判断 arrList 是否为空
        None
    } else {
        arrList[arrList.size / 2]
    }
}

main() {
    // 创建一个 ArrayList 实例，其中包含 5 个 Int64 类型的字面量
    let arrList1 = ArrayList<Int64>([1, 2, 3, 4, 5])

    // 调用全局泛型函数 getMiddleElem<T>，显式指明类型实参
    let opResult1 = getMiddleElem<Int64>(arrList1)
    if (let Some(result) <- opResult1) {
        println("中间元素为: ${result}")
    }

    // 创建一个 ArrayList 实例，其中包含 4 个 String 类型的字面量
    let arrList2 = ArrayList<String>(["手机", "电脑", "手表", "耳机"])

    // 调用全局泛型函数 getMiddleElem<T>，缺省类型实参，交由编译器自动推断
    let opResult2 = getMiddleElem(arrList2)
    if (let Some(result) <- opResult2) {
        println("中间元素为: ${result}")
    }
}
```

在 main 中调用了函数 getMiddleElem 两次，第 1 次调用时显式指明了类型实参为 Int64，第 2 次调用时缺省了类型实参，交由编译器自动推断。

编译并执行以上代码，输出结果为：

```
中间元素为: 3
中间元素为: 手表
```

示例 2

以下示例代码在 class 类型 ArrayListUtil 中定义了一个静态泛型函数 getMiddleElem<T>。

```
from std import collection.ArrayList

open class ArrayListUtil {
    // 定义静态泛型函数
    static func getMiddleElem<T>(arrList: ArrayList<T>): ?T {
```

```
            if (arrList.isEmpty()) {
                None
            } else {
                arrList[arrList.size / 2]
            }
        }
    }
```

如果把修饰符 static 换成 public open（或 protected open），则会导致编译错误，因为 class 类型中被 open 修饰的实例成员函数不能是泛型函数。因此，当 class 类型的实例成员函数是泛型函数时，它不能被该类的子类重写（只有具有 open 语义的实例成员函数才能被重写）。

# 11.3 泛型类型

在定义 class、struct、enum 或 interface 类型时都可以定义类型形参。也就是说，这些类型都可以是泛型的，如图 11-5 所示。

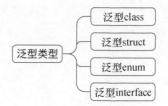

图 11-5 泛型类型

在**定义各种泛型类型**时，只需要在类型名后使用尖括号定义类型形参列表，然后就可以在自定义类型的定义体中对定义的类型形参进行引用了。在**实例化各种泛型类型**时，每一个类型形参都必须获得具体的类型实参。类型形参获得类型实参的方式有两种：
- 在代码中显式指明类型实参；
- 缺省类型实参，交由编译器自动推断。

## 11.3.1 泛型 class

以下示例代码定义了一个泛型类 Pair<K, V>。在 main 中，对 Pair<K, V> 类进行了两次实例化。第 1 次实例化时，显式指明了类型实参分别为 String 和 UInt8。第 2 次实例化时缺省了类型实参，而是交由编译器自动推断，编译器根据 "图解仓颉编程" 和 "刘玥 张荣超" 推断出类型形参 K 和 V 获得的类型实参都是 String。

```
class Pair<K, V> {
    var key: K
    var value: V

    init(key: K, value: V){
        this.key = key
```

```
            this.value = value
        }
    }

main() {
    // 实例化泛型类时，显式指明类型实参
    let pair1 = Pair<String, UInt8>("语文", 98)
    println("pair1:\n key:${pair1.key}，value:${pair1.value}")

    // 实例化泛型类时，缺省类型实参，交由编译器自动推断
    let pair2 = Pair("图解仓颉编程", "刘玥 张荣超")
    println("pair2:\n key:${pair2.key}，value:${pair2.value}")
}
```

编译并执行以上代码，输出结果为：

```
pair1:
 key:语文，value:98
pair2:
 key:图解仓颉编程，value:刘玥 张荣超
```

若父类是泛型类，而子类是非泛型类，在定义子类时**必须**为父类的每一个类型形参传递类型实参，否则会引发编译错误。举例如下：

```
open class Pair<K, V> {
    var key: K
    var value: V

    init(key: K, value: V){
        this.key = key
        this.value = value
    }
}

class CityProvincePair <: Pair<String, String> {
    init(city: String, province: String) {
        super(city, province)
    }
}

main() {
    let cpPair1 = CityProvincePair("南京", "江苏省")
    println("cpPair1:\n city:${cpPair1.key}，province:${cpPair1.value}")

    let cpPair2 = CityProvincePair("杭州", "浙江省")
    println("cpPair2:\n city:${cpPair2.key}，province:${cpPair2.value}")
}
```

编译并执行以上代码，输出结果为：

```
cpPair1:
 city:南京，province:江苏省
```

```
cpPair2:
 city: 杭州, province: 浙江省
```

若父类和子类都是泛型类，在定义子类时不必传入类型实参。子类使用的类型形参标识符也不必和父类一样，不过子类的类型形参个数要和父类保持一致。但是，在**实例化**子类时，类型形参必须要获得类型实参。举例如下：

```
open class Pair<K, V> {
    var key: K
    var value: V

    init(key: K, value: V){
        this.key = key
        this.value = value
    }
}

// 泛型子类使用的类型形参标识符不必和父类一样，但个数要和父类保持一致
class MyPair<U, V> <: Pair<U, V> {
    init(myKey: U, myValue: V) {
        super(myKey, myValue)
    }
}

main() {
    // 显式指明了类型实参
    let myPair1 = MyPair<String, String>("爱好", "乒乓球")
    println("myPair1: \n myKey:${myPair1.key}, myKey:${myPair1.value}")

    // 缺省类型实参，交由编译器自动推断
    let myPair2 = MyPair("年龄", 18)
    println("myPair2: \n myKey:${myPair2.key}, myValue:${myPair2.value}")
}
```

编译并执行以上代码，输出结果为：

```
myPair1:
 myKey: 爱好, myKey: 乒乓球
myPair2:
 myKey: 年龄, myValue: 18
```

总之，当**实例化**各种泛型类型时，每一个类型形参必须要获得具体的类型实参。

## 11.3.2 泛型 struct

泛型 struct 与泛型 class 是类似的，只不过 struct 类型不存在继承关系。以下是一个泛型 struct 的示例。

```
from std import collection.ArrayList
```

```
struct Box<T> {
    var item: T

    init(item: T) {
        this.item = item
    }
}

main() {
    let box1 = Box<String>("手机")    // 显式指明类型实参
    println("box1.item：${box1.item}")

    let arrList = ArrayList<String>(["牙刷", "肥皂", "洗发水"])
    // 缺省类型实参，交由编译器自动推断，box2 的类型被推断为 Box<ArrayList<String>>
    let box2 = Box(arrList)
    println("box2.item：${box2.item}")
}
```

编译并执行以上代码，输出结果为：

```
box1.item：手机
box2.item：[牙刷, 肥皂, 洗发水]
```

### 11.3.3　泛型 enum

在仓颉中，有一个广泛使用的泛型 enum 类型：Option<T> 类型。Option<T> 类型的定义如下：

```
public enum Option<T> {
    | Some(T) | None

    public func getOrThrow(): T {
        match(this) {
            case Some(v) => v
            case None => throw NoneValueException()    // 抛出异常
        }
    }

    // 其他成员略
}
```

Option<T> 用于表示类型 T 的值可能存在，也可能不存在。当值存在时，就使用构造器 Some 将这个值包装起来；当值不存在时，就用 None 表示。Option<T> 中的函数 getOrThrow 用于匹配当前的 enum 实例，当它不是 None 时就将 Some 包装的值取出来并返回，当它是 None 时直接抛出异常。

当然，我们也可以自定义泛型 enum。以下是一个泛型 enum 的示例。

```
enum OperationResult<T> {
    | Success(T)
    | Failure(T)
```

```
    }

main() {
    // 显式指明类型实参；opResult1的类型为OperationResult<UInt8>
    let opResult1 = Success<UInt8>(100)

    // 缺省类型实参，交由编译器自动推断；opResult2的类型为OperationResult<String>
    let opResult2 = Failure("3次")
}
```

## 11.3.4 泛型 interface

当非泛型类型实现或继承泛型接口时，必须为泛型接口的每个类型形参传递类型实参；当泛型类型实现或继承泛型接口时，不必为泛型接口的类型形参传递类型实参。

以下是一个泛型类型实现泛型接口的例子。

```
from std import collection.ArrayList

interface Searchable<T> {
    func getMiddleElem(): ?T
}

// 泛型类型List<T>实现泛型接口Searchable<T>，类型形参无须获得类型实参
struct List<T> <: Searchable<T> {
    var arrList: ArrayList<T>

    init(arrList: ArrayList<T>) {
        this.arrList = arrList
    }

    // 获取ArrayList的中间元素
    public func getMiddleElem(): ?T {
        if (arrList.isEmpty()) {
            None
        } else {
            arrList[arrList.size / 2]
        }
    }
}

main() {
    let arrList = ArrayList<Int64>([1, 2, 3, 4, 5])

    // 实例化泛型类型，缺省类型实参，交由编译器自动推断
    let list = List(arrList)
    let opResult = list.getMiddleElem()
    if (let Some(result) <- opResult) {
        println("中间元素为: ${result}")
    }
}
```

编译并执行以上程序，输出结果为：

中间元素为：3

### 11.3.5　泛型类型的子类型关系

如果泛型类型间存在子类型关系，那么在获得类型实参之后子类型关系仍然成立。例如，对于以下的泛型接口 I<T> 和泛型类 C<T>：

```
interface I<T> {}
class C<T> <: I<T> {}
```

子类型关系 C<T> <: I<T> 成立。因此，在获得类型实参之后我们可以得到众多子类型关系。例如，C<Bool> <: I<Bool>、C<Int64><: I<Int64> 等。

泛型类型的子类型关系如图 11-6 所示。其中，C、C1 和 C2 表示类名，I、I1 和 I2 表示接口名，S 和 E 分别表示 struct 名和 enum 名。

| | 子类型关系 | 示　例 |
|---|---|---|
| 继承带来的子类型关系 | C2<T> <: C1<T> | C2<Bool> <: C1<Bool> |
| | I2<T> <: I1<T> | I2<Int64> <: I1<Int64> |
| 实现接口带来的子类型关系 | C<T> <: I<T> | C<String> <: I<String> |
| | S<T> <: I<T> | S<UInt8> <: I<UInt8> |
| | E<T> <: I<T> | E<Float64> <: I<Float64> |

图 11-6　泛型类型的子类型关系

但是，对于以下的泛型接口 I<T>、泛型类 C<T>、Base 类和 Sub 类：

```
interface I<T> {}
class C<T> {}

open class Base {}
class Sub <: Base {}
```

由子类型关系 Sub <: Base，无法得到子类型关系 I<Sub> <: I<Base> 和 C<Sub> <: C<Base>。虽然 Sub 是 Base 的子类型，但是 I<Sub> 不是 I<Base> 的子类型，C<Sub> 也不是 C<Base> 的子类型，如图 11-7 所示。

图 11-7　不成立的子类型关系

举例如下：

```
from std import collection.ArrayList
```

```
open class Book {}
class Fiction <: Book {}

func printCount(books: ArrayList<Book>) {
    println("共有${books.size}本图书")
}

main() {
    let books = ArrayList<Fiction>([Fiction(), Fiction()])
    printCount(books)  // 编译错误，ArrayList<Fiction>不是ArrayList<Book>的子类型
}
```

尽管 Fiction 是 Book 的子类型，但 ArrayList<Fiction> 不是 ArrayList<Book> 的子类型。当把 ArrayList<Fiction> 类型的实参传递给 ArrayList<Book> 类型的形参时，导致了编译错误。

### 11.3.6 类型别名

使用关键字 type 可以为仓颉的任意一个已有的数据类型定义别名，其语法格式为：

> **type** 类型别名 = 数据类型名

定义好别名之后，在任何使用该数据类型的地方都可以使用该类型别名。类型别名仅仅是已有的数据类型的另外一个名字，它并不会定义一个新的数据类型。类型别名和已经存在的数据类型被视作同一个类型。

例如，仓颉已经为内置类型 Int64 定义了别名 Int，在代码中可以直接使用 Int 代替 Int64。

```
main() {
    let num: Int = 10  // 使用Int64的类型别名Int
}
```

类型别名只能定义在仓颉源文件的顶层。举例如下：

```
type I32 = Int32  // 为Int32定义类型别名I32

main() {
    let num: I32 = 10  // 使用Int32的类型别名I32
    type I16 = Int16   // 编译错误，类型别名必须定义在源文件的顶层
}
```

使用关键字 type 也可以为已有的泛型类型定义类型别名，其中可以包含类型形参列表。举例如下：

```
from std import collection.ArrayList

struct PairBox<T, U> {
    var item1: T
    var item2: U

    init(item1: T, item2: U) {
```

```
        this.item1= item1
        this.item2= item2
    }
}

// 为PairBox<T, U>定义类型别名PB<T, U>
type PB<T, U> = PairBox<T, U>

main() {
    let accessories = ArrayList<String>(["耳机", "优盘", "数据线"])

    // 使用类型别名PB<T, U>；缺省类型实参，交由编译器自动推断
    let pb = PB("电脑", accessories)
    println("${pb.item1}-${pb.item2}")   // 输出：电脑-[耳机, 优盘, 数据线]
}
```

## 11.4　泛型约束

泛型约束是指**为类型形参添加的约束**，它的作用是明确类型形参所具备的操作与能力。泛型约束主要是通过子类型约束（尤其是接口约束）来实现的，它指的是约束类型形参满足一个或多个子类型关系（包括约束类型形参实现一个或多个接口）。当每一个类型形参获得类型实参时，获得的类型实参必须满足泛型约束，如图 11-8 所示。

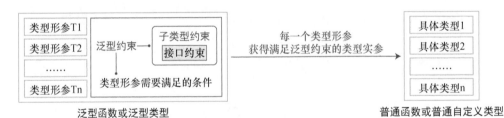

图 11-8　泛型约束

下面的示例定义了一个泛型函数 fn<T>，在函数体中输出参数 param 的值，结果编译报错了，因为参数 param 的类型 T 与 println 函数对参数类型的要求不匹配。

```
func fn<T>(param: T) {
    println(param)   // 编译错误，参数param的类型T与println函数对参数类型的要求不匹配
}
```

仓颉提供了一个 ToString 接口，该接口中只有一个成员函数 toString，用于将实例转换为字符串，如下所示：

```
public interface ToString {
    // 将实例转换为字符串
    func toString(): String
}
```

　　println 函数要求参数的类型必须实现 ToString 接口。当执行 println(param) 时，系统会首先调用 param 的函数 toString，将 param 转换为字符串，然后输出。当 param 的类型没有实现 ToString 接口时，就会编译报错。因此，对于任何类型 T，只有满足 T <: ToString，才可以使用 println 输出 T 类型的实例。仓颉中的所有数值类型、基础 Collection 类型都实现了 ToString 接口，所以可以使用 println 进行输出。

　　对于以上泛型函数 fn<T>，我们可以为其类型形参 T 添加泛型约束，使得 T 类型的实例可以通过 println 输出。泛型约束通过关键字 where 实现，添加在泛型函数函数体或泛型类型定义体的左花括号之前。修改过后的代码如下：

```
// 通过where添加泛型约束，约束类型形参T必须实现ToString接口
func fn<T>(param: T) where T <: ToString {
    println(param)
}
```

　　通过**接口约束**，实现了泛型约束。为类型形参 T 添加了接口约束之后，在调用泛型函数 fn<T> 时，类型形参获得的类型实参必须要满足接口约束的要求，否则将会报错。

　　举例如下：

```
// 泛型函数 fn<T>的代码略

class C {}

main() {
    fn<String>("图解仓颉编程")  // 输出：图解仓颉编程
    fn<C>(C())  // 编译错误
}
```

　　在 main 中两次调用上面的泛型函数 fn<T> 时，第一次传入的类型实参为 String，String 类型实现了 ToString 接口，程序不会报错；第二次传入的类型实参为自定义类型 C，而 C 类型没有实现 ToString 接口，因此引发了编译错误。

　　再看一个泛型 enum 的例子。第 8 章介绍了使用 match 表达式对 enum 值进行模式匹配的方法。由于在 enum 类型中可以定义成员函数，因此可以将模式匹配的工作放在 enum 类型中完成。通过在 enum 类型中定义成员函数来完成模式匹配，在 enum 类型之外只需要通过 enum 实例调用成员函数就可以了。

　　下面的示例代码定义了一个名为 OperationResult 的泛型 enum，其类型形参 T 必须满足 T <: ToString。OperationResult 包含两个构造器 Success(T) 和 Failure(T)，以及一个实例成员函数 printResultInfo。

```
enum OperationResult<T> where T <: ToString {
    | Success(T)
    | Failure(T)

    func printResultInfo() {
        // 使用关键字this来表示当前enum实例
        match (this) {
            case Success(info) => println("Success: ${info}")
            case Failure(info) => println("Failure: ${info}")
```

```
            }
        }
    }

main() {
    let opResult1 = Success(100)
    opResult1.printResultInfo()

    let opResult2 = Failure("3次")
    opResult2.printResultInfo()
}
```

编译并执行以上代码，输出结果为：

```
Success: 100
Failure: 3次
```

以上示例中使用的都是接口约束，接下来看一个非接口约束的例子。代码如下：

```
from std import collection.ArrayList

// 表示图书的类
abstract class Book {
    // 成员略
}

// 表示小说的类，是Book类的子类
class Fiction <: Book {
    // 成员略
}

// 表示烹饪书的类，是Book类的子类
class CookBook <: Book {
    // 成员略
}

// 表示书架的类，通过类的继承关系指定泛型约束
class BookShelf<T> where T <: Book {
    let books = ArrayList<T>()

    func addBook(book: T) {
        books.append(book)
    }
}

main() {
    let bookshelf1 = BookShelf<Fiction>()
    bookshelf1.addBook(Fiction())
    bookshelf1.addBook(Fiction())
    println("书架上有${bookshelf1.books.size}本小说")
```

```
    let bookshelf2 = BookShelf<CookBook>()
    bookshelf2.addBook(CookBook())
    bookshelf2.addBook(CookBook())
    bookshelf2.addBook(CookBook())
    println("书架上有${bookshelf2.books.size}本烹饪书")
}
```

编译并执行以上代码，输出结果为：

```
书架上有 2 本小说
书架上有 3 本烹饪书
```

以上示例代码中定义了一个泛型类 BookShelf<T>，其中，泛型约束要求类型形参 T 必须是 Book 类型的子类型。在 main 中，先后创建了 BookShelf<T> 的两个实例 bookshelf1 和 bookshelf2，对应的类型实参分别是 Fiction 和 CookBook。这两个类型都是 Book 类型的子类型，因此都满足泛型约束。

最后，对于同一个类型形参 T，如果有多个泛型约束，可以使用"&"连接。例如，where T <: C & I。对于多个类型形参 U、V，它们的泛型约束可以用逗号隔开。例如，where U <: C, V <: I。

# 11.5　泛型接口应用示例

仓颉提供了一些泛型接口，本节将介绍其中两个常见的泛型接口：Equatable<T> 和 Comparable<T>。

## 11.5.1　泛型接口 Equatable<T>

泛型接口 Equatable<T> 用来为各种类型提供判（不）等操作，该接口继承了另外两个泛型接口 Equal<T> 和 NotEqual<T>，这两个泛型接口中分别定义了操作符函数"=="和"!="。相关接口的定义如下。

```
public interface Equal<T> {
    // 判断两个实例是否相等，参数 rhs 表示另一个实例。如果相等，返回 true，否则返回 false。
    operator func ==(rhs: T): Bool
}

public interface NotEqual<T> {
    // 判断两个实例是否不相等，参数 rhs 表示另一个实例。如果不相等，返回 true，否则返回 false。
    operator func !=(rhs: T): Bool
}

public interface Equatable<T> <: Equal<T> & NotEqual<T> {}
```

这 3 个接口的关系如图 11-9 所示。

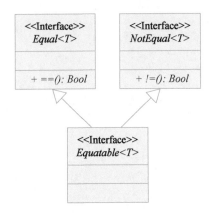

图 11-9　接口 Equatable<T> 和其他接口的关系

对于实现了泛型接口 Equatable<T> 的类型（包括各种自定义类型和内置类型），可以直接使用"=="或"!="判断这些类型的实例是否相等。仓颉的众多类型已经实现了泛型接口 Equatable<T>，例如 Bool、Int64、UInt64、Float64、Rune、String、ArrayList 等。

示例 1

Option 类型通过扩展的方式实现了 Equatable 接口：

```
extend Option<T> <: Equatable<Option<T>> where T <: Equatable<T>
```

因此，只要 T 类型实现了 Equatable 接口，就可以直接使用"=="或"!="判断 Option<T> 类型的实例是否相等。举例如下：

```
main() {
    let optInt: ?Int64 = 18      // optInt的值为Option<Int64>.Some(18)

    // Int64类型已经实现了Equatable接口，可以直接对Option<Int64>类型的实例判（不）等
    println(optInt != Some(18)) // 输出：false
    println(optInt == Some(18)) // 输出：true

    let optStr: ?String = None   // optStr的值为Option<String>.None

    // String类型已经实现了Equatable接口，可以直接对Option<String>类型的实例判（不）等
    println(optStr != None)  // 输出：false
    println(optStr == None)  // 输出：true
}
```

示例 2

在代码清单 11-1 中定义了一个 Rectangle 类，该类实现了 Equatable 接口。对于两个 Rectangle 实例，使用"=="或"!="进行判等的规则是由我们自定义的。通过 Rectangle 类中的操作符函数"=="和"!="，我们规定了只有当两个 Rectangle 实例的面积相等时才相等，否则就不相等。

代码清单 11-1　interface_equatable_demo.cj

```
01  class Rectangle <: Equatable<Rectangle> {
02      var width: Int64
```

```
03        var height: Int64
04
05        init(width: Int64, height: Int64) {
06            this.width = width
07            this.height = height
08        }
09
10        func calcArea() {
11            this.width * this.height
12        }
13
14        public operator func ==(rhs: Rectangle) {
15            this.calcArea() == rhs.calcArea()
16        }
17
18        public operator func !=(rhs: Rectangle) {
19            !(this == rhs)
20        }
21  }
22
23  main() {
24      let rect1 = Rectangle(6, 2)
25      let rect2 = Rectangle(3, 4)
26      let rect3 = Rectangle(5, 3)
27      println(rect1 == rect2)  // 输出: true
28      println(rect1 == rect3)  // 输出: false
29      println(rect1 != rect3)  // 输出: true
30  }
```

## 11.5.2 泛型接口 Comparable<T>

泛型接口 Comparable<T> 在 Equatable<T> 的基础上进行了增强,它不仅可以用来判断相等和不相等,还可以用来判断小于、大于、小于等于以及大于等于。因此,Comparable<T> 除了继承 Equatable<T>,还继承了 Less<T>、Greater<T>、LessOrEqual<T>和 GreaterOrEqual<T>,这 4 个接口中分别定义了操作符函数 "<" ">" "<=" 和 ">="。此外,Comparable<T> 中还定义了一个函数 compare,用于比较两个实例的关系是大于、小于还是等于。相关类型的定义如下。

```
public interface Less<T> {
    // 判断一个实例是否小于另一个实例
    operator func <(rhs: T): Bool
}

public interface Greater<T> {
    // 判断一个实例是否大于另一个实例
    operator func >(rhs: T): Bool
}
```

```
public interface LessOrEqual<T> {
    // 判断一个实例是否小于等于另一个实例
    operator func <=(rhs: T): Bool
}

public interface GreaterOrEqual<T> {
    // 判断一个实例是否大于等于另一个实例
    operator func >=(rhs: T): Bool
}

public interface Comparable<T> <: Equatable<T> & Less<T> & Greater<T> &
LessOrEqual<T> & GreaterOrEqual<T> {
    /*
     * 判断一个实例与另一个实例的关系，参数rhs表示另一个实例，返回值类型为Ordering
     * 如果大于，返回Ordering.GT；如果等于，返回Ordering.EQ；如果小于，返回Ordering.LT
     */
    func compare(rhs: T): Ordering
}

// 表示比较结果的enum类型
public enum Ordering {
    | LT  // 小于
    | GT  // 大于
    | EQ  // 等于
}
```

以上提到的各接口的关系如图 11-10 所示。

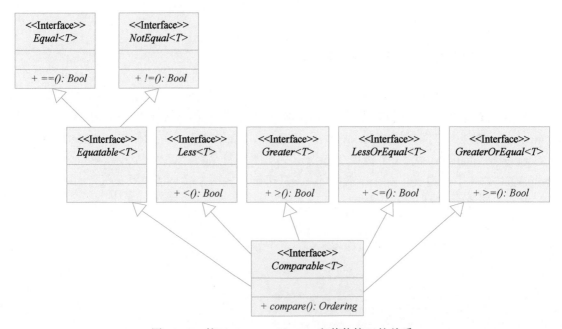

图 11-10　接口 Comparable<T> 和其他接口的关系

改写代码清单 11-1，使 Rectangle 类实现 Comparable 接口，得到代码清单 11-2。

代码清单 11-2　interface_comparable_demo.cj

```
01  class Rectangle <: Comparable<Rectangle> {
02      var width: Int64
03      var height: Int64
04
05      init(width: Int64, height: Int64) {
06          this.width = width
07          this.height = height
08      }
09
10      func calcArea(): Int64 {
11          this.width * this.height
12      }
13
14      public operator func ==(rhs: Rectangle) {
15          this.calcArea() == rhs.calcArea()
16      }
17
18      public operator func !=(rhs: Rectangle) {
19          !(this == rhs)
20      }
21
22      public operator func <(rhs: Rectangle) {
23          this.calcArea() < rhs.calcArea()
24      }
25
26      public operator func >(rhs: Rectangle) {
27          this.calcArea() > rhs.calcArea()
28      }
29
30      public operator func <=(rhs: Rectangle) {
31          !(this > rhs)
32      }
33
34      public operator func >=(rhs: Rectangle) {
35          !(this < rhs)
36      }
37
38      public func compare(rhs: Rectangle) {
39          if (this > rhs) {
40              GT
41          } else if (this < rhs) {
42              LT
43          } else {
44              EQ
45          }
46      }
47  }
48
49  main() {
50      let rect1 = Rectangle(6, 2)
51      let rect2 = Rectangle(3, 4)
52      let rect3 = Rectangle(5, 3)
53
54      println(rect1 > rect3)    // 输出: false
55      println(rect1 <= rect3)   // 输出: true
```

```
56
57      match(rect2.compare(rect3)) {
58          case GT => println("大于")
59          case LT => println("小于")
60          case EQ => println("等于")
61      }  // 输出：小于
62  }
```

## 11.6　小结

本章介绍了泛型的有关知识，主要的知识点如图 11-11 所示。

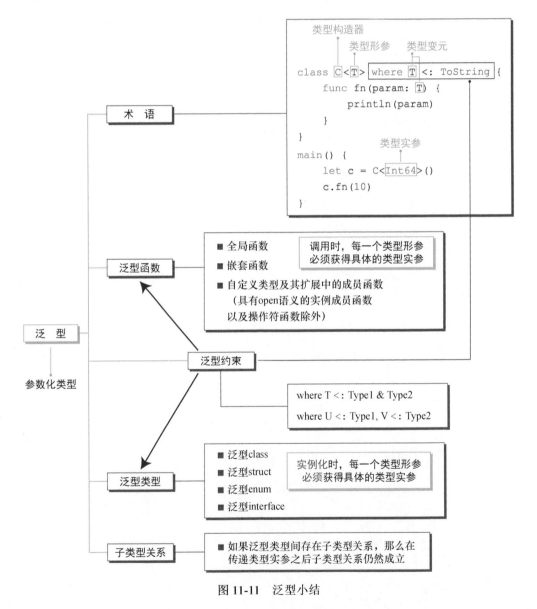

图 11-11　泛型小结

# 第 12 章
# 基础Collection类型

## 12.1　概述

在编程时，有时需要存储并操作一系列数据。例如，一个花名册、一份商品清单、一组打分数据等。此时，前面介绍的数据类型已经无法胜任这种需求。为了使程序能方便地存储和操作一系列的数据，仓颉提供了 4 种基础 Collection（容器）类型：Array、ArrayList、HashSet 和 HashMap。

本章将对这 4 种基础 Collection 类型逐一进行介绍。

## 12.2　Array

Array 也称为数组，用于存储单一元素类型、有序序列的数据。仓颉的数组是泛型类型，使用 Array<T> 来表示，其中，T 表示 Array 中存储的数据的类型，可以是任意类型。实际上本章介绍的 Collection 类型都是泛型类型。Collection 类型中存储的数据，例如 Array 中存储的数据，被称为元素。

Array 的长度（包含的元素个数）是固定不变的，因此无法增删数组元素，但可以修改数组元素。数组的所有元素都必须具有相同的数据类型。这些元素按照添加的顺序有序排列，并且允许存在重复的元素。每个元素都有一个唯一的 Int64 类型的索引，第 1 个元素的索引为 0，第 2 个元素的索引为 1，以此类推，最后一个元素的索引为 Array 的元素个数减 1。

假设一个 Array 中包含 5 个元素，分别为 8、3、5、8、5，那么该 Array 的元素和索引的对应关系如图 12-1 所示。

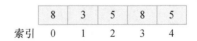

图 12-1　Array 的元素和索引关系示意图

### 12.2.1　Array 的创建

Array 类型的**字面量**形式如下：

```
[元素1，元素2，……，元素n]
```

Array 类型的字面量以**一对方括号**括起来，元素之间以**逗号**作为分隔符。
我们可以使用 Array 字面量来初始化 Array 类型的变量。
举例如下：

```
main() {
    let arr1: Array<Int64> = []   // 空 Array，元素类型为 Int64，不能省略 Array<Int64>
    println(arr1)  // 输出：[]

    let arr2 = [8, 3, 5, 3, 8]    // 编译器自动推断 arr2 的类型为 Array<Int64>
```

```
    println(arr2)  // 输出: [8, 3, 5, 3, 8]

    var arr3: Array<String> = ["手机", "手表", "电脑"]  // arr3的类型为Array<String>
    println(arr3)  // 输出: [手机, 手表, 电脑]
}
```

如果根据作为初始值的字面量的元素类型可以推断出 Array 的类型，那么在 Array 类型的变量声明中，可以缺省数据类型。例如，在上面的示例中，创建 arr1 时使用的是一个空的字面量，根据空 Array 无法推断 arr1 的类型，因此 arr1 的类型 Array<Int64> 不能缺省。而创建 arr3 时使用的字面量的元素类型为 String，因此在声明 arr3 时，其类型是可以缺省的。创建 arr2 时就缺省了数据类型。以上声明 arr3 的代码与下面这行代码是等效的：

```
var arr3 = ["手机", "手表", "电脑"]
```

元素类型不同的 Array 是不同的类型，因此元素类型不同的 Array 之间不能互相赋值。例如，Array<Int64> 和 Array<String> 是两种不同的类型，以下代码将会导致编译错误。

```
arr3 = arr2  // 编译错误，不同的Array类型之间不能互相赋值
```

另一种创建 Array 的方式是使用**构造函数**。

Array 类型的构造函数如表 12-1 所示。

表 12-1  Array 类型的构造函数

| 函数定义 | 说明 |
| --- | --- |
| public const init() | 无参构造函数，创建一个空 Array |
| public init(size: Int64, item!: T) | 通过指定的长度 size 和元素初始值 item 构造 Array |
| public init(elements: Collection<T>) | 通过指定的 Collection 实例 elements 构造 Array |
| public init(size: Int64, initElement: (Int64) -> T) | 通过指定的长度 size 和用于生成初始元素的 initElement 构造 Array，参数 initElement 为一个类型为 (Int64) -> T 的函数或 lambda 表达式，其中，Int64 类型的参数对应元素的索引 |

举例如下：

```
main() {
    /*
     * 构造一个空Array，元素类型为Int64
     * 调用构造函数init()
     */
    let arr1 = Array<Int64>()
    println(arr1)  // 输出: []

    /*
     * 构造一个包含3个元素的Array，所有元素都是9(Int64类型)
     * 调用构造函数init(size: Int64, item!: T)
     */
    let arr2 = Array<Int64>(3, item: 9)
    println(arr2)  // 输出: [9, 9, 9]

    /*
     * 通过指定的Collection实例构造一个Array
```

```
     * 调用构造函数init(elements: Collection<T>)
     */
    let arr3 = Array<Int64>(arr2)
    println(arr3)  // 输出: [9, 9, 9]
}
```

在使用构造函数构造 Array 实例时，还可以结合 lambda 表达式对 Array 的元素进行初始化。举例如下：

```
/*
 * 调用构造函数init(size: Int64, initElement: (Int64) -> T)
 * 使用了尾随lambda语法糖
 */
let arr4 = Array<Int64>(5) {index => (index + 1) * 2}
println(arr4)  // 输出: [2, 4, 6, 8, 10]
```

示例代码构造了一个包含 5 个 Int64 类型元素的数组 arr4，并使用 lambda 表达式对其进行了初始化。其中，index 表示元素的索引，对应 5 个元素的索引 0、1、2、3、4，得到的 5 个元素的初始值分别为 2、4、6、8、10。arr4 的元素和索引的对应关系如图 12-2 所示。

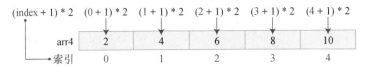

图 12-2　示例程序中元素和索引的关系示意图

如果根据声明中指定的**变量类型**或**构造函数的参数类型**可以推断出 Array 的类型，那么在**调用构造函数**时 "Array<T>" 中的 "<T>" 可以缺省。举例如下：

```
// 根据构造函数的参数"空"的类型推断出arr5的类型为Array<String>
let arr5 = Array(6, item: "空")

// 根据lambda表达式的返回值类型推断出arr6的类型为Array<Int64>
let arr6 = Array(3) {index: Int64 => index * 5}

// 显式指明了arr7的类型为Array<UInt32>
let arr7: Array<UInt32> = Array(5, item: 10)
```

以上示例代码在调用构造函数时都省略了 Array<T> 中的 <T>。注意，在变量声明中指定变量类型时（":" 之后、"=" 之前指定的类型），Array<T> 中的 <T> 是不可以缺省的。以上规则对于本章介绍的 4 种 Collection 类型均适用。

## 12.2.2　Array 元素的访问

对 Array 元素的访问是十分常见的操作。对元素的访问主要包括访问单个元素、访问部分元素、遍历所有元素以及判断 Array 是否包含指定元素。除了访问元素，获取元素个数也是一个常见的操作。

### 1. 获取 Array 的元素个数

Array 类型提供了**属性 size** 用于获取 Array 包含的元素个数，其类型为 Int64；对于空 Array，属性 size 的值为 0。

对于一个非空数组 arr 来说，其最后一个元素的索引应为 arr.size - 1，其索引的取值范围应该大于等于 0 且小于 arr.size。

```
main() {
    let goods = ["手机", "冰箱", "洗衣机", "电脑", "电视"]
    println("元素个数 ${goods.size}")   // 输出：元素个数 5
}
```

另外，Array 类型还提供了一个 **isEmpty 函数**用于判断 Array 是否为空。若 Array 为空，则返回 true，否则返回 false。

### 2. 访问单个 Array 元素

对于数组 arr，可以通过以下**下标语法**来访问索引为 index 的元素：

```
arr[index]    // 索引的类型必须为 Int64
```

在使用下标语法访问 Array 元素时，必须要保证索引为 Int64 类型，并且取值在合法范围内，即索引必须大于等于 0 且小于数组的属性 size。索引越界时会导致错误。

```
main() {
    let goods = ["手机", "冰箱", "洗衣机", "电脑", "电视"]

    // 通过下标语法访问单个元素
    println(goods[3])   // 输出：电脑

    // 输出 Array 的最后一个元素，其索引为 goods.size - 1
    println(goods[goods.size - 1])   // 输出：电视

    println(goods[-1])   // 编译错误，索引越界
    println(goods[5])    // 编译错误，索引越界
}
```

除了使用下标语法，还可以调用 Array 的 **get 函数**来获得 Array 中某个索引对应的元素。该函数的定义为：

```
// 返回 Array 中索引为 index 的元素，返回值类型为 Option<T>
public func get(index: Int64): Option<T>
```

get 函数与下标语法的区别在于其返回值是 Option 类型。对于 get 函数得到的返回值，可以使用 if-let 表达式、match 表达式或 getOrThrow 函数等来解构。在使用 getOrThrow 函数解构 get 函数的返回值时，要确保 get 函数传入的索引没有越界。示例程序如代码清单 12-1 所示。

代码清单 12-1　get_function.cj

```
01  func getElemByIndex1(goods: Array<String>, idx: Int64) {
02      // 使用 get 函数获取单个 Array 元素，并使用 if-let 表达式对结果进行解构
03      if (let Some(elem) <- goods.get(idx)) {
```

```
04          println("goods[${idx}]: ${elem}")
05       } else {
06          println("索引越界，获取失败")
07       }
08    }
09
10    func getElemByIndex2(goods: Array<String>, idx: Int64) {
11       // 使用get函数获取单个Array元素，并使用match表达式对结果进行解构
12       match (goods.get(idx)) {
13          case Some(elem) => println("goods[${idx}]: ${elem}")
14          case None => println("索引越界，获取失败")
15       }
16    }
17
18    func getElemByIndex3(goods: Array<String>, idx: Int64) {
19       // 使用get函数获取单个Array元素，并使用getOrThrow函数对结果进行解构
20       if (idx >= 0 && idx < goods.size) {
21          println("goods[${idx}]: ${goods.get(idx).getOrThrow()}")
22       } else {
23          println("索引越界，获取失败")
24       }
25    }
26
27    main() {
28       let goods = ["手机", "冰箱", "洗衣机", "电脑", "电视"]
29       getElemByIndex1(goods, 3)
30       getElemByIndex2(goods, 5)
31       getElemByIndex3(goods, 2)
32    }
```

编译并执行以上代码，输出结果为：

```
goods[3]: 电脑
索引越界，获取失败
goods[2]: 洗衣机
```

### 3. 使用切片获取部分 Array 元素

通过 Array 的切片可以一次性获得 Array 中多个索引对应的元素，其语法格式如下：

```
Array名[Range字面量]      // 该Range字面量的step只能为1
```

在方括号中指定一个 Range 字面量以对应目标元素的索引，将会返回由目标元素组成的一个 Array 的切片。

**当在下标语法中使用 Range 字面量时**，可以省略 start 或 end。当省略 start 时，会从索引为 0 的元素开始获取；当省略 end 时，会获取到最后一个元素。举例如下：

```
main() {
    let goods = ["手机", "冰箱", "洗衣机", "电脑", "电视"]
```

```
        // 使用Range字面量获取goods的部分元素
        let arr1 = goods[1..3]
        println(arr1)  // 输出：[冰箱，洗衣机]

        // 省略了start，从索引为0的元素开始获取
        let arr2 = goods[..3]
        println(arr2)  // 输出：[手机，冰箱，洗衣机]

        // 省略了end，获取到最后一个元素
        let arr3 = goods[2..]
        println(arr3)  // 输出：[洗衣机，电脑，电视]

        // 同时省略了start和end，从索引为0的元素获取到最后一个元素
        let arr4 = goods[..]
        println(arr4)  // 输出：[手机，冰箱，洗衣机，电脑，电视]
    }
```

以上示例中的切片的工作原理如图 12-3 所示。

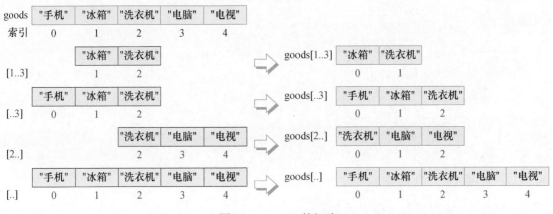

图 12-3　Array 的切片

通过 Array 的 **slice 函数**也可以获得 Array 的切片，该函数的定义如下：

```
public func slice(start: Int64, len: Int64): Array<T>
```

其中，参数 start 表示切片的起始索引，len 表示切片的长度，返回值为 Array 的切片。当 start 小于 0，或 len 小于 0，或 start 与 len 之和大于 Array 的长度时，抛出异常 IndexOutOfBoundsException。举例如下：

```
main() {
    let goods = ["手机", "冰箱", "洗衣机", "电脑", "电视"]

    let arr1 = goods.slice(1, 2)  // 相当于goods[1..3]
    println(arr1)  // 输出：[冰箱，洗衣机]

    let arr2 = goods.slice(0, 3)  // 相当于goods[..3]
```

```
    println(arr2)   // 输出：[手机，冰箱，洗衣机]

    let arr3 = goods.slice(2, 3)   // 相当于goods[2..]
    println(arr3)   // 输出：[洗衣机，电脑，电视]

    let arr4 = goods.slice(0, 5)   // 相当于goods[..]
    println(arr4)   // 输出：[手机，冰箱，洗衣机，电脑，电视]
}
```

### 4. 遍历 Array

使用 **for-in 表达式**可以遍历 Array 的所有元素。Array 的所有元素是按添加顺序有序排列的，因此对 Array 进行遍历的顺序总是固定的。举例如下：

```
main() {
    let goods = ["手机", "冰箱", "洗衣机", "电脑", "电视"]

    println("goods的元素有：")
    // 使用for-in表达式遍历Array
    for (elem in goods) {
        println("\t${elem}")
    }
}
```

编译并执行以上代码，输出结果为：

```
goods的元素有：
        手机
        冰箱
        洗衣机
        电脑
        电视
```

### 5. 判断 Array 是否包含指定元素

Array 类型提供了 **contains 函数**用于判断 Array 是否包含某个元素。该函数只有一个参数，表示待判断的元素，若 Array 包含该元素则返回 true，否则返回 false。举例如下：

```
main() {
    let goods = ["手机", "冰箱", "洗衣机", "电脑", "电视"]

    // 使用contains函数判断Array是否包含指定元素
    println(goods.contains("微波炉"))   // 输出：false
    println(goods.contains("洗衣机"))   // 输出：true
}
```

## 12.2.3　Array 元素的修改

虽然 Array 不支持对元素的添加和删除操作，但是 Array 支持对元素的修改操作。

### 1. 修改单个元素

使用**下标语法**可以修改 Array 中指定索引的元素：

```
Array名[索引] = 新值
```

例如，下面的示例代码将 goods[2] 由 " 洗衣机 " 改为了 " 电饭煲 "，如图 12-4 所示。

```
main() {
    let goods = ["手机", "冰箱", "洗衣机", "电脑", "电视"]
    println("修改前:${goods}")

    goods[2] = "电饭煲"
    println("修改后:${goods}")
}
```

编译并执行以上代码，输出结果为：

```
修改前:[手机, 冰箱, 洗衣机, 电脑, 电视]
修改后:[手机, 冰箱, 电饭煲, 电脑, 电视]
```

图 12-4　使用下标语法修改 Array 的元素

除了使用下标语法，也可以调用 Array 的 **set 函数**对 Array 中指定索引的元素进行修改。该函数的定义为：

```
// 修改Array中指定索引index对应的元素值为element
public func set(index: Int64, element: T): Unit
```

以下示例代码和上一段示例代码的效果是一样的。

```
main() {
    let goods = ["手机", "冰箱", "洗衣机", "电脑", "电视"]
    println("修改前:${goods}")

    goods.set(2, "电饭煲")
    println("修改后:${goods}")
}
```

有时，我们可能需要在遍历 Array 的同时修改元素。此时，使用前面介绍的方式只能遍历，无法同时达到修改元素的目的。举例如下：

```
main() {
    let arr = [7, 2, 3, 8, 1]
```

```
    // 只能遍历元素，无法修改
    for (elem in arr) {
        print("${elem}  ")
    }
}
```

如果需要在遍历的同时修改 Array 元素，可以通过索引来对 Array 进行遍历。例如，在以下示例代码中，通过索引遍历了 arr 的所有元素，并将所有元素的值修改为原来的 2 倍。

```
main() {
    let arr = [7, 2, 3, 8, 1]

    // 一边遍历一边修改，索引的取值范围为：0..arr.size
    for (idx in 0..arr.size) {
        arr[idx] *= 2    // 通过下标语法修改Array元素
    }
    println(arr)    // 输出：[14, 4, 6, 16, 2]
}
```

再举一个例子。以上面表示商品的 goods 为例，将其中的 " 冰箱 " 修改为 " 电冰箱 "、" 洗衣机 " 修改为 " 电饭煲 "，可以使用以下代码实现。

```
main() {
    let goods = ["手机", "冰箱", "洗衣机", "电脑", "电视"]
    println("修改前：${goods}")

    for (idx in 0..goods.size) {
        if (goods[idx] == "冰箱") {
            goods[idx] = "电冰箱"
        } else if (goods[idx] == "洗衣机") {
            goods[idx] = "电饭煲"
        }
    }
    println("修改后：${goods}")
}
```

编译并执行以上代码，输出结果为：

```
修改前：[手机，冰箱，洗衣机，电脑，电视]
修改后：[手机，电冰箱，电饭煲，电脑，电视]
```

### 2. 修改多个元素

通过 Array 的切片可以一次性修改 Array 的多个连续的元素：

```
Array名[Range字面量] = 替换切片的Array    // 该Range字面量的step只能为1
```

使用以上方式修改 Array 的多个元素时，需要注意以下两点：

- 用于替换切片的 Array 类型必须与待修改的 Array 类型一致；
- 用于替换切片的 Array 的元素个数必须与待替换的切片的元素个数相同。

举例如下：

```
main() {
    let goods = ["手机", "冰箱", "洗衣机", "电脑", "电视"]
    println(goods)  // 输出：[手机，冰箱，洗衣机，电脑，电视]

    goods[..2] = ["吸尘器", "电吹风"]
    println(goods)  // 输出：[吸尘器，电吹风，洗衣机，电脑，电视]

    goods[..] = ["鼠标", "键盘", "显示器", "耳机", "麦克风"]
    println(goods)  // 输出：[鼠标，键盘，显示器，耳机，麦克风]
}
```

以上示例程序通过切片修改了数组 goods 的元素，其工作原理如图 12-5 所示。

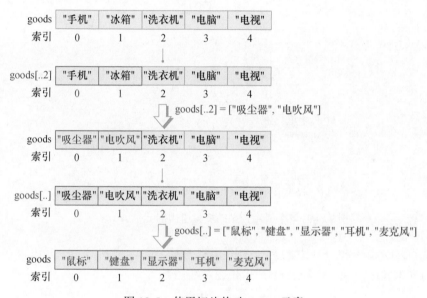

图 12-5　使用切片修改 Array 元素

或者，也可以通过 Array 的切片快速地将 Array 中多个连续的元素修改为同一个与 Array 元素相同类型的字面量：

```
Array名[Range字面量] = 字面量    // 该Range字面量的step只能为1
```

举例如下：

```
main() {
    let arr = [2, 4, 6, 8, 10]
    println(arr)    // 输出：[2, 4, 6, 8, 10]

    arr[..3] = -99  // 将arr的前3个元素修改为字面量-99
    println(arr)    // 输出：[-99, -99, -99, 8, 10]

    arr[..] = 0     // 将arr的所有元素修改为0
    println(arr)    // 输出：[0, 0, 0, 0, 0]
}
```

## 12.2.4　Array 是引用类型

12.2.3 节讨论了如何修改 Array 的元素。细心的读者可能会发现，在 12.2.3 节中定义的一系列数组（如 goods、arr）都是以关键字 let 定义的不可变变量。那么，为什么还可以修改其中的元素呢？这是因为 Array 是引用类型。

实际上，**4 种基础 Collection 类型都是引用类型**。作为引用类型，Array 在作为表达式使用时不会复制副本，同一个 Array 实例的所有引用都会共享同样的数据。因此对 Array 元素的修改会影响到该实例的所有引用。例如，以下示例代码在将 arr2[2] 由 5 修改为 6 时，arr1 和 arr2 会同步变化，如图 12-6 所示。

```
main() {
    let arr1 = [1, 3, 5, 7, 9]
    let arr2 = arr1
    arr2[2] = 6
    println(arr1)  // 输出: [1, 3, 6, 7, 9]
    println(arr2)  // 输出: [1, 3, 6, 7, 9]
}
```

图 12-6　多个引用类型的变量引用同一个 Array 实例

如果希望在对 arr1 和 arr2 中的某一个进行修改时不会影响到另一个，可以在赋值时创建一个 arr1 的副本并将该副本赋给 arr2，如图 12-7 所示。

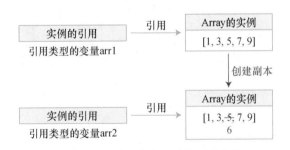

图 12-7　互不影响的引用类型的变量

通过调用 Array 的 **clone 函数**可以创建 Array 的副本。以下代码通过 clone 函数创建了 arr1 的副本：

```
main() {
    let arr1 = [1, 3, 5, 7, 9]
    let arr2 = arr1.clone()  // 使用clone函数创建Array的副本
    arr2[2] = 6
```

```
    println(arr1)  // 输出: [1, 3, 5, 7, 9]
    println(arr2)  // 输出: [1, 3, 6, 7, 9]
}
```

如果只需要创建 Array 的某一部分的副本，可以将目标元素索引对应的 Range 实例作为参数传入 clone 函数。举例如下：

```
main() {
    let arr1 = [1, 3, 5, 7, 9]
    let arr2 = arr1.clone(1..4 : 2)   // 按照传入的Range实例指定的索引范围创建副本

    println(arr1)  // 输出: [1, 3, 5, 7, 9]
    println(arr2)  // 输出: [3, 7]

    // arr1和arr2互不影响
    arr1[2] = 6
    arr2[1] = -1
    println(arr1)  // 输出: [1, 3, 6, 7, 9]
    println(arr2)  // 输出: [3, -1]
}
```

## 12.3 ArrayList

使用 Array 可以存储单一元素类型、有序序列的数据，并且 Array 也支持对元素的修改。不过，Array 的长度是固定的，不能对 Array 进行元素的添加和删除操作。这决定了 Array 适用于某些序列长度固定但内容可能变化的场合，例如，某场比赛的前三名分数、销量榜的前十名商品、某个席位数固定的委员会的成员名单等。对于另一些序列长度可能发生变化的场合，Array 就不适用了，这时可以使用 ArrayList（也称为动态数组）。

ArrayList 相当于一个增强版的 Array。与 Array 一样，ArrayList 也用于存储**单一元素类型**、**有序序列**的数据。ArrayList 的许多特性都和 Array 一样，主要区别是 ArrayList 允许对元素的添加和删除操作。

在使用 ArrayList 时需要先导入标准库 collection 包中的 ArrayList 类，导入的语法如下：

```
from std import collection.ArrayList
```

仓颉使用 ArrayList<T> 来表示 ArrayList 类型。其中，T 表示 ArrayList 中存储的元素的类型，它可以是任意类型。元素类型不同的 ArrayList 是不同的类型，因此元素类型不同的 ArrayList 之间不能互相赋值。

ArrayList 的所有元素都必须具有相同的数据类型。这些元素按照添加的顺序有序排列，并且允许存在重复的元素。此外，每个元素都有一个唯一的 Int64 类型的索引，元素的索引从 0 开始。

### 12.3.1 ArrayList 的创建

ArrayList 主要是通过 ArrayList 类的构造函数来创建的。ArrayList 类的构造函数如表 12-2 所示。

表 12-2 ArrayList 类的构造函数

| 函数定义 | 说明 |
| --- | --- |
| public init() | 构造一个初始容量为默认值 16 的空 ArrayList |
| public init(capacity: Int64) | 通过指定的初始容量 capacity 构造一个空 ArrayList |
| public init(size: Int64, initElement: (Int64) -> T) | 通过指定的元素个数 size 和用于生成初始元素的 initElement 构造 ArrayList，参数 initElement 为一个类型为 (Int64) -> T 的函数或 lambda 表达式，其中，Int64 类型的参数对应元素的索引 |
| public init(elements: Array<T>) | 通过指定的 Array 实例 elements 构造 ArrayList |
| public init(elements: Collection<T>) | 通过指定的 Collection 实例 elements 构造 ArrayList |

举例如下：

```
from std import collection.ArrayList   // 导入标准库collection包中的ArrayList类

main() {
    /*
     * 构造一个空的ArrayList，初始容量为16
     * 调用构造函数init()
     */
    let arrList1 = ArrayList<Int64>()
    println(arrList1)  // 输出：[]

    /*
     * 通过指定的Array实例构造ArrayList
     * 调用构造函数init(elements: Array<T>)
     */
    let arrList2 = ArrayList([1, 2, 3, 4, 5])
    println(arrList2)  // 输出：[1, 2, 3, 4, 5]

    /*
     * 通过指定的Collection实例构造ArrayList
     * 调用构造函数init(elements: Collection<T>)
     */
    let arrList3 = ArrayList(arrList2)
    println(arrList3)  // 输出：[1, 2, 3, 4, 5]

    /*
     * 通过指定的元素个数和用于生成初始元素的函数或lambda表达式构造ArrayList
     * 调用构造函数init(size: Int64, initElement: (Int64) -> T)
     */
    let arrList4 = ArrayList(3) {idx: Int64 => (idx + 1) * 3}
    println(arrList4)  // 输出：[3, 6, 9]
}
```

## 12.3.2 ArrayList 元素的访问和修改

对 ArrayList 元素的访问和修改方式与 Array 是类似的，如图 12-8 所示。

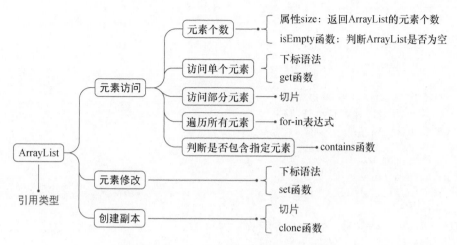

图 12-8 ArrayList 元素的访问和修改

另外，ArrayList 提供了一个 **toArray 函数**，其作用是根据当前 ArrayList 实例构造一个
Array 实例。

关于元素的访问和修改操作，ArrayList 和 Array 的主要区别在于切片。

### 1. ArrayList 的切片获取方式

与 Array 一样，ArrayList 的切片也有两种获取方式：**下标语法** 和 **slice 函数**。

ArrayList 切片的下标语法格式如下（该语法格式与 Array 是相同的）：

```
ArrayList名[Range字面量]      // 该Range字面量的step只能为1
```

ArrayList 的 slice 函数定义如下：

```
// 参数range表示切片的索引范围，其step只能为1；返回对应的ArrayList实例
public func slice(range: Range<Int64>): ArrayList<T>
```

ArrayList 的 slice 函数与 Array 的 slice 函数定义不同。ArrayList 的 slice 函数的参数表示
切片的索引范围；Array 的 slice 函数的两个参数分别表示切片的起始索引和切片长度。

### 2. ArrayList 的切片是副本，不是对原实例的引用

Array 切片是对 Array 实例的引用，因此可以直接对 Array 切片进行赋值操作，以达到修
改 Array 元素的目的；如果需要复制 Array 的全部或部分元素，必须调用 Array 的 clone 函数。

ArrayList 切片是 ArrayList 全部或部分元素的副本，并且不支持赋值操作。由于通过 ArrayList
的切片可以直接获得 ArrayList 部分元素的副本，ArrayList 的 clone 函数不支持传入参数（Array
的 clone 函数支持传入一个 Range 类型的参数），该函数的作用是为当前 ArrayList 实例创建完整
的副本。例如，对于动态数组 arrList，arrList[..] 和 arrList.clone() 的作用是相同的，均是创建了一
个 arrList 的完整副本。代码清单 12-2 演示了如何创建 ArrayList 的全部或部分元素的副本。

注：上面两段文字中的"切片"特指通过下标语法获得的切片。

代码清单 12-2　copy_elements_of_array_list.cj

```
01  from std import collection.ArrayList
```

```
02
03    main() {
04        let arrList1 = ArrayList([1, 2, 3, 4, 5])
05        println(arrList1)   // 输出：[1, 2, 3, 4, 5]
06
07        // 通过切片创建ArrayList的副本
08        let arrList2 = arrList1[..]
09        println(arrList2)   // 输出：[1, 2, 3, 4, 5]
10        // arrList1和arrList2互不影响
11        arrList1[0] = -1
12        println(arrList1)   // 输出：[-1, 2, 3, 4, 5]
13        println(arrList2)   // 输出：[1, 2, 3, 4, 5]
14
15        // 通过clone函数创建ArrayList的副本
16        let arrList3 = arrList1.clone()
17        println(arrList3)   // 输出：[-1, 2, 3, 4, 5]
18        // arrList1和arrList3互不影响
19        arrList3[2] = -2
20        println(arrList1)   // 输出：[-1, 2, 3, 4, 5]
21        println(arrList3)   // 输出：[-1, 2, -2, 4, 5]
22
23        // 通过切片获得ArrayList的部分元素对应的ArrayList实例（副本）
24        let arrList4 = arrList1[3..]
25        println(arrList4)   // 输出：[4, 5]
26        // arrList1和arrList4互不影响
27        arrList1[0] = 99
28        println(arrList1)   // 输出：[99, 2, 3, 4, 5]
29        println(arrList4)   // 输出：[4, 5]
30    }
```

## 12.3.3 ArrayList 元素的添加和删除

如前所述，ArrayList 与 Array 的主要区别在于 ArrayList 允许添加和删除元素。本节重点讨论对 ArrayList 元素的添加和删除操作。

### 1. 在末尾添加新元素

通过 ArrayList 的 **append 函数**可以将单个元素追加到 ArrayList 末尾。该函数的定义为：

```
// 将指定的元素element添加到ArrayList的末尾
public func append(element: T): Unit
```

举例如下：

```
from std import collection.ArrayList

main() {
    let students = ArrayList(["小明", "小刚", "小美"])
    println(students)   // 输出：[小明，小刚，小美]

    students.append("小强")
```

```
        println(students)    // 输出：[小明，小刚，小美，小强]
    }
```

以上代码创建了一个 ArrayList 的实例 students，并且调用了 append 函数向 students 末尾添加了一个元素 " 小强 "，其工作原理如图 12-9 所示。

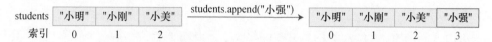

图 12-9　使用 append 函数向 ArrayList 末尾添加单个元素

如果需要一次性添加多个元素到 ArrayList 的末尾，可以调用 ArrayList 的 **appendAll 函数**。该函数的定义为：

```
// 将 elements 的所有元素添加到 ArrayList 的末尾
public func appendAll(elements: Collection<T>): Unit
```

appendAll 函数可以接收另一个具有相同元素类型的 Collection 实例，例如 Array 或 ArrayList 的实例。举例如下：

```
from std import collection.ArrayList

main() {
    let students = ArrayList(["小明", "小刚", "小美"])
    println(students)    // 输出：[小明，小刚，小美]

    students.appendAll(["小强", "小彤", "小旭"])
    println(students)    // 输出：[小明，小刚，小美，小强，小彤，小旭]
}
```

以上示例中 appendAll 函数的工作原理如图 12-10 所示。

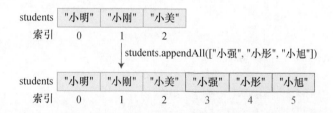

图 12-10　使用 appendAll 函数向 ArrayList 末尾添加多个元素

### 2. 在头部插入新元素

如需在 ArrayList 头部插入新元素，可以调用 ArrayList 的 **prepend 函数**。该函数的定义为：

```
// 将指定的元素 element 插入到 ArrayList 的头部
public func prepend(element: T): Unit
```

举例如下：

```
from std import collection.ArrayList
```

```
main() {
    let students = ArrayList(["小明", "小刚", "小美"])
    println(students)  // 输出：[小明，小刚，小美]

    students.prepend("小强")
    println(students)  // 输出：[小强，小明，小刚，小美]
}
```

以上示例代码调用了 prepend 函数向 students 头部添加了一个元素 "小强"，其工作原理如图 12-11 所示。

图 12-11　使用 prepend 函数向 ArrayList 头部添加单个元素

通过 ArrayList 的 **prependAll 函数**可以一次性添加多个元素到 ArrayList 的头部，该函数的定义如下：

```
// 将elements的所有元素添加到ArrayList的头部
public func prependAll(elements: Collection<T>): Unit
```

举例如下：

```
from std import collection.ArrayList

main() {
    let students = ArrayList(["小明", "小刚", "小美"])
    println(students)  // 输出：[小明，小刚，小美]

    students.prependAll(["小强", "小彤", "小旭"])
    println(students)  // 输出：[小强，小彤，小旭，小明，小刚，小美]
}
```

以上示例中 prependAll 函数的工作原理如图 12-12 所示。

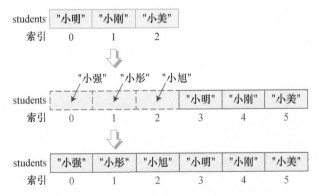

图 12-12　使用 prependAll 函数向 ArrayList 头部添加多个元素

使用函数 prepend 和 prependAll 向 ArrayList 头部插入元素时，ArrayList 的元素索引会自动向后挪动以给插入的元素腾出空间。

**3. 在任意位置插入新元素**

ArrayList 提供了 **insert 函数**用于将单个元素插入到 ArrayList 指定索引的位置。该函数的定义为：

```
// 在ArrayList的指定索引位置index处插入指定元素element
public func insert(index: Int64, element: T): Unit
```

举例如下：

```
from std import collection.ArrayList

main() {
    let students = ArrayList(["小明", "小刚", "小美"])
    println(students)  // 输出：[小明, 小刚, 小美]

    students.insert(1, "小强")
    println(students)  // 输出：[小明, 小强, 小刚, 小美]
}
```

以上示例中 insert 函数的工作原理如图 12-13 所示。

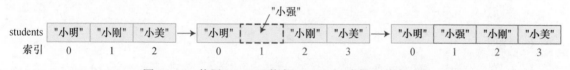

图 12-13　使用 insert 函数向 ArrayList 中插入单个元素

如果需要一次性向 ArrayList 中插入多个元素，可以调用 ArrayList 的 **insertAll 函数**。该函数的定义为：

```
// 从指定位置index开始，将elements的所有元素插入ArrayList
public func insertAll(index: Int64, elements: Collection<T>): Unit
```

举例如下：

```
from std import collection.ArrayList

main() {
    let students = ArrayList<String>(["小明", "小刚", "小美"])
    println(students)  // 输出：[小明, 小刚, 小美]

    students.insertAll(0, ["小强", "小彤", "小旭"])
    println(students)  // 输出：[小强, 小彤, 小旭, 小明, 小刚, 小美]
}
```

以上示例中 insertAll 函数的工作原理如图 12-14 所示。

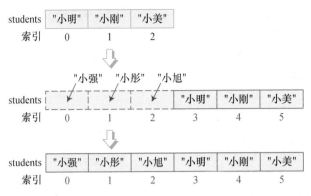

图 12-14　使用 insertAll 函数向 ArrayList 中插入多个元素

使用函数 insert 和 insertAll 从指定索引位置插入元素时，该索引处的元素以及后面的元素会向后挪动以给插入的元素腾出空间。当函数 insert 或 insertAll 的参数 index 为 0 时，它们与函数 prepend 或 prependAll 的作用是等效的。

### 4. 从 ArrayList 中删除元素

通过 ArrayList 的 **remove 函数**可以从 ArrayList 中删除指定索引的元素。该函数的定义为：

```
// 删除ArrayList指定索引位置index的元素，返回值为被删除的元素
public func remove(index: Int64): T

// 删除ArrayList指定索引范围range包含的所有元素，其中range的step必须为1
public func remove(range: Range<Int64>): Unit
```

举例如下：

```
from std import collection.ArrayList

main() {
    let names = ArrayList(["小张", "小王", "小李", "小王", "小赵"])
    println(names)    // 输出：[小张，小王，小李，小王，小赵]

    names.remove(1)   // 使用remove函数删除某个指定索引的元素
    println(names)    // 输出：[小张，小李，小王，小赵]
}
```

以上示例中 remove 函数的工作原理如图 12-15 所示。

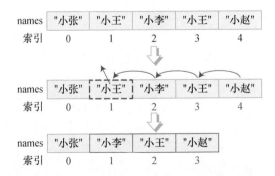

图 12-15　使用 remove 函数从 ArrayList 中删除元素

在使用 remove 函数删除某个指定索引的元素时，可以同时获取被删除的元素。举例如下：

```
from std import collection.ArrayList

main() {
    let names = ArrayList(["小张", "小王", "小李", "小王", "小赵"])
    println(names)   // 输出：[小张, 小王, 小李, 小王, 小赵]

    let name = names.remove(1)   // 使用remove函数删除元素，并获取删除的元素
    println(names)   // 输出：[小张, 小李, 小王, 小赵]
    println("被删除的元素为${name}")   // 输出：被删除的元素为小王
}
```

除了删除单个元素，通过 remove 函数也可以删除 ArrayList 中多个连续的元素。举例如下：

```
from std import collection.ArrayList

main() {
    let names = ArrayList(["小张", "小刘", "小李", "小王", "小赵"])
    println(names)   // 输出：[小张, 小刘, 小李, 小王, 小赵]

    names.remove(1..3)   // 使用remove函数删除多个连续元素
    println(names)   // 输出：[小张, 小王, 小赵]
}
```

如果需要从 ArrayList 中删除满足指定条件的元素，可以调用 ArrayList 的 **removeIf 函数**。该函数的定义如下：

```
// 删除ArrayList中满足给定条件的所有元素，条件由predicate指定的函数或lambda表达式限定
public func removeIf(predicate: (T) -> Bool): Unit
```

removeIf 函数可以接收一个 lambda 表达式（或函数），所有可使 lambda 表达式（或函数）的返回值为 true 的元素都将被删除。以下的示例代码通过 lambda 表达式指定了删除条件，其中的 elem 表示 ArrayList 的元素。举例如下：

```
from std import collection.ArrayList

main() {
    let names = ArrayList(["小张", "小王", "小李", "小王", "小赵"])
    println(names)   // 输出：[小张, 小王, 小李, 小王, 小赵]

    // 使用removeIf函数删除元素，所有"小王"被删除
    names.removeIf({elem => elem == "小王"})
    println(names)   // 输出：[小张, 小李, 小赵]

    let numbers = ArrayList([1, 2, 3, 4, 5, 6, 7, 8, 9, 10])
    println(numbers)   // 输出：[1, 2, 3, 4, 5, 6, 7, 8, 9, 10]

    // 使用removeIf函数删除元素，所有偶数元素被删除
    numbers.removeIf({elem => elem % 2 == 0})
    println(numbers)   // 输出：[1, 3, 5, 7, 9]
}
```

以上示例中 removeIf 函数的工作原理如图 12-16 所示。

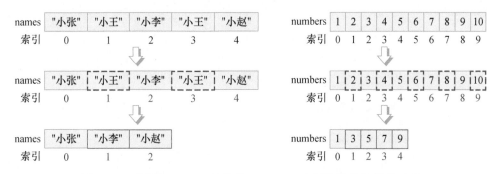

图 12-16　使用 removeIf 函数从 ArrayList 中删除满足条件的元素

使用函数 remove 和 removeIf 从 ArrayList 中删除元素时，被删除元素之后的元素会向前挪动以填补相应的空间。

ArrayList 提供了 **clear 函数**用于删除所有元素，该函数没有参数。举例如下：

```
from std import collection.ArrayList

main() {
    let names = ArrayList(["小张", "小王", "小李", "小王", "小赵"])
    println(names)   // 输出:[小张，小王，小李，小王，小赵]

    names.clear()    // 使用函数clear删除所有元素
    println(names)   // 输出:[]
}
```

对 ArrayList 元素的添加和删除的方式如图 12-17 所示。

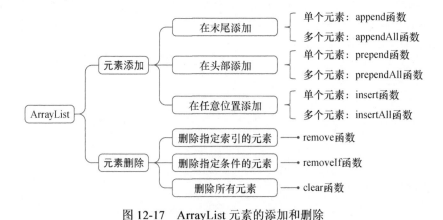

图 12-17　ArrayList 元素的添加和删除

## 12.3.4　ArrayList 的容量管理

每个 ArrayList 都需要特定大小的内存来保存其内容。在创建 ArrayList 时，系统会为 ArrayList 分配相应的内存空间以备存储数据。ArrayList 类型提供了 **capacity 函数**用于获取

ArrayList 实例的当前容量。可以这样理解 ArrayList 的容量：ArrayList 的容量是 ArrayList 可以存储的元素个数，其实际占用的内存大小与元素的具体类型有关。

```
from std import collection.ArrayList

main() {
    // 调用构造函数init()
    let arrList1 = ArrayList<Int64>()
    println("arrList1:\n  capacity:${arrList1.capacity()} size:${arrList1.size}")

    // 调用构造函数init(capacity: Int64)
    let arrList2 = ArrayList<Int64>(10)
    println("arrList2:\n  capacity:${arrList2.capacity()} size:${arrList2.size}")

    // 调用构造函数init(size: Int64, initElement: (Int64) -> T)
    let arrList3 = ArrayList(5) {idx: Int64 => idx}
    println("arrList3:\n  capacity:${arrList3.capacity()} size:${arrList3.size}")
}
```

编译并执行以上代码，输出结果为：

```
arrList1:
  capacity:16 size:0
arrList2:
  capacity:10 size:0
arrList3:
  capacity:5 size:5
```

以上示例代码创建了 3 个 ArrayList：
- 调用构造函数 init() 创建了一个初始容量为 16 的空动态数组 arrList1；
- 调用构造函数 init(capacity: Int64) 创建了一个初始容量为 10 的空动态数组 arrList2；
- 调用构造函数 init(size: Int64, initElement: (Int64) -> T) 创建了一个初始容量为 5、元素个数也为 5 的动态数组 arrList3，其中的元素分别为 0、1、2、3、4。

从上面的示例中可以看出，ArrayList 的元素个数小于等于 ArrayList 的容量，ArrayList 中没有被元素占用的容量为**保留容量**。在向 ArrayList 中添加元素并且将 ArrayList 的保留容量用完时，系统会为该 ArrayList 分配更大的内存区域并将其中的所有元素复制到新内存中。

```
from std import collection.ArrayList

main() {
    let numbers = ArrayList<Int64>(5)    // 构造一个初始容量为5的空ArrayList
    println(numbers)
    println("capacity: ${numbers.capacity()}  size: ${numbers.size}\n")

    numbers.appendAll([0, 1, 2])    // 向numbers中添加3个元素
    println(numbers)
    println("capacity: ${numbers.capacity()}  size: ${numbers.size}\n")

    numbers.appendAll([3, 4])    // 向numbers中添加2个元素
    println(numbers)
```

```
        println("capacity: ${numbers.capacity()}  size: ${numbers.size}\n")

    numbers.append(5)   // 向numbers中添加1个元素
    println(numbers)
    println("capacity: ${numbers.capacity()}  size: ${numbers.size}\n")
}
```

编译并执行以上代码，输出结果为：

```
[]
capacity: 5  size: 0

[0, 1, 2]
capacity: 5  size: 3

[0, 1, 2, 3, 4]
capacity: 5  size: 5

[0, 1, 2, 3, 4, 5]
capacity: 7  size: 6
```

以上示例中 numbers 的容量和元素个数变化的过程如图 12-18 所示。

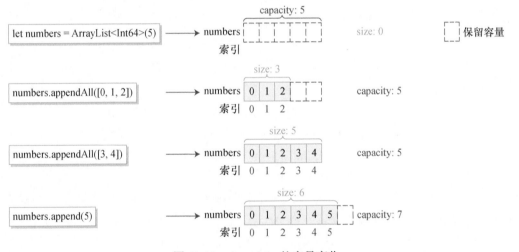

图 12-18　ArrayList 的容量变化

这种动态扩容的策略意味着如果频繁添加元素并导致重新分配内存，将会大大降低程序的性能。不过，随着 ArrayList 的保留容量变大，重新分配内存的频率会越来越低。

```
from std import collection.ArrayList

main() {
    let numbers = ArrayList<Int64>(30) {idx => idx}  // 初始容量为30
    println("capacity: ${numbers.capacity()}  size: ${numbers.size}")

    let arr = Array(10, item: 10)
    numbers.appendAll(arr)  // 向numbers中添加10个元素
```

```
        println("capacity: ${numbers.capacity()}  size: ${numbers.size}")

        numbers.appendAll(arr)   // 向numbers中添加10个元素
        println("capacity: ${numbers.capacity()}  size: ${numbers.size}")

        numbers.appendAll(arr)   // 向numbers中添加10个元素
        println("capacity: ${numbers.capacity()}  size: ${numbers.size}")
}
```

编译并执行以上代码，输出结果为：

```
capacity: 30  size: 30
capacity: 45  size: 40
capacity: 67  size: 50
capacity: 67  size: 60
```

从上面的示例代码中可以看出，随着 ArrayList 容量的增大，每次扩容的幅度都比上一次要大。当 ArrayList 的容量足够大时，因为添加元素而触发重新分配内存的概率就很小了。尽管如此，如果预先知道大约需要添加多少个元素，就可以在向 ArrayList 添加元素之前预备足够的容量以避免在程序执行过程中重新分配内存，这样可以大大提高程序的性能。

调用 ArrayList 的 **reserve 函数**可以为 ArrayList 扩充指定的容量。该函数的定义如下：

```
// 为ArrayList扩容，参数additional表示要扩充的容量
public func reserve(additional: Int64): Unit
```

示例程序如代码清单 12-3 所示。

代码清单 12-3　management_of_capacity.cj

```
01  from std import collection.ArrayList
02
03  main() {
04      let numbers = ArrayList(30) {idx: Int64 => idx}   // 初始容量为30
05      println("capacity: ${numbers.capacity()}  size: ${numbers.size}")
06
07      numbers.reserve(100)   // 扩充容量
08      println("capacity: ${numbers.capacity()}  size: ${numbers.size}")
09  }
```

编译并执行以上代码，输出结果为：

```
capacity: 30  size: 30
capacity: 130  size: 30
```

## 12.4　HashSet

使用 HashSet 可以存储**单一元素类型、元素不重复**的无序序列的数据。在使用 HashSet 类型时需要先导入标准库 collection 包中的 HashSet 类，导入的语法如下：

```
from std import collection.HashSet
```

仓颉使用 HashSet<T> 表示 HashSet 类型。其中，T 表示 HashSet 中存储的元素的类型。T 必须是实现了接口 Hashable 和 Equatable 的类型。在前面介绍的基础数据类型中，布尔类型、字符类型、字符串类型以及所有的数值类型都实现了接口 Hashable 和 Equatable。

HashSet 的**元素不允许重复**。元素类型不同的 HashSet 是不同的类型，因此元素类型不同的 HashSet 之间不能互相赋值。

## 12.4.1 HashSet 的创建

HashSet 主要是通过 HashSet 类的构造函数创建的。HashSet 类的构造函数如表 12-3 所示。

表 12-3 HashSet 类的构造函数

| 函数定义 | 说明 |
|---|---|
| public init() | 构造一个初始容量为默认值 16 的空 HashSet |
| public init(capacity: Int64) | 通过指定的初始容量 capacity 构造一个空 HashSet |
| public init(size: Int64, initElement: (Int64) -> T) | 通过指定的元素个数 size 和用于生成初始元素的 initElement 构造 HashSet，参数 initElement 为一个类型为 (Int64) -> T 的函数或 lambda 表达式 |
| public init(elements: Array<T>) | 通过指定的 Array 实例 elements 构造 HashSet |
| public init(elements: Collection<T>) | 通过指定的 Collection 实例 elements 构造 HashSet |

代码清单 12-4 通过构造函数创建了 4 个 HashSet 实例。

代码清单 12-4　creation_of_hash_set.cj

```
01   // 导入标准库collection包中的所有顶层声明，其中包括HashSet和ArrayList
02   from std import collection.*
03
04   main() {
05       /*
06        * 构造一个空的HashSet
07        * 调用构造函数init()
08        */
09       let set1 = HashSet<Int64>()
10       println(set1)   // 输出：[]
11
12       /*
13        * 通过指定的Array实例构造HashSet
14        * 调用构造函数init(elements: Array<T>)
15        */
16       let set2 = HashSet([1, 2, 3, 3, 2, 1])
17       // HashSet的元素不允许重复，重复的元素会自动去重
18       println(set2)   // 输出（元素顺序可能不同）：[1, 2, 3]
19
20       /*
21        * 通过指定的Collection实例构造HashSet
22        * 调用构造函数init(elements: Collection<T>)
```

```
23        */
24        let arrList = ArrayList([2, 4, 6, 8, 10])
25        let set3 = HashSet(arrList)
26        println(set3)   // 输出（元素顺序可能不同）：[2, 4, 6, 8, 10]
27
28        /*
29         * 通过指定的元素个数和用于生成初始元素的函数或 lambda 表达式构造 HashSet
30         * 调用构造函数 init(size: Int64, initElement: (Int64) -> T)
31         */
32        let set4 = HashSet(3) {num: Int64 => (num + 1) * 3}
33        println(set4)   // 输出（元素顺序可能不同）：[3, 6, 9]
34    }
```

需要注意的是，**HashSet 是无序的**，所以使用 println 输出元素的顺序和添加元素的顺序可能是不同的。例如，set3 包含的元素有 2、4、6、8、10（第 25 行），使用 println 输出 set3 时，有可能会输出 [2, 4, 6, 8, 10]，也有可能其中的元素是按其他顺序排列的。

另外，**HashSet 对元素有唯一性要求**。如果构造 HashSet 时传入的数据有重复，最终的 HashSet 会去掉重复的数据。例如，在构造 set2 时使用的是一个具有重复元素的 Array 字面量，而最后得到的 set2 是不包含重复元素的（第 16 ～ 18 行）。由此可见，将包含重复元素的 Array 或 ArrayList 转换为 HashSet 可以达到快速去重的目的。

**HashSet 没有索引**，因此构造 set4 时使用的 lambda 表达式中的 num 表示的不是索引（第 32 行）。这里可以认为 num 表示的是向 HashSet 中添加元素时的序号，如图 12-19 所示。

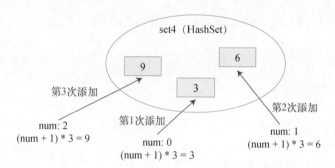

图 12-19　使用 lambda 表达式创建 HashSet

## 12.4.2　HashSet 元素的访问

由于 HashSet 的元素无序且没有索引，因此无法通过下标语法访问 HashSet 的元素。对 HashSet 元素的访问主要包括以下几种方式。

### 1. 获取 HashSet 的元素个数

HashSet 提供了**属性 size** 用于获取 HashSet 包含的元素个数，其返回值类型为 Int64。另外，HashSet 也提供了 **isEmpty 函数**用于判断 HashSet 是否为空。举例如下：

```
from std import collection.HashSet

main() {
```

```
        let cities = HashSet(["北京", "南京", "杭州", "西安"])

        if (!cities.isEmpty()) {
            println(cities.size)
        } else {
            println("cities是空HashSet")
        }
    }
```

编译并执行以上代码，输出结果为：

```
4
```

### 2. 遍历 HashSet

使用 **for-in 表达式**可以遍历 HashSet。举例如下：

```
from std import collection.HashSet

main() {
    let cities = HashSet(["北京", "南京", "杭州", "西安"])

    // 使用for-in表达式遍历HashSet
    for (city in cities) {
        println(city)
    }
}
```

编译并执行以上代码，输出结果为（元素顺序可能不同）：

```
北京
南京
杭州
西安
```

需要再次强调的是，因为 HashSet 是无序的，所以遍历元素的顺序和添加元素的顺序可能是不同的。

### 3. 判断 HashSet 是否包含指定元素

通过 HashSet 的 **contains 函数**可以判断 HashSet 是否包含某个元素。该函数只有一个参数，表示待判断的元素，若 HashSet 包含该元素则返回 true，否则返回 false。举例如下：

```
from std import collection.HashSet

main() {
    let cities = HashSet(["北京", "南京", "杭州", "西安"])

    if (cities.contains("上海")) {
        println("cities包含上海")
    } else {
        println("cities不包含上海")
    }
}
```

编译并执行以上代码，输出结果为：

cities不包含上海

如果需要一次性判断 HashSet 是否包含多个元素，可以调用 HashSet 的 **containsAll 函数**。该函数只有一个参数，表示一个Collection实例。若 HashSet 包含该Collection实例的所有元素，则返回 true，否则返回 false。举例如下：

```
from std import collection.HashSet

main() {
    let cities = HashSet(["北京", "南京", "杭州", "西安"])
    println(cities.containsAll(["北京", "南京"]))   // 输出: true
    println(cities.containsAll(["北京", "上海"]))   // 输出: false
}
```

### 12.4.3 HashSet 元素的添加和删除

HashSet 没有提供修改元素的操作，只能添加或删除元素。

**1. 添加元素**

HashSet 提供了 **put 函数**用于向 HashSet 中添加单个元素。该函数的定义为：

```
// 向HashSet中添加元素element，若element在HashSet中已经存在，则添加失败
public func put(element: T): Unit
```

举例如下：

```
from std import collection.HashSet

main() {
    let cities = HashSet(["北京", "南京", "杭州", "西安"])
    println(cities)      // 输出（元素顺序可能不同）: [北京，南京，杭州，西安]

    cities.put("西安")   // 添加失败
    cities.put("上海")   // 添加成功
    println(cities)      // 输出（元素顺序可能不同）: [北京，南京，杭州，西安，上海]
}
```

以上示例中 put 函数的工作原理如图 12-20 所示。

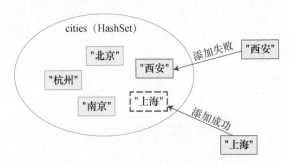

图 12-20　使用 put 函数向 HashSet 中添加元素

如果需要一次性将多个元素添加到 HashSet 中，可以调用 HashSet 的 **putAll 函数**。该函数的定义为：

```
// 向 HashSet 中添加 elements 的所有元素，如果某个元素在 HashSet 中已经存在，则不添加
public func putAll(elements: Collection<T>): Unit
```

举例如下：

```
from std import collection.HashSet

main() {
    let cities = HashSet(["北京", "南京", "杭州", "西安"])
    println(cities)  // 输出（元素顺序可能不同）：[北京，南京，杭州，西安]

    cities.putAll(["北京", "上海", "杭州", "成都"])
    println(cities)  // 输出（元素顺序可能不同）：[北京，南京，杭州，西安，上海，成都]
}
```

### 2. 删除元素

通过 HashSet 的 **remove 函数**可以从 HashSet 中删除单个元素。该函数的定义为：

```
// 如果指定元素 element 存在于 HashSet 中，则将其删除并返回 true，否则返回 false
public func remove(element: T): Bool
```

通过 HashSet 的 **removeAll 函数**可以一次性从 HashSet 中删除多个元素。该函数的定义为：

```
// 删除 HashSet 与 elements 重复的元素
public func removeAll(elements: Collection<T>): Unit
```

如果需要将 HashSet 的某些特定元素保留下来而将其他元素删除，可以调用 HashSet 的 **retainAll 函数**。该函数的定义为：

```
// 保留 HashSet 与 elements 重复的元素，删除其他元素
public func retainAll(elements: Set<T>): Unit
```

该函数要求传入的参数为 Set<T> 类型。Set 是定义在 collection 包中的泛型接口。HashSet 类型已经实现了 Set 接口，所以可以将 HashSet 类型的参数传入 retainAll 函数。

举例如下：

```
from std import collection.HashSet

main() {
    let cities = HashSet(["北京", "南京", "杭州", "西安", "上海", "成都"])
    println(cities)  // 输出（元素顺序可能不同）：[北京，南京，杭州，西安，上海，成都]

    cities.remove("南京")
    println(cities)  // 输出（元素顺序可能不同）：[北京，杭州，西安，成都]

    cities.removeAll(["天津", "西安", "成都"])
    println(cities)  // 输出（元素顺序可能不同）：[北京，杭州，上海]

    cities.retainAll(HashSet<String>(["杭州", "上海"]))
```

```
        println(cities)  // 输出（元素顺序可能不同）: [杭州，上海]
    }
```

HashSet 提供了 **removeIf 函数**用于删除 HashSet 中满足指定条件的元素。该函数的定义为：

```
// 删除 HashSet 中满足给定条件的所有元素，条件由 predicate 指定的函数或 lambda 表达式限定
public func removeIf(predicate: (T) -> Bool): Unit
```

举例如下：

```
from std import collection.HashSet

main() {
    let numbers = HashSet([2, 6, 10, 12, 16, 20, 24])
    println(numbers) // 输出（元素顺序可能不同）: [2, 6, 10, 12, 16, 20, 24]

    numbers.removeIf {elem => elem % 3 == 0}
    println(numbers) // 输出（元素顺序可能不同）: [2, 10, 16, 20]
}
```

最后，如果需要从 HashSet 中删除所有元素，可以调用 HashSet 的 **clear 函数**。该函数没有参数。

## 12.5　HashMap

使用 HashMap 可以存储**元素为键值对**的**无序序列**的数据。在使用 HashMap 类型时需要先导入标准库 collection 包中的 HashMap 类，导入的语法如下：

```
from std import collection.HashMap
```

仓颉使用 HashMap<K, V> 表示 HashMap 的类型。其中，K 表示 HashMap 的键（key）的类型，V 表示 HashMap 的值（value）的类型。K 必须是实现了接口 Hashable 和 Equatable 的类型，V 可以是任意类型。

**HashMap 的键不允许重复，值可以重复**（不同的键可以对应相同的值）。元素类型不同的 HashMap 是不同的类型，因此元素类型不同的 HashMap 之间不能互相赋值。

图 12-21 所示的是一个以科目为键、以科目对应的得分为值的 HashMap 的示意图。

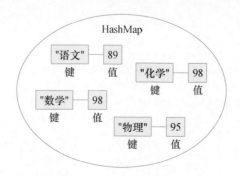

图 12-21　HashMap 的示意图

## 12.5.1 HashMap 的创建

HashMap 的创建主要是通过 HashMap 类的构造函数。HashMap 类的构造函数如表 12-4 所示。

表 12-4　HashMap 类的构造函数

| 函数定义 | 说明 |
| --- | --- |
| public init() | 构造一个初始容量为默认值 16 的空 HashMap |
| public init(capacity: Int64) | 通过指定的初始容量 capacity 构造一个空 HashMap |
| public init(size: Int64, initElement: (Int64) -> (K, V)) | 通过指定的元素个数 size 和用于生成初始元素的 initElement 构造 HashSet，参数 initElement 为一个类型为 (Int64) -> (K, V) 的函数或 lambda 表达式 |
| public init(elements: Array<(K, V)>) | 通过指定的 Array 实例 elements 构造 HashMap，elements 的元素类型必须为 (K, V) 的二元组 |
| public init(elements: Collection<(K, V)>) | 通过指定的 Collection 实例 elements 构造 HashMap，elements 的元素类型必须为 (K, V) 的二元组 |

代码清单 12-5 通过构造函数创建了 4 个 HashMap 实例。

代码清单 12-5　creation_of_hash_map.cj

```
01   from std import collection.*
02
03   main() {
04       /*
05        * 构造一个空的 HashMap
06        * 调用构造函数 init()
07        */
08       let map1 = HashMap<Int64, Int64>()
09       println(map1)  // 输出: []
10
11       /*
12        * 通过的 Array 实例构造 HashMap
13        * 调用构造函数 init(elements: Array<(K, V)>
14        */
15       let map2 = HashMap([("四川", "成都"), ("安徽", "合肥")])
16       println(map2)  // 输出（元素顺序可能不同）: [(四川, 成都), (安徽, 合肥)]
17
18       /*
19        * 通过指定的 Collection 实例构造 HashMap
20        * 调用构造函数 init(elements: Collection<(K, V)>)
21        */
22       let arrList = ArrayList([(1, "小明"), (2, "小美")])
23       let map3 = HashMap(arrList)
24       println(map3)  // 输出（元素顺序可能不同）: [(1, 小明), (2, 小美)]
25
26       /*
27        * 通过指定的元素个数和用于生成初始元素的函数或 lambda 表达式构造 HashMap
28        * 调用构造函数 init(size: Int64, initElement: (Int64) -> (K, V))
29        */
```

```
30        let map4 = HashMap(3) {num: Int64 => (num * 2, num + 1)}
31        println(map4)   // 输出（元素顺序可能不同）: [(0, 1), (2, 2), (4, 3)]
32    }
```

HashMap 与 HashSet 一样也是无序的，因此通过各种方式访问 HashMap 元素的顺序和添加元素的顺序可能是不同的。

对于 map4（第 30 行），由于 HashMap 是没有索引的，因此 lambda 表达式中的 num 表示的不是索引，而是可以认为是向 HashMap 中添加键值对时的序号，如图 12-22 所示。

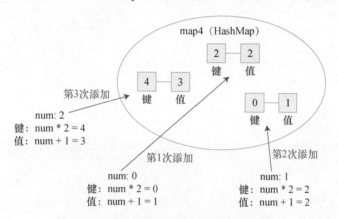

图 12-22　使用 lambda 表达式创建 HashMap

由于 HashMap 的键不允许重复，如果创建时传入的参数中存在相同的键，那么最终只会保留最后添加的键值对。举例如下：

```
from std import collection.HashMap

main() {
    let map1 = HashMap([(1, "小明"), (2, "小美")])
    println(map1)   // 输出（元素顺序可能不同）: [(1, 小明), (2, 小美)]

    let map2 = HashMap([(1, "小明"), (2, "小美"), (1, "小刚")])
    println(map2)   // 输出（元素顺序可能不同）: [(1, 小刚), (2, 小美)]
}
```

## 12.5.2　HashMap 元素的访问

对 HashMap 元素的访问主要有获取元素个数、判断 HashMap 是否包含指定的键、访问单个元素以及遍历所有元素。

### 1. 获取 HashMap 的元素个数

HashMap 类型提供了**属性 size** 用于获取 HashMap 包含的键值对的个数，其返回值类型为 Int64。另外，HashMap 类型还提供了 **isEmpty 函数**用于判断 HashMap 是否为空；若 HashMap 为空，则返回 true，否则返回 false。

### 2. 判断 HashMap 是否包含指定的键

当需要判断 HashMap 是否包含某个键时，可以调用 HashMap 的 **contains 函数**。该函数只有一个参数，表示待判断的键；若 HashMap 包含该键，则返回 true，否则返回 false。

如果需要一次性判断 HashMap 是否包含多个键，那么可以调用 HashMap 的 **containsAll 函数**。该函数只有一个参数，表示一个 Collection 实例，若 HashMap 包含该 Collection 实例的所有元素指定的键，则返回 true，否则返回 false。

举例如下：

```
from std import collection.HashMap

main() {
    let map = HashMap([("语文", 89), ("数学", 90), ("物理", 82)])

    println(map.contains("化学"))   // 输出: false
    println(map.containsAll(["语文", "物理"]))   // 输出: true
}
```

### 3. 访问单个 HashMap 元素

通过**下标语法**可以访问 HashMap 中指定的键对应的值，其语法如下：

```
HashMap名 [键]
```

在使用下标语法时，如果方括号中指定的键在 HashMap 中不存在，将会导致运行时异常。举例如下：

```
from std import collection.HashMap

main() {
    let map = HashMap([("语文", 89), ("数学", 90)])

    // 通过下标语法访问 HashMap 元素
    println(map["语文"])   // 输出: 89
    println(map["化学"])   // 运行时异常: NoneValueException
}
```

除了使用下标语法，还可以调用 HashMap 的 **get 函数**来获得 HashMap 中指定的键对应的值。该函数的定义为：

```
// 返回指定的键 key 对应的值，如果 HashMap 不包含指定的键 key，则返回 Option<V>.None
public func get(key: K): Option<V>
```

get 函数的返回值类型为 Option<V>。对于 get 函数的返回值，可以使用 if-let 表达式、match 表达式或 getOrThrow 函数等解构。在使用 getOrThrow 函数时，可以结合 contains 函数来确认 HashMap 是否包含指定的键。代码清单 12-6 分别使用 getOrThrow 函数和 if-let 表达式对 get 函数的返回值进行了解构。

代码清单 12-6　deconstruction.cj

```
01  from std import collection.HashMap
02
03  main() {
04      let map = HashMap([("语文", 89), ("数学", 90)])
05
```

```
06        // 使用get函数获取HashMap指定键对应的值，并使用getOrThrow函数对结果进行解构
07        if (map.contains("数学")) {
08            println("数学：${map.get("数学").getOrThrow()}")
09        } else {
10            println("map不包含键：数学")
11        }
12
13        // 使用get函数获取HashMap指定键对应的值，并使用if-let表达式对结果进行解构
14        if (let Some(elem) <- map.get("物理")) {
15            println("物理：${elem}")
16        } else {
17            println("map不包含键：物理")
18        }
19    }
```

编译并执行以上代码，输出结果为：

```
数学：90
map中包含键：物理
```

### 4. 遍历 HashMap

使用 **for-in 表达式**可以对 HashMap 的键、值或键值对进行遍历。

HashMap 提供了**函数 keys 和 values** 用于获得 HashMap 的键和值。这两个函数的定义分别为：

```
// 返回HashMap所有的键，并将所有的键存储在一个EquatableCollection容器中
public func keys(): EquatableCollection<K>

// 返回HashMap所有的值，并将所有的值存储在一个Collection容器中
public func values(): Collection<V>
```

keys 函数的返回值类型为 EquatableCollection<K>。EquatableCollection 是定义在 collection 包中的泛型接口，并且 EquatableCollection<T> <: Collection<T>。values 函数的返回值类型为 Collection<V>。

下面使用 keys 函数遍历 HashMap 的键。

```
from std import collection.HashMap

main() {
    let map = HashMap([("语文", 89), ("数学", 90), ("英语", 88),("物理", 91)])

    // 使用keys函数遍历HashMap的键
    for (course in map.keys()) {
        print("${course}  ")
    }
}
```

编译并执行以上代码，输出结果为（元素顺序可能不同）：

```
语文   数学   英语   物理
```

如果只需要获取 HashMap 的所有键而不需要遍历，也可以将 keys 函数的返回值转换为其他 Collection 类型。例如，转换为 Array 类型：

```
let arr = Array(map.keys())
println(arr)  // 输出（元素顺序可能不同）: [语文，数学，英语，物理]
```

将上面示例中的 for-in 表达式修改一下，就可以遍历 HashMap 的值。

```
// 使用 values 函数遍历 HashMap 的值
for (score in map.values()) {
    print("${score}  ")
}
```

编译并执行代码，输出结果为（元素顺序可能不同）:

```
89  90  88  91
```

最后，遍历 HashMap 的所有键值对。继续修改 for-in 表达式。修改过后的代码如下:

```
// 使用 for-in 表达式遍历 HashMap 的键值对
for ((course, score) in map) {
    println("${course} : ${score}")
}
```

编译并执行代码，输出结果为（元素顺序可能不同）:

```
语文 : 89
数学 : 90
英语 : 88
物理 : 91
```

以上 for-in 表达式使用了**元组模式** (course, score)，用于依次对 HashMap 的键值对进行匹配并分别与 course 和 score 进行绑定（见第 9 章）。

### 12.5.3　HashMap 元素的修改和添加

HashMap 支持对元素（键值对）的修改和添加操作。
使用下标语法、函数 put 或 putAll，都可以修改或添加 HashMap 的键值对:

■　如果 HashMap 中已经存在指定的键，对应的是修改操作;
■　如果 HashMap 中没有指定的键，对应的是添加操作。
下面是一个使用**下标语法**的例子。

```
from std import collection.HashMap

main() {
    let map = HashMap([("语文", 89), ("数学", 90), ("英语", 88)])
    println(map)

    // 使用下标语法对 HashMap 的元素进行修改或添加操作
    map["语文"] = 90  // 修改键"语文"对应的值
    map["化学"] = 91  // 添加键值对: "化学"-91
    println(map)
}
```

编译并执行代码，输出结果为（元素顺序可能不同）：

```
[(语文, 89), (数学, 90), (英语, 88)]
[(语文, 90), (数学, 90), (英语, 88), (化学, 91)]
```

以上示例中对 HashMap 进行修改和添加操作的过程如图 12-23 所示。

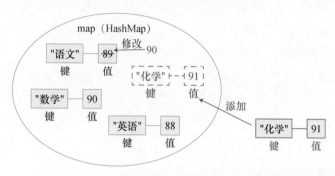

图 12-23　HashMap 元素的修改和添加操作

除了使用下标语法，调用 HashMap 的 **put 函数**也可以修改单个元素或向 HashMap 中添加单个元素。该函数的第 1 个参数用于指定键，第 2 个参数用于指定值。

```
from std import collection.HashMap

main() {
    let map = HashMap([("语文", 89), ("数学", 90), ("英语", 88)])
    println(map)

    // 调用put函数对HashMap的元素进行修改或添加操作
    map.put("语文", 90)    // 修改键"语文"对应的值
    map.put("化学", 91)    // 添加键值对："化学"-91
    println(map)
}
```

编译并执行代码，输出结果为（元素顺序可能不同）：

```
[(语文, 89), (数学, 90), (英语, 88)]
[(语文, 90), (数学, 90), (英语, 88), (化学, 91)]
```

如果需要同时修改或向 HashMap 中添加多个元素，可以调用 HashMap 的 **putAll 函数**。该函数的定义为：

```
// 将elements的所有键值对添加到此HashMap中，若某个键在HashMap中已经存在，则修改其对应的值
public func putAll(elements: Collection<(K, V)>): Unit
```

举例如下：

```
from std import collection.HashMap

main() {
    let map = HashMap([("语文", 89), ("数学", 90), ("英语", 88)])
    println(map)
```

```
    // 调用 putAll 函数对 HashMap 的元素进行修改和添加操作
    map.putAll(HashMap([("语文", 90), ("化学", 91)]))
    println(map)
}
```

编译并执行以上代码，输出结果为（元素顺序可能不同）：

```
[(语文, 89), (数学, 90), (英语, 88)]
[(语文, 90), (数学, 90), (英语, 88), (化学, 91)]
```

另外，HashMap 还提供了一个 **putIfAbsent 函数**，该函数的定义如下：

```
/*
 * 若 HashMap 中不存在键 key，则向 HashMap 中添加由 key 和 value 指定的键值对，并返回 true
 * 若 HashMap 中已经存在键 key，则不执行任何操作，并返回 false
 */
public func putIfAbsent(key: K, value: V): Bool
```

举例如下：

```
from std import collection.HashMap

main() {
    let map = HashMap([("语文", 89), ("数学", 90), ("英语", 88)])
    println(map)

    // 调用 put 函数对 HashMap 的元素进行修改或添加操作
    println(map.putIfAbsent("语文", 90))    // 添加失败
    println(map.putIfAbsent("化学", 91))    // 添加成功
    println(map)
}
```

编译并执行以上代码，输出结果为（元素顺序可能不同）：

```
[(语文, 89), (数学, 90), (英语, 88)]
false
true
[(语文, 89), (数学, 90), (英语, 88), (化学, 91)]
```

## 12.5.4　HashMap 元素的删除

通过 HashMap 的 **remove 函数**可以从 HashMap 中删除单个键值对。该函数的定义为：

```
/*
 * 从 HashMap 中删除指定键 key 对应的键值对（如果存在）
 * 返回值为被删除的键值对的值，类型为 Option<V>
 * 如果指定键 key 不存在，则返回 Option<V>.None
 */
public func remove(key: K): Option<V>
```

如果需要一次性从 HashMap 中删除多个键值对，可以调用 HashMap 的 **removeAll 函数**。

该函数的定义为：

```
// 从HashMap中删除keys所有的键对应的键值对（如果存在）
public func removeAll(keys: Collection<K>): Unit
```

举例如下：

```
from std import collection.HashMap

main() {
    let map = HashMap([("语文", 89), ("数学", 90), ("英语", 88), ("物理", 91)])

    // 使用removeAll函数删除多个键值对
    map.removeAll(["物理", "化学"])
    println(map)

    // 使用remove函数删除单个键值对
    map.remove("英语")
    println(map)
}
```

编译并执行代码，输出结果为（元素顺序可能不同）：

```
[(语文, 89), (数学, 90), (英语, 88)]
[(语文, 89), (数学, 90)]
```

HashMap 还提供了 **removeIf 函数**用于从 HashMap 中删除满足指定条件的元素。该函数的定义为：

```
// 删除此HashMap中满足给定条件的所有键值对，条件由predicate指定的函数或lambda表达式限定
public func removeIf(predicate: (K, V) -> Bool): Unit
```

下面的示例代码使用 removeIf 函数删除了满足 lambda 表达式的键值对。该 lambda 表达式中的 key 和 value 分别表示 HashMap 中某个键值对的键和值。如果 map 的某个键值对满足条件 key != "b" && value > 20，那么该键值对就会被删除。

```
from std import collection.HashMap

main() {
    let map = HashMap([("a", 10), ("b", 20), ("c", 30)])
    map.removeIf {key, value => key != "b" && value > 20}
    println(map)   // 输出（元素顺序可能不同）: [(a, 10), (b, 20)]
}
```

如果需要从 HashMap 中删除所有元素，可以调用 HashMap 的 **clear 函数**。该函数没有参数。

# 12.6　接口 Iterable 和 Iterator

为了更好地遍历和处理 Collection 类型的元素，仓颉提供了两个与迭代相关的泛型接口，

分别是 Iterable 和 Iterator。这两个接口的定义如下：

```
public interface Iterable<E> {
    func iterator(): Iterator<E>   // 返回 E 类型的迭代器
}


public interface Iterator<E> <: Iterable<E> {
    func next(): Option<E>   // 返回迭代过程中的下一个元素
}
```

Iterable 接口包含一个成员函数 iterator，其作用是返回具体类型的迭代器。迭代器的类型是 Iterator，Iterator 继承了 Iterable 接口。Iterator 接口包含一个成员函数 next，用于返回迭代过程中的下一个元素，如果迭代器已经达到了元素的末尾，那么 next 函数会返回 None 值。

先看一个示例，代码如下：

```
main() {
    let numbers = [1, 2, 3, 4]

    let iter = numbers.iterator()   // 获得 numbers 的迭代器
    println(iter.next())   // 输出：Some(1)
    println(iter.next())   // 输出：Some(2)
    println(iter.next())   // 输出：Some(3)
    println(iter.next())   // 输出：Some(4)
    println(iter.next())   // 输出：None
    println(iter.next())   // 输出：None
}
```

示例代码首先创建了数组 numbers，其类型为 Array<Int64>。接着获得了 numbers 的迭代器 iter，其类型为 Iterator<Int64>。之后多次通过 iter 调用了 next 函数。每次调用 next 函数时，迭代器将返回下一个元素对应的 Option 值，直到到达元素末尾时返回 None 值。

任何实现了 Iterable 接口的类型都是可迭代的，可以直接使用 for-in 表达式遍历这些类型的实例。**for-in 表达式会自动处理迭代逻辑**，使得我们可以直接遍历可迭代实例，而无须显式调用迭代相关的函数，也不需要考虑 Option 值的处理。

注：本章介绍的 4 种基础 Colletion 类型都已经实现了 Iterable 接口，因此可以使用 for-in 表达式遍历它们的实例。

从上面的示例中还可以看出，迭代器是一次性的，当迭代结束后（返回 None 值），无法再次从头开始迭代。举例如下：

```
main() {
    let numbers = [1, 2, 3, 4, 5]
    let iter = numbers.iterator()   // 获得 numbers 的迭代器

    println("第一次迭代：")
    for (elem in iter) {
        print(" ${elem}")
    }

    println("\n第二次迭代：")
```

```
    for (elem in iter) {
        print(" ${elem}")
    }
}
```

编译并执行以上代码，输出结果为：

```
第一次迭代：
 1 2 3 4 5
第二次迭代：
```

因为 Iterator 继承了 Iterable，所以迭代器 iter 也是可迭代的。在对 iter 进行第一次迭代时，遍历完了 numbers 中的所有元素，迭代器到达元素末尾；在第二次迭代时，迭代器直接返回 None 值。

如果第一次迭代时没有到达元素末尾，那么第二次还可以继续迭代。修改示例代码：

```
main() {
    let numbers = [1, 2, 3, 4, 5]
    let iter = numbers.iterator()  // 获得numbers的迭代器

    println("第一次迭代：")
    for (elem in iter) {
        print(" ${elem}")
        if (elem == 3) {
            break
        }
    }

    println("\n第二次迭代：")
    for (elem in iter) {
        print(" ${elem}")
    }
}
```

编译并执行修改过后的代码，输出结果为：

```
第一次迭代：
 1 2 3
第二次迭代：
 4 5
```

如果要重新遍历相应的实例，必须重新获取迭代器。举例如下：

```
main() {
    let numbers = [1, 2, 3, 4, 5]
    var iter = numbers.iterator()  // 获得numbers的迭代器

    println("第一次迭代：")
    for (elem in iter) {
```

```
        print(" ${elem}")
    }

    iter = numbers.iterator()    // 再次获得 numbers 的迭代器
    println("\n第二次迭代：")
    for (elem in iter) {
        print(" ${elem}")
    }
}
```

编译并执行以上代码，输出结果为：

```
第一次迭代：
 1 2 3 4 5
第二次迭代：
 1 2 3 4 5
```

除了 for-in 表达式，还可以使用 while 表达式或 while-let 表达式来遍历可迭代类型的实例，不过需要手动处理一些迭代的细节。示例程序如代码清单 12-7 所示。

代码清单 12-7　interface_iterable_demo.cj

```
01  main() {
02      let numbers = [1, 2, 3, 4, 5]
03      var iter = numbers.iterator()    // 获得 numbers 的迭代器
04
05      println("while 表达式")
06      // 使用 while 表达式遍历 numbers
07      while (true) {
08          match (iter.next()) {
09              case Some(elem) => print(" ${elem}")
10              case None => break
11          }
12      }
13
14      iter = numbers.iterator()    // 再次获得 numbers 的迭代器
15      println("\nwhile-let 表达式")
16      // 使用 while-let 表达式遍历 numbers
17      while (let Some(elem) <- iter.next()) {
18          print(" ${elem}")
19      }
20  }
```

编译并执行以上程序，输出结果为：

```
while 表达式
 1 2 3 4 5
while-let 表达式
 1 2 3 4 5
```

# 12.7 用于 Collection 操作的高阶函数

高阶函数是**函数式编程**的一个核心概念，指的是至少符合以下一个条件的函数：

- 接收一个或多个函数（或 lambda 表达式）作为输入；
- 返回一个函数（或 lambda 表达式）作为输出。

高阶函数允许对函数进行操作，就像对普通数据进行操作一样。通过使用高阶函数，我们可以编写出更简洁和模块化的代码，同时增加代码的通用性和灵活性。仓颉在标准库的 collection 包中，提供了多个与接口 Iterable 和 Iterator 相关的高阶函数，本节将介绍其中几个常用函数。

### 1. map 函数

**map 函数**用于对可迭代实例的所有元素按照指定的规则逐一进行映射，它接收一个指定映射规则的函数（或 lambda 表达式）作为参数，返回一个执行映射操作的函数。该函数的定义如下：

```
/*
 * 参数transform用于指定映射规则，其类型为(T) -> R，其中T和R分别表示映射前和映射后的元素类型
 * 返回值为执行映射操作的函数，其类型为(Iterable<T>) -> Iterator<R>
 * 其中，Iterable<T>和Iterator<R>分别表示映射前和映射后的实例类型
 */
public func map<T, R>(transform: (T) -> R): (Iterable<T>) -> Iterator<R>
```

举例如下：

```
from std import collection.map   // 导入collection包中的map函数

main() {
    let numbers = [1, 2, 3, 4]

    // mapOperation的类型为：(Iterable<Int64>) -> Iterator<String>
    let mapOperation = map<Int64, String> {elem: Int64 => (elem * elem).toString()}
    // numbers实现了Iterable<Int64>，iter的类型为：Iterator<String>
    let iter = numbers |> mapOperation   // 相当于mapOperation(numbers)

    for (elem in iter) {
        println(elem)
    }
}
```

编译并执行以上代码，输出结果为：

```
1
4
9
16
```

以上示例对数组 numbers 的所有元素逐一进行了映射，映射规则为将每个元素的平方转换为字符串，如图 12-24 所示。

图 12-24　使用 map 函数映射数组

让我们重点看一下调用 map 函数的这行代码：

```
let mapOperation = map<Int64, String> {elem: Int64 => (elem * elem).toString()}
```

在调用时，指明了映射前和映射后的元素类型分别为 Int64 和 String，并由 lambda 表达式指定了映射规则。调用 map 函数结束后，得到的执行映射操作的函数 mapOperation 的类型为 (Iterable<Int64>) -> Iterator<String>。这意味着在执行映射操作时，传入的映射前的实例类型必须为 Iterable<Int64>；映射结束后，返回的实例类型为 Iterator<String>。

由于 numbers（Array<Int64> 类型）实现了 Iterable<Int64>，因此可以将 numbers 作为参数调用函数 mapOperation，得到的返回值 iter 的类型为 Iterator<String>，它是一个 String 类型的迭代器。

### 2. forEach 函数

**forEach 函数**用于遍历可迭代实例的所有元素并执行指定的遍历操作。该函数的定义如下：

```
/*
 * 参数action用于指定遍历操作，其类型为(T) -> Unit，其中T表示待遍历的实例中元素的类型
 * 返回值为执行遍历操作的函数，其类型为(Iterable<T>) -> Unit
 * 其中，Iterable<T>表示待遍历实例的类型
 */
public func forEach<T>(action: (T) -> Unit): (Iterable<T>) -> Unit
```

举例如下：

```
from std import collection.forEach  // 导入collection包中的forEach函数

main() {
    let numbers = [1, 2, 3, 4]
    // 亦可写为: numbers |> forEach<Int64> {elem => println(elem)}
    numbers |> forEach<Int64>(println)
}
```

在以上示例中，对 numbers 进行遍历，指定的遍历操作为调用 println 函数输出元素值。编译并执行以上代码，输出结果为：

```
1
2
3
4
```

修改前面 map 函数的示例，在得到迭代器 iter 之后，改为调用 forEach 函数对 iter 进行遍历并输出。修改过后的示例代码如下：

```
from std import collection.{map, forEach}

main() {
    let numbers = [1, 2, 3, 4]
    numbers |> map<Int64, String> {i => (i * i).toString()} |> forEach<String>(println)
}
```

以上代码的运行结果和修改之前是一样的。

### 3. filter 函数

**filter 函数**用于对可迭代实例的所有元素按照指定的过滤规则进行过滤。该函数的定义如下：

```
/*
 * 参数predicate用于指定过滤规则，其类型为(T) -> Bool
 * 其中，T和Bool分别表示待过滤的元素类型和是否满足过滤条件
 * 返回值为执行过滤操作的函数，其类型为(Iterable<T>) -> Iterator<T>
 * 其中，Iterable<T>和Iterator<T>分别表示过滤前和过滤后的实例类型
 */
public func filter<T>(predicate: (T) -> Bool): (Iterable<T>) -> Iterator<T>
```

举例如下：

```
from std import collection.{filter, forEach}

main() {
    let numbers = [1, 2, 3, 4]
    numbers |> filter<Int64> {elem => elem > 2} |> forEach<Int64>(println)
}
```

以上代码对数组 numbers 的所有元素进行过滤，过滤规则为只保留大于 2 的元素。编译并执行以上代码，输出结果为：

```
3
4
```

### 4. reduce 函数

**reduce 函数**用于将可迭代实例的所有元素归并（或者说"减少"）为单个值。该函数的定义如下：

```
/*
 * 参数initial表示归并值的初始值
 * 参数operation用于指定归并规则，其类型为(T, R) -> R
 * 返回值为执行归并操作的函数，其类型为(Iterable<T>) -> R
 * 其中，T表示待归并实例的元素类型，Iterable<T>表示待归并实例的类型，R表示归并值的类型
 */
public func reduce<T, R>(initial: R, operation: (T, R) -> R): (Iterable<T>) -> R
```

举例如下：

```
from std import collection.{reduce, forEach}

main() {
    let numbers = [1, 2, 3, 4]
    let sum = numbers |> reduce<Int64, Int64>(0) {elem, accu => accu + elem}
    println(sum)   // 输出: 10
}
```

以上示例将数组 numbers 的所有元素归并为一个值，如图 12-25 所示。

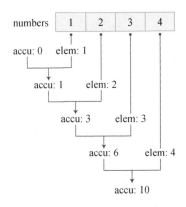

图 12-25　使用 reduce 函数归并数组

## 12.8　小结

本章主要学习了 4 种基础 Collection 类型：Array、ArrayList、HashSet 和 HashMap，接着介绍了接口 Iterable 和 Iterator，最后介绍了几个常用的高阶函数。

### 1. 基础 Collection 类型

仓颉的 4 种基础 Collection 类型都可以存储一系列的数据，我们可以根据不同的需求来选择合适的类型：

- 如果不需要增删，但需要修改有序序列的元素，应该选择 Array；
- 如果需要频繁对有序序列的元素进行增删改查操作，应该选择 ArrayList；
- 如果需要保证元素的唯一性且元素不是键值对，应该选择 HashSet；
- 如果需要存储一系列键值对，应该选择 HashMap。

这 4 种基础 Collection 类型的主要特性如表 12-5 所示。

表 12-5　基础 Collection 类型的主要特性

| 主要特性＼类型名称 | Array\<T\> | ArrayList\<T\> | HashSet\<T\> | HashMap\<K, V\> |
|---|---|---|---|---|
| 引用类型 | 是 | 是 | 是 | 是 |
| 元素类型要求 | 无 | 无 | T 必须是实现了接口 Hashable 和 Equatable 的类型 | K 必须是实现了接口 Hashable 和 Equatable 的类型 |
| 元素唯一性 | 否 | 否 | 是 | 是（K：是　V：否） |

| 主要特性 ＼ 类型名称 | Array\<T> | ArrayList\<T> | HashSet\<T> | HashMap\<K, V> |
|---|---|---|---|---|
| 有序序列 | 是 | 是 | 否 | 否 |
| 是否有索引 | 是 | 是 | 否 | 否 |
| 元素可修改 | 是 | 是 | 否 | 是 |
| 增删元素 | 否 | 是 | 是 | 是 |

每种 Collection 类型的实例创建以及元素的增删改查操作等，都是需要重点掌握的内容，相关的知识点如图 12-26 所示。

| | | Array\<T> | ArrayList\<T> | HashSet\<T> | HashMap\<K, V> |
|---|---|---|---|---|---|
| 使用前提 | | 无 | 导入 collection 包中相应的顶层声明 | | |
| 创 建 | | 构造函数 | 构造函数 | 构造函数 | 构造函数 |
| | | 字面量 | | | |
| 元素访问 | 元素个数 | size | size | size | size |
| | | isEmpty | isEmpty | isEmpty | isEmpty |
| | 单个元素 | 下标语法 | 下标语法 | — | 下标语法 |
| | | get | get | | get |
| | 部分元素 | 切片 | 切片 | — | — |
| | 所有元素 | for-in 表达式 | for-in 表达式 | for-in 表达式 | for-in 表达式 |
| | 判断是否包含指定元素 | 单个元素 contains | 单个元素 contains | 单个元素 contains | 单个元素 contains |
| | | | | 多个元素 containsAll | 多个元素 containsAll |
| 元素修改 | | 单个元素 下标语法 set | 单个元素 下标语法 set | — | 单个元素 下标语法 put |
| | | 多个元素 切片 | | | 多个元素 putAll |
| 元素添加 | | — | 单个元素 append prepend insert | 单个元素 put | 单个元素 下标语法 putIfAbsent put |
| | | | 多个元素 appendAll prependAll insertAll | 多个元素 putAll | 多个元素 putAll |
| 元素删除 | | — | 单个元素 remove | 单个元素 remove | 单个元素 remove |
| | | | 多个元素 removeIf | 多个元素 removeIf removeAll retainAll | 多个元素 removeIf removeAll |
| | | | remove | | |
| | | | 所有元素 clear | 所有元素 clear | 所有元素 clear |
| 创建副本 | | clone | clone | clone | clone |
| | | | 切片 | | |
| 转换为 Array | | toArray | toArray | toArray | toArray |

图 12-26　基础 Collection 类型的主要操作

## 2. 各种类型的关系

本章内容涉及了诸多接口和类型，其中主要类型的关系如图 12-27 所示（箭头表示继承或实现关系）。

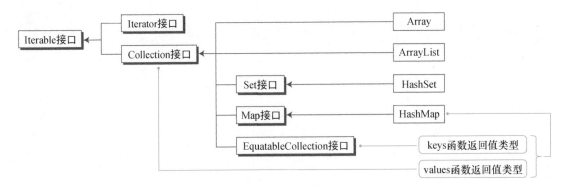

图 12-27  各种类型的关系

4 种基础 Collection 类型都是 Collection 接口的子类型。Collection 接口的定义如下：

```
public interface Collection<T> <: Iterable<T> {
    prop size: Int64
    func isEmpty(): Bool
    func toArray(): Array<T>
}
```

因此，这 4 种基础 Collection 类型都包含成员 size、isEmpty 和 toArray。

另外，4 种基础 Collection 类型均实现了接口 ToString 和 Equatable。

# 第 13 章
# 包管理

# 13.1　概述

随着项目规模的不断扩大，为了更高效地组织和管理源代码，我们可以根据功能将源代码分别组织到不同的包中，然后在需要时导入包中的顶层声明。

一个仓颉工程的所有文件都组织在工程文件夹下。一个仓颉工程对应一个仓颉模块（module），模块是最小的发布单元。一个模块可以包含多个包。每个模块都有自己的命名空间，在同一个模块内不允许有同名的包。例如，前面多次提到的标准库，就是仓颉提供的一个名为 std 的模块。标准库中包含了一些常用的包，如 collection 包、format 包、console 包等。

包（package）是最小的编译单元。一个包可以包含多个仓颉源文件，但一个包的顶层最多只能有一个 main。每个包都有自己的命名空间，在同一个包内不允许有同名的顶层声明（函数重载除外）。

一般来说，模块中的源文件都存放在工程文件夹下的目录 src 中。假设一个仓颉工程的目录 src 的文件组织如图 13-1 所示，那么目录 src 下的所有仓颉源文件可以分为以下两种。

- 在目录 src 下，每个文件夹中的源文件属于一个包。例如，a.cj 和 b.cj 属于 dir1 包，c.cj 属于 dir2 包。
- 直接在 src 下的源文件属于 default 包。例如，d.cj 和 e.cj 属于 default 包。

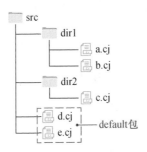

图 13-1　目录 src 的文件组织

main 是**程序执行**的入口。在编译并**执行**包时，程序入口是包顶层的 main，如果此时包的顶层没有 main，则会导致错误。在编译并**执行**模块时，程序入口**必须**是 **default 包**顶层的 main，如果此时 default 包中没有 main，那么也会导致错误。main 可以没有参数或参数类型为 Array<String>，返回值类型只能为整数类型或 Unit 类型。

与包相关的基本概念如图 13-2 所示。

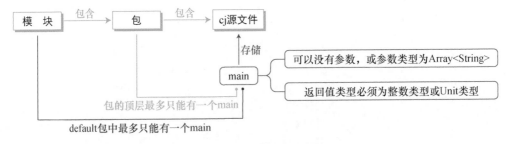

图 13-2　包管理的基本概念

## 13.2 包的声明

对于仓颉工程文件夹下的目录 src 及其子目录中的源文件，除了 default 包中的源文件，其他源文件都必须声明包名。包名使用关键字 package 声明，声明包名的语法格式如下：

```
package 包名
```

包声明必须是 cj 源文件的第 1 行代码（包声明前面可以有注释，但不可以有代码）。为了提高程序的可读性，建议在包声明之后加上一个空行。**包名**必须反映当前源文件相对于目录 src 的路径，并将其中的路径分隔符替换为点号 "."。

对于图 13-3 所示的目录结构，a.cj 和 b.cj 相对于目录 src 的路径都为 src\dir1\dir2，因此 a.cj 和 b.cj 的包声明都为：

```
package dir1.dir2
```

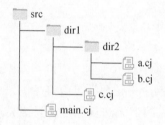

图 13-3　包声明的示例目录结构

c.cj 的路径为 src\dir1，其包声明应为：

```
package dir1
```

default 包中的 cj 源文件（例如 main.cj）无须显式声明包名。

包名或包名中的目录名，不能与当前包的顶层声明重名。例如，在 c.cj 中不能存在名为 dir1 的顶层声明，在 a.cj 中不能存在名为 dir1 或 dir2 的顶层声明。

另外，对于仓颉的源文件和目录的命名，建议采用全小写加下画线的命名风格：文件名和包名允许包含英文字母、数字和下画线，所有英文字母使用小写，如有多个单词则使用下画线分隔。例如，my_class.cj、e_commerce 等。

## 13.3 顶层声明的可见性

### 13.3.1 顶层声明的默认可见性

所有顶层声明在缺省了可见性修饰符的情况下，都默认是包内可见的（见 6.3.1 节）。以下示例程序源代码的目录结构如图 13-4 所示。

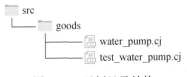

图 13-4　示例目录结构

相关代码如下：

water_pump.cj

```
package goods

class WaterPump {}
```

test_water_pump.cj

```
package goods

main() {
    let waterPump = WaterPump()
}
```

在 goods 包的 water_pump.cj 中有一个顶层声明 WaterPump 类，在 WaterPump 类的定义前没有添加修饰符 public，因此 WaterPump 类是包内可见的，只能在 goods 包中访问 WaterPump 类。WaterPump 类在包外是不可见的，无法从包外访问该类。

## 13.3.2　顶层声明的 public 可见性

使用 public 修饰的顶层声明在所有范围都是可见的。如果需要在一个包中访问另一个包的某个顶层声明，那么该顶层声明必须是包外可见的，在该顶层声明之前必须要添加修饰符 public。仓颉内置的类型默认都是以 public 修饰的，例如 Int64、Bool 等。

在 public 顶层声明中使用包外不可见的类型时，仓颉有以下 6 点使用限制。

**1. public 顶层函数的定义中，不可以使用包外不可见的类型作为形参类型及返回值类型**

在下面的示例代码中，C 类是包外不可见的类型。在 public 顶层函数 testFunc1 中，将类型 C 作为形参类型；在 public 顶层函数 testFunc2 中，将类型 C 作为返回值类型。这两行代码都会引发编译错误。

```
// 包外不可见的类型C
class C {}

// 编译错误：不可以使用包外不可见的类型C作为public顶层函数testFunc1的形参类型
public func testFunc1(c: C) {}

// 编译错误：不可以使用包外不可见的类型C作为public顶层函数testFunc2的返回值类型
public func testFunc2(): C {
    C()
}
```

在 public 顶层函数的函数体中,可以使用本包可见的任意类型(或任意顶层函数),不论该类型(或函数)在包外是否可见。示例程序如代码清单 13-1 所示。

代码清单 13-1　example_0.cj

```
01  // 包外不可见的类型C
02  class C {}
03
04  // 包外不可见的顶层函数fn
05  func fn() {}
06
07  public func testFunc1() {
08      // 在public顶层函数的函数体中,可以使用包外不可见的类型C
09      let c: C = C()
10  }
11
12  public func testFunc2() {
13      // 在public顶层函数的函数体中,可以使用包外不可见的顶层函数fn
14      fn()
15  }
```

在 public 顶层函数 testFunc1 的函数体中,使用了包外不可见的类型 C;在 public 顶层函数 testFunc2 的函数体中,调用了包外不可见的顶层函数 fn。

**2. public 顶层变量不可以被声明为包外不可见的类型**

在以下示例代码中,C 类是包外不可见的类型。如果将 public 顶层变量 c1 声明为包外不可见的类型 C,将会引发编译错误。即使不显式声明 public 顶层变量的类型,而是由编译器自动将 public 顶层变量推断为包外不可见的类型,也会引发编译错误,如 c2。

```
// 包外不可见的类型C
class C {}

public let c1: C = C()    // 编译错误
public let c2 = C()       // 编译错误
```

在 public 顶层变量的初始化表达式中,可以使用本包可见的任意类型(或任意顶层函数),不论该类型(或函数)在包外是否可见。示例程序如代码清单 13-2 所示。

代码清单 13-2　example_1.cj

```
01  // 包外不可见的类型C
02  class C {}
03
04  // 包外不可见的顶层函数
05  func fn1(c: C) {}
06  func fn2() {}
07
08  // 在public顶层变量的初始化表达式中可以使用包外不可见的类型C
09  public let v1 = fn1(C())
10
11  // 在public顶层变量的初始化表达式中可以使用包外不可见的顶层函数fn2
12  public let v2 = fn2
```

### 3. public 类不可以继承包外不可见的类

在以下示例代码中，C1 类是包外不可见的，public 类 C2 不可以继承 C1 类。

```
// 包外不可见的类C1
class C1 {}

// 编译错误: public类C2不可以继承包外不可见的类C1
public class C2 <: C1 {}
```

### 4. public 类型不可以实现或继承包外不可见的接口

在下面的示例代码中，接口 I 是包外不可见的。public 类型 C 不可以实现接口 I，public 接口 TestInterface 不可以继承接口 I。

```
// 包外不可见的接口I
interface I {}

// 编译错误: public类型C不可以实现包外不可见的接口I
public class C <: I {}

// 编译错误: public接口TestInterface不可以继承包外不可见的接口I
public interface TestInterface <: I {}
```

### 5. public 泛型类型的实例中，不可以使用包外不可见的类型作为类型实参

在以下示例代码中，S 类型是包外不可见的。在创建 public 泛型类 GenericClass<T> 的实例时，不可以使用 S 作为类型实参。

```
// public泛型类GenericClass<T>
public class GenericClass<T> {}

// 包外不可见的类型S
struct S {}

// 编译错误: public泛型类型GenericClass的实例中不可以使用包外不可见的类型S作为类型实参
public let genericClass1 = GenericClass<S>()

// 编译通过
public let genericClass2 = GenericClass<Bool>()
let genericClass3 = GenericClass<S>()
```

### 6. public 泛型类型的泛型约束中，不可以使用包外不可见的类型

在以下示例代码中，接口 I 和 C 类是包外不可见的。在泛型类型 testStruct<T> 和 testClass<T> 的泛型约束中不可以使用接口 I 和 C 类。

```
// 包外不可见的接口I
interface I {}

// 包外不可见的类型C
open class C {}

// 编译错误: public泛型类型的泛型约束中不可以使用包外不可见的类型
public struct testStruct<T> where T <: I {}
```

```
public class testClass<T> where T <: C {}
```

关于在 public 顶层声明中使用包外不可见的类型的相关注意事项，可以整理成图 13-5。

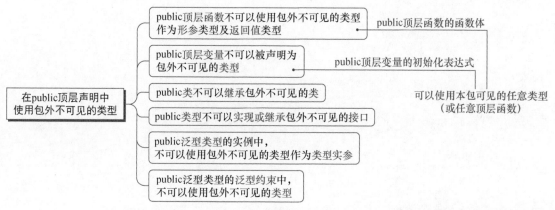

图 13-5　在 public 顶层声明中使用包外不可见的类型的注意事项

## 13.4　顶层声明的导入

### 13.4.1　使用 import 导入其他包中的 public 顶层声明

对于需要从其他包中导入的顶层声明，在确认了其可见性为 public 之后，就可以在当前包中导入并直接使用了。仓颉使用**关键字 import** 导入其他包中的 public 顶层声明。

在仓颉源文件中，包声明必须位于第 1 行代码，之后是所有 import 组成的代码块，再之后是其他代码。

#### 1. 导入单个顶层声明

导入其他包中的单个顶层声明的语法格式为：

```
[from 模块名] import 包名.顶层声明
```

其中，如果缺省了"from 模块名"，表示从当前模块中导入。

以下示例程序的目录结构如图 13-6 所示（工程文件夹名为 cangjie）。

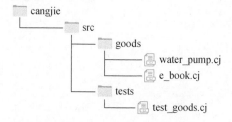

图 13-6　示例程序目录结构

相关代码如下：

water_pump.cj

```
package goods

public class WaterPump {}
```

e_book.cj

```
package goods

public class EBook {}
```

test_goods.cj

```
package tests

import goods.WaterPump   // 导入goods包中的WaterPump类
import goods.EBook   // 导入goods包中的EBook类

main() {
    let waterPump = WaterPump()
    let eBook = EBook()
}
```

在 goods 包中有两个 public 顶层声明：water_pump.cj 中的 WaterPump 类和 e_book.cj 中的 EBook 类。在当前模块的 tests 包的 test_goods.cj 中，使用 import 分别导入了 goods 包中的 WaterPump 类和 EBook 类，之后在 main 中就可以直接使用导入的 WaterPump 类和 EBook 类了。

在以上示例中，由于包 goods 和 tests 属于同一个模块，因此在导入时可以缺省模块名。如果将导入的代码写完整，可以添加上模块名，如下所示：

```
from cangjie import goods.WaterPump
from cangjie import goods.EBook
```

模块名即为工程文件夹的名称。

## 2. 一次性导入多个顶层声明

使用 import 可以一次性导入其他包中的多个顶层声明。

如果要一次性导入的多个顶层声明属于同一个包，可以使用以下语法：

```
[from 模块名] import 包名.{顶层声明1, 顶层声明2, ……}
```

以上代码等价于：

```
[from 模块名] import 包名.顶层声明1, 包名.顶层声明2, ……
```

举例如下：

```
from std import collection.{ArrayList, HashSet}

main() {
```

```
    let arr = ArrayList<Int64>()
    let set = HashSet(arr)
}
```

以上示例代码一次性导入了标准库 collection 包中的 ArrayList 类和 HashSet 类。

如果要一次性导入的多个顶层声明不属于同一个包但属于同一个模块，可以使用以下语法：

```
[from 模块名] import 包名1.顶层声明1, 包名2.顶层声明2, ……
```

举例如下：

```
from std import collection.ArrayList, console.Console

main() {
    let arr = ArrayList<Int64>()
    let input = Console.stdIn.readln()
}
```

以上示例代码一次性导入了标准库 collection 包中的 ArrayList 类和 console 包中的 Console 类。

### 3. 一次性导入所有顶层声明

使用以下语法可以一次性导入指定的包中的所有 public 顶层声明：

```
[from 模块名] import 包名.*
```

例如，使用以下代码可以导入标准库 collection 包中的所有 public 顶层声明：

```
from std import collection.*
```

注意，main 不可以被 public 修饰。在使用以上方式导入包中所有的 public 顶层声明时，如果包中有 main，main 不会被导入。

在程序中建议尽量避免使用"*"进行导入，因为使用"*"进行导入时，我们无法直接从代码中看出导入了其他包中的哪些顶层声明，也无法直接看出某个顶层声明是从哪个包中导入的，这样会降低程序的可读性。

### 4. 自动导入 core 包中的顶层声明

标准库 core 包中所有被 public 修饰的顶层声明，都会被编译器自动地导入到源代码中，因此，可以直接使用 core 包中的 String、Array、ToString、Option 等类型。举例如下：

```
// 编译器会自动导入，无须手动导入，这里相当于有一句 from std import core.*

main() {
    let str: String = "abc"  // String类型是定义在core包中的struct类型
    println(str)
}
```

### 5. 注意事项

关于顶层声明的导入，有以下 6 点注意事项。

- 当前源文件中导入的顶层声明，在该源文件所属包的所有其他源文件中也是可见的，可以直接使用，无须在其他源文件中重复导入，如图 13-7 所示。

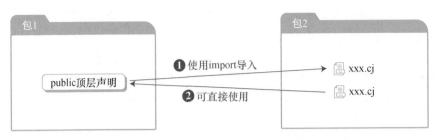

图 13-7 直接使用当前包中其他源文件导入的顶层声明

■ 不可以导入当前源文件所在包的顶层声明，即不可以在某个包中使用 import 导入本包的顶层声明，如图 13-8 所示。

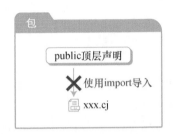

图 13-8 不可以导入当前源文件所在包的顶层声明

■ 包之间不可以存在循环依赖导入。例如，如果包 2 导入了包 1 中的顶层声明，那么包 1 就不能再导入包 2 中的顶层声明，如图 13-9 所示。

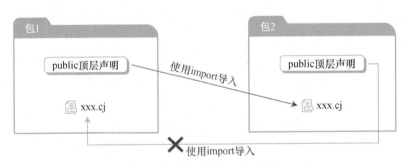

图 13-9 包之间不可以存在循环依赖导入

■ 对于导入的顶层声明，既可以直接使用其名称，也可以在其名称前添加路径限定，其形式为"包名 . 顶层声明"或"模块名 . 包名 . 顶层声明"。

■ 如果从其他包中导入的顶层声明与当前包中的顶层声明重名且不构成函数重载，那么导入的顶层声明会被本包中同名的顶层声明屏蔽；此时可以使用"包名 . 顶层声明"的方式来访问导入的顶层声明。

■ 如果从其他包中导入的顶层函数与当前包中的顶层函数构成重载，调用函数时会根据函数重载的规则来决定调用哪一个函数。

以下示例程序的源代码目录结构如图 13-10 所示。

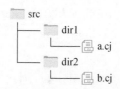

图 13-10　示例程序的目录结构

相关代码如下：

a.cj

```
package dir1

// public顶层变量v
public var v = 18

// public顶层函数fn
public func fn(param: Int64) {
    println("dir1.fn(param: Int64)")
}

// public顶层函数，构成重载
public func fn(param: Bool) {
    println("dir1.fn(param: Bool)")
}
```

b.cj

```
package dir2

import dir1.*  // 导入dir1包中的所有public顶层声明，包括v和2个重载的函数fn

// 包外不可见的全局变量v
var v = 28

// 包外不可见的全局函数fn
func fn(param: Int64) {
    println("dir2.fn(param: Int64)")
}

main() {
    println(v)  // 输出：28，从dir1包中导入的v被屏蔽
    println(dir1.v)  // 输出：18，通过dir1.v的方式访问从dir1包中导入的v

    fn(1)  // 输出：dir2.fn(param: Int64)，从dir1包中导入的fn(param: Int64)被屏蔽
    dir1.fn(1)  // 输出：dir1.fn(param: Int64)，调用dir1包中的fn(param: Int64)

    fn(true)  // 输出：dir1.fn(param: Bool)，调用从dir1包中导入的函数fn(param: Bool)
}
```

在 dir1 包的 a.cj 中定义了一个 public 顶层变量 v，以及两个 public 顶层重载函数 fn。在 dir2 包的 b.cj 中，导入了 dir1 包中的所有 public 顶层声明。其中，导入的顶层声明 v 会被

b.cj 中定义的顶层声明 v 所屏蔽，导入的函数 fn(param: Int64) 会被 b.cj 中定义的顶层声明 fn(param: Int64) 所屏蔽，导入的函数 fn(param: Bool) 与 b.cj 中定义的顶层声明 fn(param: Int64) 构成了重载。

因此，当在 main 中调用函数 println(v) 和 fn(1) 时，访问的都是 dir2 包中的顶层声明；当调用函数 println(dir1.v) 和 dir1.fn(1) 时，访问的都是从 dir1 包中导入的顶层声明；当调用函数 fn(true) 时，只有从 dir1 包中导入的 fn(param: Bool) 是匹配的。

## 13.4.2　使用 import as 重命名

### 1. 对导入的顶层声明重命名

每个包都有自己的命名空间，因此不同的包中可能会存在同名的顶层声明。当导入不同包中的同名顶层声明时，如果直接使用顶层声明的名称，会导致名称冲突。此时，要么在顶层声明的名称前添加路径限定，要么使用 import as 对导入的顶层声明进行重命名。重命名的语法格式为：

```
[from 模块名] import 包名.顶层声明 as 新名称
```

即使不存在命名冲突，也可以使用 import as 对导入的顶层声明重命名。

以下示例程序的源代码的目录结构如图 13-11 所示。

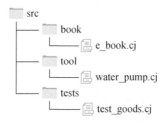

图 13-11　示例程序的目录结构

相关代码如下：

e_book.cj

```
package book

public var salesTarget = 800
```

water_pump.cj

```
package tool

public var salesTarget = 300
```

test_goods.cj

```
package tests

import book.salesTarget as ebookSalesTarget
import tool.salesTarget as waterPumpSalesTarget
```

```
main() {
    println(ebookSalesTarget)   // 输出：800
    println(waterPumpSalesTarget)   // 输出：300
}
```

在 book 包的 e_book.cj 中以及 tool 包的 water_pump.cj 中，都定义了 public 顶层变量 salesTarget。在 tests 包的 test_goods.cj 中分别导入包 book 和 tool 中的顶层变量 salesTarget 时，为了解决命名冲突的问题，使用 import as 将这两个变量分别重命名为 ebookSalesTarget 和 waterPumpSalesTarget。

注意，在使用 import as 对导入的顶层声明重命名之后，在当前包中只能使用重命名后的新名称，而无法使用原名称。例如，在上面示例的 main 中添加如下两行代码，会导致编译错误：

```
main() {
    println(ebookSalesTarget)   // 输出：800
    println(waterPumpSalesTarget)   // 输出：300

    println(book.salesTarget)   // 编译错误
    println(tool.salesTarget)   // 编译错误
}
```

最后，导入的同一个顶层声明只能被重命名一次。例如，修改上面示例中的 test_goods.cj，对于从 book 包中导入的 salesTarget，将其分别重命名为 ebookSalesTarget1 和 ebookSalesTarget2 之后，编译报错。代码如下：

```
package tests

// 编译错误
import book.salesTarget as ebookSalesTarget1
import book.salesTarget as ebookSalesTarget2

main() {}
```

#### 2. 对导入的顶层声明所在的包重命名

每个模块都有自己的命名空间，因此不同的模块可能会存在同名的包。当导入不同模块中的同名包的顶层声明时，如果使用"包名.顶层声明"的方式访问顶层声明，可能会导致名称冲突。此时，要么在包名前添加路径限定，要么使用 import as 对导入的顶层声明所在的包进行重命名，重命名的语法格式为：

```
[from 模块名] import 包名.* as 新包名.*
```

### 13.4.3  使用 public import 对导入的顶层声明重导出

在实际的项目开发过程中，如果项目的功能比较复杂，代码的规模较大，那么很容易遇到这种场景：在 p2 包中大量导入了 p1 包中的顶层声明，当 p3 包导入 p2 包中的顶层声明时，需要 p1 包中的顶层声明也对 p3 包可见。这时，可以在 p2 包中使用 public import 对导入的 p1 包中的顶层声明重导出，以使得 p3 包在导入 p2 包中的顶层声明时一并导入 p2 使用到的 p1 中的顶层声明。这样，就无须在 p3 包中导入 p1 中的顶层声明了。

以下示例程序的目录结构如图 13-12 所示。

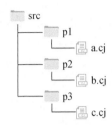

图 13-12　示例程序的目录结构

相关代码如下：

a.cj

```
package p1

public struct S {}
```

b.cj

```
package p2

public import p1.S

public func fn() {
    S()
}
```

c.cj

```
package p3

import p2.{fn, S}   // 或者，也可以写作 import p2.*

main() {
    let v: S = fn()
}
```

在 p2 包的 b.cj 中使用 public import 导入了 p1 包的 a.cj 中的顶层声明 S 并将其重导出。在 p3 包的 c.cj 中，导入 p2 包中所有需要导入的 public 顶层声明（包括 p2 包中重导出的 S），这样，p3 包就无须从 p1 包中导入 S 了。

## 13.5　小结

本章主要学习了包管理的相关知识，如图 13-13 所示。

| 包和模块 | 包 | 编译的最小单元 |
| --- | --- | --- |
| | | 每个包可以包含多个仓颉源文件 |
| | | 每个包的顶层最多只能有一个main |
| | | 同一个包内不允许有同名的顶层声明（函数重载除外） |
| | 模 块 | 发布的最小单元 |
| | | 每个模块可以包含多个包 |
| | | 每个模块的顶层（default包中）最多只能有一个main |
| | | 同一个模块内不允许有同名的包 |
| 包的声明 | 语 法 | package 包名 |
| | 注意事项 | 必须是仓颉源文件的第1行代码（前面可以有注释，但不可以有代码） |
| | | 包名必须反映当前源文件相对于目录src的路径 |
| | | 包名或包名中的目录名，不能与当前包的顶层声明重名 |
| 顶层声明的可见性 | 默认可见性 | 缺省了可见性修饰符的顶层声明是包内可见的 |
| | public可见性 | public顶层声明是所有范围都可见的 |
| 顶层声明的导入 | 导入单个顶层声明 | [from 模块名] import 包名.顶层声明 |
| | 一次性导入多个顶层声明 | [from 模块名] import 包名.{顶层声明1, 顶层声明2, ……} |
| | | [from 模块名] import 包名1.顶层声明1, 包名2.顶层声明2, …… |
| | 一次性导入所有顶层声明 | [from 模块名] import 包名.* |
| | 自动导入core包中的顶层声明 | 标准库core包中所有被public修饰的顶层声明，都会被自动导入 |
| | 对导入的顶层声明或其所在的包重命名 | [from 模块名] import 包名.顶层声明 as 新名称 |
| | | [from 模块名] import 包名.* as 新包名.* |
| | 对导入的顶层声明重导出 | 使用public import可以对导入的顶层声明重导出 |

图 13-13　包管理小结

# 第 14 章
# 扩 展

## 14.1　概述

通过扩展可以为当前包可见的类型（函数、元组和接口除外）添加新功能。对于某个已有的类型，如果我们希望添加新功能，但是不希望修改该类型的源代码，或者有时根本就无法获取源代码（如第三方发布的 class、struct 类型等），那么就可以使用扩展。扩展可以添加的新功能如图 14-1 所示。

图 14-1　扩展可以添加的新功能

根据**有没有实现新的接口**，扩展分为两种：直接扩展和接口扩展，如图 14-2 所示。

图 14-2　扩展的分类

## 14.2　直接扩展

直接扩展的语法格式为：

```
extend 被扩展的类型名 {
    添加的成员函数或成员属性
}
```

直接扩展使用关键字 extend 声明，extend 之后是被扩展的类型和扩展的功能，扩展的功能以一对花括号括起来。

在代码清单 14-1 中，定义了一个表示矩形的 Rectangle 类。该类中定义了两个 private 成员变量 width 和 height，分别表示矩形的宽度和高度，以及两个对应的成员属性 propWidth 和 propHeight。此外，还定义了一个用于计算矩形周长的成员函数 calcPerimeter。

代码清单 14-1　rectangle.cj

```
01  class Rectangle {
02      private var width: Int64    // 表示矩形的宽度
03      private var height: Int64   // 表示矩形的高度
04
05      init(width: Int64, height: Int64) {
06          this.width = width
```

```
07          this.height = height
08      }
09
10      mut prop propWidth: Int64 {
11          get() {
12              width
13          }
14
15          set(width) {
16              this.width = width
17          }
18      }
19
20      mut prop propHeight: Int64 {
21          get() {
22              height
23          }
24
25          set(height) {
26              this.height = height
27          }
28      }
29
30      func calcPerimeter() {
31          2 * (width + height)
32      }
33  }
```

扩展 Rectangle 类，为其添加一个成员函数。在 rectangle.cj 的 Rectangle 类之后添加如下代码，如代码清单 14-2 所示。

代码清单 14-2　rectangle.cj 中添加的直接扩展和 main

```
34  extend Rectangle {
35      func calcArea() {
36          this.propWidth * this.propHeight   // this可以省略
37      }
38  }
39
40  main() {
41      let rect = Rectangle(30, 20)
42      println("面积=${rect.calcArea()}")   // 输出：面积=600
43  }
```

在第 34 ～ 38 行，我们为 Rectangle 类添加了一个扩展。在该扩展中为 Rectangle 类添加了一个成员函数 calcArea（第 35 ～ 37 行），用于计算矩形的面积。在函数 calcArea 中，访问了 Rectangle 类的成员属性 propWidth 和 propHeight。当我们为 Rectangle 类扩展了函数 calcArea 之后，就可以在当前包内通过 Rectangle 的实例访问该函数（第 42 行），就好像 Rectangle 类本来就具有该函数一样。

使用直接扩展可以添加成员函数和成员属性，如上例添加的成员函数 calcArea，并且添加的成员函数和成员属性**必须拥有实现**。注意，使用直接扩展不可以添加成员变量。

在扩展（包括直接扩展和接口扩展）中访问被扩展类型的成员时，需要注意以下 3 点。

- 在扩展中不能访问被扩展类型的 private 成员。例如在上例中，Rectangle 的扩展不可以访问 Rectangle 类的 private 成员变量 width 和 height。
- **在扩展中可以使用 this 访问被扩展类型的非 private 实例成员**（this 的用法与在被扩展的类型中一样，视情况可以省略）。例如，上例在函数 calcArea 内使用 this.propWidth 访问了 Rectangle 的非 private 实例成员属性 propWidth。
- 在扩展中不允许使用 super 访问被扩展类型的父类的实例成员。

**对同一类型可以扩展（包括直接扩展和接口扩展）多次**，不管是否在同一个包内。

接下来在 rectangle.cj 中对 Rectangle 再直接扩展一次，为其添加另一个成员函数 printRectInfo。新的扩展将被添加在 main 之前，添加的直接扩展和修改过后的 main 如代码清单 14-3 所示。

代码清单 14-3　rectangle.cj 中添加的直接扩展和 main

```
01   extend Rectangle {
02       func printRectInfo() {
03           println("宽度=${propWidth} 高度=${propHeight}")
04           println("周长=${calcPerimeter()}")   // 调用Rectangle的非private成员函数
05           println("面积=${calcArea()}")         // 调用Rectangle的扩展的非private成员函数
06       }
07   }
08
09   main() {
10       let rect = Rectangle(30, 20)
11       rect.printRectInfo()
12   }
```

编译并执行以上程序，输出结果为：

```
宽度=30 高度=20
周长=100
面积=600
```

如果在同一个包中对同一类型扩展了多次，那么**在其中一个扩展中可以直接访问另一个扩展的非 private 成员**。例如，在上面的代码中，函数 printRectInfo 直接调用了第一次扩展的函数 calcArea（第 3 行）。

在使用直接扩展为被扩展的类型添加**新成员**时，添加的成员既不允许和该类型已有的成员同名，也不允许和该类型的其他扩展的可见成员同名，除非添加的成员函数构成了重载。例如，如果在当前包中再次直接扩展 Rectangle 类，那么添加的成员不能和 Rectangle 类的成员 propWidth、propHeight 和 calcPerimeter 同名，也不能和之前扩展添加的两个成员函数 calcArea 和 printRectInfo 同名，除非再次添加的成员函数和这 3 个成员函数当中的某一个构成了重载。

最后，讨论一下修饰符的问题。对于扩展（包括直接扩展和接口扩展）而言，在使用修饰符时，存在如下限制。

- 扩展本身不能使用任何修饰符。

- 扩展的成员不可以使用修饰符 open、override 和 redef，可以使用修饰符 static、operator 和 mut。其中，当修饰函数时，mut 仅限于 struct 类型使用。
- 关于可见性修饰符，直接扩展的成员可以使用 public、protected 和 private。其中，protected 仅限于 class 类型使用；使用 private 修饰的成员仅在本扩展中可见。接口扩展的成员必须使用 public 修饰。

## 14.3 接口扩展

接口扩展的语法格式为：

```
extend 被扩展的类型名 <: 接口1 [& 接口2 & …… & 接口n] {
    接口成员的实现
}
```

接口扩展允许为被扩展的类型实现新的接口，并且可以使同一个扩展同时实现多个接口。如果同时实现多个接口，接口之间使用"&"分开，接口的顺序没有要求。

下面对上一节中的 Rectangle 类进行一次接口扩展。首先在 rectangle.cj 中添加两个自定义的接口，代码如下：

```
// 类似于仓颉内置的泛型接口Equal<T>
interface Equatable {
    // 判断当前Rectangle对象与参数rhs指定的Rectangle对象是否相等
    operator func ==(rhs: Rectangle): Bool
}

// 类似于仓颉内置的泛型接口NotEqual<T>
interface NotEquatable {
    // 判断当前Rectangle对象与参数rhs指定的Rectangle对象是否不等
    operator func !=(rhs: Rectangle): Bool
}
```

接着扩展 Rectangle 类，添加的接口扩展代码如下：

```
// 接口扩展
extend Rectangle <: Equatable & NotEquatable {
    // 实现接口Equatable的成员函数
    public operator func ==(rhs: Rectangle): Bool {
        // 只有2个矩形的宽和高都相等时这2个矩形才是相等的
        this.propWidth == rhs.propWidth && this.propHeight == rhs.propHeight
    }

    // 实现接口NotEquatable的成员函数
    public operator func !=(rhs: Rectangle): Bool {
        !(this == rhs)
    }
}
```

最后，修改 main，代码如下：

```
main() {
    let rect1 = Rectangle(30, 20)
    let rect2 = Rectangle(30, 20)
    let rect3 = Rectangle(20, 30)
    println(rect1 == rect2)  // 输出: true
    println(rect2 != rect3)  // 输出: true
}
```

这样，就为 Rectangle 类型实现了接口 Equatable 和 NotEquatable，就好像在定义 Rectangle 类型时就实现了这两个接口一样。

当对某个类型进行接口扩展时，如果该类型或其扩展中已经包含了指定接口的成员，那么在接口扩展中不能重新实现这些成员，否则会引发编译错误。

```
struct Money {
    private var amount = 10

    public mut prop propAmount: Int64 {
        get() {
            amount
        }
        set(amount) {
            this.amount = amount
        }
    }
}

extend Money {
    public func printAmount() {
        println("amount = ${propAmount}")
    }
}

interface Changeable {
    mut prop propAmount: Int64
    func printAmount(): Unit
    mut func changeAmount(amount: Int64): Unit
}

extend Money <: Changeable {
    // 只能实现成员函数 changeAmount
    public mut func changeAmount(amount: Int64) {
        propAmount += amount
    }
}
```

在以上的示例代码中，接口 Changeable 有 3 个成员: propAmount、printAmount 和 changeAmount，而 Money 以及 Money 的扩展中已经包含了 propAmount 和 printAmount，因此在 Money 的接口扩展中，只能实现 changeAmount，不能重新实现 propAmount 和 printAmount。

为了防止通过接口扩展为某个类型意外实现不合适的接口，仓颉不允许定义孤儿扩展。所谓孤儿扩展，指的是既不与接口（包含接口继承树上的所有接口）定义在同一个包中，也不与被扩展类型定义在同一个包中的接口扩展。这被称作接口扩展的孤儿规则。

以下示例程序的源代码的目录结构如图 14-3 所示。

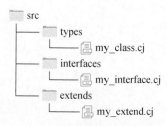

图 14-3 示例程序的目录结构

在 types 包的 my_class.cj 中定义了 MyClass 类，在 interfaces 包的 my_interface.cj 中定义了 MyInterface 接口。相关代码如下：

my_class.cj

```
package types

public class MyClass {}
```

my_interface.cj

```
package interfaces

public interface MyInterface {}
```

此时，可以在 types 包中对 MyClass 类进行接口扩展，也可以在 interfaces 包中对 MyClass 类进行接口扩展，使其实现 MyInterface 接口。但是，如果在 extends 包中通过接口扩展让 MyClass 类实现 MyInterface 接口，则会引发编译错误。

my_extend.cj

```
package extends

import types.MyClass
import interfaces.MyInterface

// 编译错误
extend MyClass <: MyInterface {}
```

关于泛型类型的扩展（包括直接扩展和接口扩展），需要注意以下 3 点（见图 14-4）。

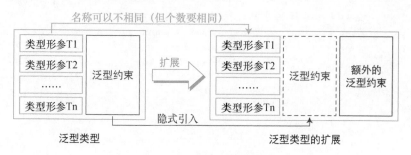

图 14-4 泛型类型的扩展

■ 扩展中的类型形参的名称不需要与被扩展泛型类型的类型形参相同（但个数要相同）。

■ 扩展中的类型形参会隐式引入被扩展类型的泛型约束。

■ 扩展中可以声明额外的泛型约束。

举例如下：

```
class Rectangle<T> {
    private var width: T
    private var height: T

    init(width: T, height: T) {
        this.width = width
        this.height = height
    }

    mut prop propWidth: T {
        get() {
            width
        }

        set(width) {
            this.width = width
        }
    }

    mut prop propHeight: T {
        get() {
            height
        }

        set(height) {
            this.height = height
        }
    }
}

// 对泛型类型Rectangle<T>进行直接扩展，添加新的泛型约束
extend Rectangle<X> where X <: Equal<X> {
    public operator func ==(rhs: Rectangle<X>) {
        this.propWidth == rhs.propWidth && this.propHeight == rhs.propHeight
    }
}

// 对泛型类型Rectangle<T>进行接口扩展，添加新的泛型约束
extend Rectangle<Y> <: NotEqual<Rectangle<Y>> where Y <: NotEqual<Y> {
    public operator func !=(rhs: Rectangle<Y>) {
        this.propWidth != rhs.propWidth || this.propHeight != rhs.propHeight
    }
}

main() {
    let rect1 = Rectangle<Float64>(30.0, 20.0)
    let rect2 = Rectangle<Float64>(35.0, 20.0)
```

```
        println(rect1 == rect2)  // 输出: false
        println(rect1 != rect2)  // 输出: true
    }
```

在以上的示例代码中，分别对泛型类型 Rectangle<T> 进行了一次直接扩展和一次接口扩展，使得任意两个 Rectangle<T> 的实例都可以直接进行判等和判不等的操作。如果在定义 Rectangle<T> 时 T 已经具备了泛型约束，如下所示：

```
class Rectangle<T> where T <: Equal<T> & NotEqual<T> {
    // 无关代码略
}
```

那么在对 Rectangle<T> 进行扩展时，会隐式引入对 T 的泛型约束。因此，以上的两个扩展中不再需要添加新的泛型约束，如下所示：

```
// 对泛型类型 Rectangle<T> 进行直接扩展，无须添加新的泛型约束
extend Rectangle<X> {
    // 无关代码略
}

// 对泛型类型 Rectangle<T> 进行接口扩展，无须添加新的泛型约束
extend Rectangle<Y> <: NotEqual<Rectangle<Y>> {
    // 无关代码略
}
```

## 14.4 扩展的导出和导入

第 13 章介绍了可以在一个包中使用 import 导入另一个包中的 public 顶层声明。除了顶层声明之外，扩展也是可以被导出和导入的。但是扩展本身不能使用 public 修饰，扩展的导出和导入自有一套规则。**扩展只有在能够被导出的前提下，才能够被导入。**

下面分别介绍直接扩展和接口扩展的导出与导入规则。

### 14.4.1 直接扩展的导出和导入

**直接扩展的导出规则为**只有当被扩展的类型与扩展在同一个包中，并且被扩展的类型使用了 public 修饰时，扩展的 public 或 protected 成员才可以被导出，如图 14-5 所示。

图 14-5 直接扩展的导出规则

**直接扩展的导入规则为**只需要在其他包中**导入被扩展的类型**，就会自动导入扩展的 public 或 protected 成员。

以下示例程序的目录结构如图 14-6 所示。

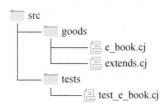

图 14-6　示例程序的目录结构

在 goods 包的 e_book.cj 中定义了 public 类 EBook，代码如下：

e_book.cj

```
package goods

public class EBook {
    private let price: Float64
    private var discount: Int64

    public init(price: Float64, discount: Int64) {
        this.price = price
        this.discount = discount
    }

    // 此处省略了相关成员属性和成员函数
}
```

在当前包的 extends.cj 中对 EBook 进行了直接扩展，添加了 public 实例成员函数 printGoodsName。这样，该函数就可以被导出了。代码如下：

extends.cj

```
package goods

extend EBook {
    public func printGoodsName() {
        println("电子书")
    }
}
```

最后，在另外一个 tests 包的 test_e_book.cj 中导入被扩展的类型 EBook，这样就会自动导入扩展中的 printGoodsName。因此，在 main 中可以通过构造的 EBook 实例调用扩展的函数 printGoodsName。

test_e_book.cj

```
package tests

import goods.EBook

main() {
```

```
    let eBook = EBook(60.0, 90)
    eBook.printGoodsName()  // 输出: 电子书
}
```

## 14.4.2 接口扩展的导出和导入

对于**接口扩展的导出**，分为两种情况。

- 如果被扩展的类型和接口扩展在同一个包中，但接口是导入自另一个包，那么只有当被扩展的类型使用了 public 修饰时，接口扩展的 public 成员才会被导出，如图 14-7 所示。

图 14-7　接口扩展的导出（情况 1）

- 如果接口扩展和接口在同一个包中，那么只有当接口使用了 public 修饰时，接口扩展的 public 成员才会被导出，如图 14-8 所示。

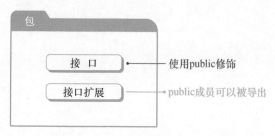

图 14-8　接口扩展的导出（情况 2）

　　**接口扩展的导入规则为**只需要在其他包中**同时导入被扩展的类型和接口**，就会自动导入接口扩展的 public 成员。

　　接下来分别对上述两种情况进行举例说明。

　　针对第 1 种情况，示例程序的源代码的目录结构如图 14-9 所示。

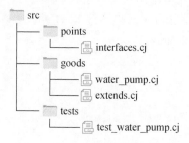

图 14-9　示例程序的目录结构

在 points 包的 interfaces.cj 中定义了接口 PointsCalculable，代码如下：

interfaces.cj

```
package points

public interface PointsCalculable {
    func calcPoints(): Int64
}
```

在 goods 包的 water_pump.cj 中定义了 public 类 WaterPump，并在当前包的 extends.cj 中对 WaterPump 进行了接口扩展，让它实现了 PointsCalculable。这样，扩展的 public 函数 calcPoints 就可以被导出了。

water_pump.cj

```
package goods

public class WaterPump {
    let price: Float64
    var discount: Int64
    var expressFee: Int64 = 15

    public init(price: Float64, discount: Int64) {
        this.price = price
        this.discount = discount
    }

    // 此处省略了相关成员属性和成员函数
}
```

extends.cj

```
package goods

import points.PointsCalculable

extend WaterPump <: PointsCalculable {
    public func calcPoints(): Int64 {
        Int64(price * Float64(discount) / 100.0 * 0.8)
    }
}
```

最后，在另外一个 tests 包的 test_water_pump.cj 中同时导入被扩展的类型 WaterPump 以及接口 PointsCalculable，这样就会自动导入扩展的 calcPoints。因此，在 main 中可以通过构造的 WaterPump 实例调用扩展的 calcPoints。

test_water_pump.cj

```
package tests

import goods.WaterPump
import points.PointsCalculable
```

```
main() {
    let waterPump = WaterPump(500.0, 80)
    println(waterPump.calcPoints())   // 输出：320
}
```

针对上述第 2 种情况，示例程序的源代码的目录结构如图 14-10 所示。

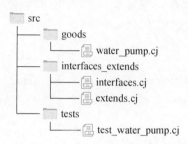

图 14-10　示例程序的目录结构

在 goods 包的 water_pump.cj 中定义了 public 类 WaterPump（代码与上一个示例一样）。在 interfaces_extends 包的 interfaces.cj 中定义了 public 接口 PointsCalculable，并在同一个包的 extends.cj 中对 WaterPump 进行了接口扩展，使其实现了 PointsCalculable。这样，扩展的 public 函数 calcPoints 就可以被导出了。interfaces.cj 和 extends.cj 的代码如下：

interfaces.cj

```
package interfaces_extends

public interface PointsCalculable {
    func calcPoints(): Int64
}
```

extends.cj

```
package interfaces_extends

import goods.WaterPump

extend WaterPump <: PointsCalculable {
    public func calcPoints(): Int64 {
        50
    }
}
```

最后，在另外一个 tests 包的 test_water_pump.cj 中同时导入被扩展的类型 WaterPump 以及接口 PointsCalculable，这样就会自动导入扩展的 calcPoints，因此，在 main 中可以通过构造的 WaterPump 实例调用扩展的 calcPoints。

test_water_pump.cj

```
package tests

import goods.WaterPump
import interfaces_extends.PointsCalculable
```

```
main() {
    let waterPump = WaterPump(500.0, 80)
    println(waterPump.calcPoints())   // 输出: 50
}
```

在前面的示例中，当需要对浮点数进行格式化输出时，会使用如下代码导入 format 包中的所有 public 顶层声明，然后再调用 format 函数。

```
from std import format.*
```

现在我们已经学习了接口扩展的相关知识，可以仔细讨论一下整个过程了。在标准库的 format 包中，定义了一个 Formatter 接口以及一些接口扩展。Formatter 接口的定义如下：

```
public interface Formatter {
    func format(fmt: String): String
}
```

以下是其中一个接口扩展：

```
extend Float64 <: Formatter {
    public func format(fmt: String): String
}
```

在 format 包中，对各种内置类型进行了接口扩展，使得这些类型实现了 Formatter 接口。这样就可以通过这些类型的实例调用 format 函数来进行格式化输出。

在这种情况下，接口扩展和接口在同一个包中，并且 Formatter 接口是使用 public 修饰的，因此接口扩展的 public 成员 format 可以被导出。举例如下：

```
from std import format.Formatter

main() {
    let num = 1234.56789012
    println(num.format(".2"))   // 输出: 1234.57
}
```

以上示例代码同时导入了被扩展的类型 Float64（内置类型 Float64 无须手动导入）和 Formatter 接口，这样就自动导入了接口扩展的 public 成员 format。因此，可以在 main 中通过 Float64 类型的实例 num 直接调用 format 函数进行格式化输出。

## 14.5　小结

本章学习了扩展的相关知识，扩展允许我们在不希望修改或无法获取某个类型的源代码时，为该类型添加新功能。扩展是一种非常实用的拓展程序功能的特性。

关于扩展的主要知识点如图 14-11 所示。

| 作 用 | | | 为当前包可见的类型（除函数、元组、接口）添加新功能 |
|---|---|---|---|
| 分 类 | 直接扩展 | | 添加成员函数 |
| | | | 添加成员属性 |
| | 接口扩展 | | 实现接口 |
| 规 则 | 直接扩展 | | 添加的成员函数和成员属性必须拥有实现 |
| | | | 不能添加成员变量 |
| | | | 只能添加该类型及其扩展没有的新成员（除非构成函数重载） |
| | 接口扩展 | | 不能重新实现被扩展类型及其扩展中已经包含的被实现接口的成员 |
| | | | 不允许定义符合孤儿规则的接口扩展 |
| | 通用规则 | 成员访问 | 在扩展中不能访问被扩展类型的private成员 |
| | | | 在扩展中可以使用this访问被扩展类型的实例成员 |
| | | | 在扩展中不可以使用super访问被扩展类型的父类的实例成员 |
| | | | 在某个类型的一个扩展中可以访问另外一个扩展的可见成员 |
| | | 修饰符 | 扩展本身不能使用任何修饰符 |
| | | | 扩展的成员不可以使用修饰符open、override和redef |
| | | | 扩展的成员可以使用修饰符static、operator和mut，当修饰函数时，mut仅限于struct类型使用 |
| | | | 直接扩展的成员可以使用的可见性修饰符有public、protected和private，protected仅限于class类型使用，使用private修饰的成员仅在本扩展中可见， |
| | | | 接口扩展的成员使用的可见性修饰符只能是public |
| | | 其他规则 | 对同一类型可以扩展多次 |
| 导出和导入 | 直接扩展 | 导 出 | 当被扩展的类型与扩展在同一个包中，并且被扩展的类型使用了public修饰，扩展的public或protected成员就可以被导出 |
| | | 导 入 | 导入被扩展的类型，就会自动导入扩展的public或protected成员 |
| | 接口扩展 | 导 出 | 被扩展的类型和接口扩展在同一个包中，但接口是导入自另一个包，并且被扩展的类型使用了public修饰，接口扩展的public成员就可以被导出 |
| | | | 接口扩展和接口在同一个包中，并且当接口使用了public修饰时，接口扩展的public成员就可以被导出 |
| | | 导 入 | 同时导入被扩展的类型和接口，就会自动导入接口扩展的public成员 |

图 14-11　扩展小结

# 第 15 章
# 标准库中包的应用

# 15.1　概述

仓颉的标准库（std 模块）为我们提供了很多实用的包，例如，用于随机数操作的 random 包，用于格式化的 format 包等。本章将通过一些示例说明标准库中包的应用。

# 15.2　生成随机数据

在编程时，有时会需要生成一些随机数。标准库的 random 包提供了用于随机数生成的 Random 类。Random 类的主要成员函数如图 15-1 所示。

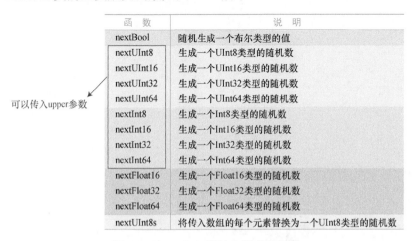

| 函　数 | 说　明 |
|---|---|
| nextBool | 随机生成一个布尔类型的值 |
| nextUInt8 | 生成一个 UInt8 类型的随机数 |
| nextUInt16 | 生成一个 UInt16 类型的随机数 |
| nextUInt32 | 生成一个 UInt32 类型的随机数 |
| nextUInt64 | 生成一个 UInt64 类型的随机数 |
| nextInt8 | 生成一个 Int8 类型的随机数 |
| nextInt16 | 生成一个 Int16 类型的随机数 |
| nextInt32 | 生成一个 Int32 类型的随机数 |
| nextInt64 | 生成一个 Int64 类型的随机数 |
| nextFloat16 | 生成一个 Float16 类型的随机数 |
| nextFloat32 | 生成一个 Float32 类型的随机数 |
| nextFloat64 | 生成一个 Float64 类型的随机数 |
| nextUInt8s | 将传入数组的每个元素替换为一个 UInt8 类型的随机数 |

可以传入 upper 参数

图 15-1　Random 类的主要成员函数

## 15.2.1　生成各种类型的随机数据

通过 Random 类的成员函数可以生成各种类型的随机数据。例如，使用 nextBool 函数生成一个随机的布尔类型的值，使用 nextFloat32 函数生成一个 Float32 类型的随机数等。在生成随机数据时，首先需要创建一个 Random 对象，然后再通过该 Random 对象去调用 Random 类的成员函数。举例如下：

```
from std import random.Random   // 导入标准库 random 包中的 Random 类

main() {
    let rnd = Random()   // 创建 Random 对象

    let rndU8 = rnd.nextUInt8()   // 生成一个 UInt8 类型的随机数
    println(rndU8)

    let rndBool = rnd.nextBool()   // 生成一个随机的布尔值
    println(rndBool)

    let rndF64 = rnd.nextFloat64()   // 生成一个 Float64 类型的随机数
    println(rndF64)
}
```

## 15.2.2 生成指定范围内的随机整数

有时，我们需要生成指定范围内的随机整数。例如，生成一个 100 之内的非负整数。由图 15-1 可知，Random 类的 nextUInt8、nextInt8 等 8 个成员函数允许传入一个 upper 参数，用于限定生成的随机数的上界。如果在调用这 8 个函数时传入了参数 upper，这些成员函数将会生成在 0..upper 这个区间范围之内的随机整数。举例如下：

```
from std import random.Random

main() {
    let rnd = Random()

    // 生成一个0..100之内的UInt8类型的随机数
    let rndU8 = rnd.nextUInt8(100)
    println(rndU8)

    // 生成一个0..20之内的Int32类型的随机数
    let rndI32 = rnd.nextInt32(20)
    println(rndI32)
}
```

使用以下表达式可以生成一个自定义范围 start..end 内的随机整数：

```
rnd.nextInt64(end - start) + start
```

该表达式的表示范围的推导过程如图 15-2 所示，其中的 nextInt64 函数可以替换为其他生成随机整数的函数。

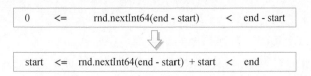

图 15-2　生成指定范围内的随机整数

以下是一些生成随机整数的示例：

```
from std import random.Random

main() {
    let rnd = Random()

    // 生成一个-10..=10之内的Int8类型的随机数
    let rndI8 = rnd.nextInt8(21) - 10
    println(rndI8)

    // 生成一个10..100之内的Int64类型的随机数
    let rndI64 = rnd.nextInt64(90) + 10
    println(rndI64)
}
```

### 15.2.3　复现随机数据

在多次测试程序的某些功能是否正常时，如果每次生成的随机数都不一样，可能会干扰我们对程序功能本身的判断。在多次测试中使用同一组随机数，有助于提高测试的效率。通过设置随机数种子的方式可以复现随机数据。

设置随机数种子有两种方式：

■　在创建 Random 对象时为构造函数传入一个 UInt64 类型的参数作为种子；

■　修改 Random 对象的成员属性 seed 以设置种子的大小。

Random 类的构造函数如下：

```
// 无参构造函数
public init()

// 参数 seed 为种子的大小
public init(seed: UInt64)
```

下面我们创建一个 Random 对象，在创建时就传入一个种子 10，接着生成 10 个随机整数。代码如下：

```
from std import random.Random

main() {
    let rnd = Random(10)    // 种子大小为10

    // 生成10个随机数并输出
    for (i in 0..10) {
        print("${rnd.nextInt8()}  ")
    }
}
```

多次编译并执行以上代码，每次输出的结果均是相同的。

或者在创建 Random 对象之后修改属性 seed 的值来设置种子的大小：

```
from std import random.Random

main() {
    let rnd = Random()
    rnd.seed = 10    // 设置种子大小为10

    // 生成10个随机数并输出
    for (i in 0..10) {
        print("${rnd.nextInt8()}  ")
    }
}
```

编译并执行以上代码，得到的结果是一样的。

### 15.2.4　生成随机数组

通过 Random 类的成员函数 nextUInt8s 可以快速将一个 UInt8 类型的数组的每个元素都替

换为随机数。举例如下：

```
from std import random.Random

main() {
    let arr = Array<UInt8>(10, item: 0)   // 元素都为0的UInt8类型的数组
    println("原始arr：${arr}")

    let rnd = Random()   // 创建Random对象
    rnd.nextUInt8s(arr)   // 调用函数nextUInt8s生成随机数替换数组元素
    println("替换后arr：${arr}")
}
```

在使用 nextUInt8s 函数时，有两点限制：待替换数组的元素类型必须为 UInt8；替换过的元素的取值范围是 UInt8 类型的取值范围，不可以自定义。

如果需要生成一些满足限定条件的随机数组，则可以考虑编写函数实现。在代码清单 15-1 中，定义了一个函数 generateArray，用于生成一个所有元素的取值在 start..end 范围之内且包含了 count 个不重复元素的 Int64 类型的数组。

代码清单 15-1　generate_random_array.cj

```
01  from std import random.Random
02  from std import collection.HashSet
03
04  func generateArray(start: Int64, end: Int64, count: Int64): Array<Int64> {
05      let set = HashSet<Int64>()  // 创建一个空HashSet
06      let rnd = Random(6)  // 创建Random对象
07
08      // 不断生成随机数放入set，直到set的元素个数为count
09      while (set.size < count) {
10          let randomNumber = rnd.nextInt64(end - start) + start  // 生成一个随机数
11          set.put(randomNumber)  // 将生成的随机数放入set
12      }
13
14      set.toArray()  // 将set转换为Array返回
15  }
16
17  main() {
18      let arr = generateArray(10, 100, 10)
19      println(arr)
20  }
```

以上示例程序主要利用了 HashSet 能够自动去重的特点来生成包含不重复元素的随机数组。

在函数 generateArray 中，首先创建了一个名为 set 的空 HashSet（第 5 行），接着创建了一个 Random 对象 rnd（第 6 行）。之后使用一个 while 表达式来生成随机数（第 8 ～ 12 行）。在 while 表达式中，不断生成新的随机数，并将生成的随机数放入 set，直到 set 的元素个数为 count，此时 set 中包含了 count 个不重复的元素。最后，将 set 转换为数组返回（第 14 行）。

在 main 中，使用实参 10、100 和 10 调用了函数 generateArray，得到了一个包含 10 个不重复元素且取值范围在 10..100 之内的随机数组。

## 15.3　通用的数学操作

标准库的 **math** 包提供了一些通用的数学操作。**math** 包提供的主要的通用数学函数如图 15-3 所示，其中涉及的所有函数的返回值类型均与参数类型相同。

| 函数类型 | 函数 | 功能 | 参数类型 |
|---|---|---|---|
| 绝对值函数 | abs(x) | 返回 $|x|$ | 所有浮点类型，以及 Int8、Int16、Int32、Int64 |
| 开方运算 | sqrt(x) | 返回 $\sqrt{x}$ | 所有浮点类型 |
| | cbrt(x) | 返回 $\sqrt[3]{x}$ | |
| 指数运算 | exp(x) | 返回 $e^x$ | 所有浮点类型 |
| | exp2(x) | 返回 $2^x$ | |
| 对数运算 | log(x) | 返回 $\ln x$ | 所有浮点类型 |
| | log2(x) | 返回 $\log_2 x$ | 所有浮点类型 |
| | log10(x) | 返回 $\log_{10} x$ | 所有浮点类型 |
| | logBase(x, y) | 返回 $\log_y x$ | 所有浮点类型，x和y必须是相同的浮点类型 |
| 浮点数取整 | ceil(x) | 对x进行向上取整 | 所有浮点类型 |
| | floor(x) | 对x进行向下取整 | |
| | trunc(x) | 对x的小数部分进行截断操作 | |
| | round(x) | 对x进行舍入运算 | |
| 三角函数 | sin(x) | 返回x的正弦值 | 所有浮点类型 |
| | cos(x) | 返回x的余弦值 | |
| | tan(x) | 返回x的正切值 | |
| 反三角函数 | asin(x) | 返回x的反正弦值 | 所有浮点类型 |
| | acos(x) | 返回x的反余弦值 | |
| | atan(x) | 返回x的反正切值 | |
| 双曲函数 | sinh(x) | 返回x的双曲正弦值 | 所有浮点类型 |
| | cosh(x) | 返回x的双曲余弦值 | |
| | tanh(x) | 返回x的双曲正切值 | |
| 反双曲函数 | asinh(x) | 返回x的反双曲正弦值 | 所有浮点类型 |
| | acosh(x) | 返回x的反双曲余弦值 | |
| | atanh(x) | 返回x的反双曲正切值 | |
| 最大公约数 | gcd(x, y) | 返回x和y的最大公约数 | Int8、Int16、Int32、Int64、UInt8、UInt16、UInt32、UInt64 |
| 最小公倍数 | lcm(x, y) | 返回x和y的最小公倍数 | x和y必须是相同的整数类型 |

图 15-3　math 包中的主要通用数学函数

除了提供了通用的数学函数，**math** 包中还定义了一个 MathExtension 接口以及一系列接口扩展，这使得我们可以访问与具体数值类型相关的一些常数，其中两个主要的科学常数是自然常数 e 和圆周率 π，如表 15-1 所示。

表 15-1　通过 MathExtension 接口访问自然常数和圆周率

| | 访问方式 | 类型 | | 访问方式 | 类型 |
|---|---|---|---|---|---|
| 自然常数 e | Float64.E | Float64 | 圆周率 π | Float64.PI | Float64 |
| | Float32.E | Float32 | | Float32.PI | Float32 |
| | Float16.E | Float16 | | Float16.PI | Float16 |

举例如下：

```
from std import math.MathExtension  // 导入MathExtension接口

main() {
```

```
    println(Float64.PI)    // 访问Float64类型的圆周率，输出：3.141593
    println(Float16.PI)    // 访问Float16类型的圆周率，输出：3.140625
    println(Float64.E)     // 访问Float64类型的自然常数，输出：2.718282
    println(Float16.E)     // 访问Float16类型的自然常数，输出：2.718750
}
```

在使用 math 包中的函数时，除了要注意参数类型，还需要注意各种数学函数本身对定义域的要求。例如，sqrt 函数是开平方根函数，它要求传入的参数必须是非负数，否则会引发异常。另外，**三角函数要求的参数是弧度制的**。角度可以通过以下公式转换为弧度：

```
弧度 = 角度 * 圆周率 / 180.0
```

例如，使用以下代码可以输出 sin30° 的值：

```
println(sin(30.0 * Float64.PI / 180.0))    // 注意要先导入math包中的相关顶层声明
```

在图 15-3 所示的函数中，ceil、foor、trunc 和 round 都用于对浮点数取整，不过它们的运算规则不同：

- 函数 ceil 是对参数向上取整，即取大于等于参数的最小整数；
- 函数 floor 是向下取整，即取小于等于参数的最大整数；
- 函数 trunc 是直接截去参数的小数部分，保留整数部分。
- 函数 round 是对参数进行舍入操作，当参数的小数部分大于 0.5 时进 1，当参数的小数部分小于 0.5 时舍去，当参数的小数部分恰好是 0.5 时舍入成最接近参数的偶数。

尽管这 4 个函数最后得到的结果小数部分均为 0，但是**返回值的类型仍然为浮点类型**，并且**与传入的参数类型保持一致**。举例如下：

```
from std import math.*
from std import format.Formatter

main() {
    // 向上取整
    println(ceil(3.1).format(".2"))     // 输出：4.00
    println(ceil(3.5).format(".2"))     // 输出：4.00
    println(ceil(3.9).format(".2"))     // 输出：4.00
    println(ceil(-3.3).format(".2"))    // 输出：-3.00

    // 向下取整
    println(floor(3.1).format(".2"))    // 输出：3.00
    println(floor(3.5).format(".2"))    // 输出：3.00
    println(floor(3.9).format(".2"))    // 输出：3.00
    println(floor(-3.3).format(".2"))   // 输出：-4.00

    // 截断
    println(trunc(3.1).format(".2"))    // 输出：3.00
    println(trunc(3.5).format(".2"))    // 输出：3.00
    println(trunc(3.9).format(".2"))    // 输出：3.00
    println(trunc(-3.3).format(".2"))   // 输出：-3.00

    // 舍入
    println(round(3.1).format(".2"))    // 输出：3.00
    println(round(3.5).format(".2"))    // 输出：4.00
    println(round(3.9).format(".2"))    // 输出：4.00
```

```
    println(round(-3.3).format(".2"))   // 输出：-3.00
    println(round(2.5).format(".2"))    // 输出：2.00
}
```

## 15.4 格式化输出

标准库的 format 包为我们提供了针对不同类型的数据进行格式化输出的 Formatter 接口。Formatter 接口中的主要函数如下：

```
// 参数 fmt 为格式化参数，返回值为根据指定的格式化参数进行格式化之后的字符串
func format(fmt: String): String
```

在 format 函数中，格式化参数 fmt 的部分语法如图 15-4 所示。

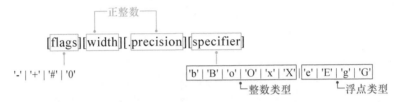

图 15-4　格式化参数 fmt 的部分语法

本节主要讨论基本数值类型的格式化输出方法。基本数值类型已经实现了 Formatter 接口，因此可以通过基本数值类型的实例调用 format 函数进行格式化输出。format 函数中的格式化参数的 4 个组成部分都是可选的，根据不同的格式化需求，可以选择相应的部分来指定参数实现格式化。

### 1. 输出非负数时加上"+"号

格式化参数中的 flags 可以在"-""+""#"和"0"中选择一个。其中，"+"表示在输出非负数时在前面加上"+"号。举例如下：

```
from std import format.Formatter
from std import math.MathExtension

main() {
    // 对正数和 0 输出 "+" 号
    println(123.format("+"))
    println(0.format("+"))
    println((-123).format("+"))   // 负数不会输出正号
    println(Float64.PI.format("+"))
}
```

编译并执行以上代码，输出结果为：

```
+123
+0
-123
+3.141593
```

### 2. 将整数类型输出为二、八、十六进制

将 flags 参数"#"和参数 specifier 相结合，可以将整数类型输出为二、八和十六进制的形式。

如果格式化参数中使用了"#"，那么在输出二进制时会加上 "0b" 或 "0B" 的前缀，在输出八进制时会加上 "0o" 或 "0O" 的前缀，在输出十六进制时会加上 "0x" 或 "0X" 的前缀。如果没有使用"#"，则在输出时不会加上相应的前缀。

参数 specifier 中的 'b'、'B'、'o'、'O'、'x' 和 'X' 用于指定输出的数制以及前缀（如果有前缀的话）。如果不指定参数 specifier，则输出为十进制；如果指定为 'b' 或 'B'，则输出为二进制；如果指定为 'o' 或 'O'，则输出为八进制；如果指定为 'x' 或 'X'，则输出为十六进制。

举例如下：

```
from std import format.Formatter

main() {
    println(11.format("#"))     // 输出十进制

    println(11.format("B"))     // 输出二进制，不加前缀
    println(11.format("#B"))    // 输出二进制，加前缀

    println(11.format("o"))     // 输出八进制，不加前缀
    println(11.format("#o"))    // 输出八进制，加前缀

    println(11.format("x"))     // 输出十六进制，不加前缀
    println(11.format("#x"))    // 输出十六进制，加前缀
}
```

编译并执行以上代码，输出结果为：

```
11
1011
0B1011
13
0o13
b
0xb
```

### 3. 使用科学记数法或十进制表示浮点数

对于浮点数，可以格式化为科学记数法或以十进制方式来表示。如果将参数 specifier 指定为 'e' 或 'E'，则按照科学记数法的方式来输出浮点数；如果将参数 specifier 指定为 'g' 或 'G'，那么系统会自动选择科学记数法或十进制方式中较精简的方式来输出浮点数。举例如下：

```
from std import format.Formatter
from std import math.MathExtension

main() {
    println(Float64.PI.format("E"))    // 使用科学记数法表示浮点数
    println(Float64.PI.format("g"))    // 由系统自动选择十进制或科学记数法表示浮点数
}
```

编译并执行以上代码，输出结果为：

```
3.141593E+00
3.14159
```

#### 4. 控制浮点数的输出精度

在默认情况下，仓颉在输出浮点数时会保留 6 位小数，使用参数 precision 可以控制浮点数的输出精度。该参数必须是一个正整数（前面有一个小数点），用于指定输出的小数位数。如果数值本身有效数字的长度大于指定的位数，超出的部分会四舍五入；如果数值本身的有效数字长度不足，则由系统自动处理。举例如下：

```
from std import format.Formatter
from std import math.MathExtension

main() {
    // 控制浮点数的输出精度
    println(Float64.PI)   // 默认输出 6 位小数

    // 如果输出精度小于数值本身有效数字的长度，超出的部分四舍五入
    println(Float64.PI.format(".2"))   // 输出 2 位小数

    // 如果数值本身的有效数字长度不足，则由系统自动处理
    println(1.14.format(".12"))   // 输出 12 位小数
    println(1.14.format(".20"))   // 输出 20 位小数
}
```

编译并执行以上代码，输出结果为：

```
3.141593
3.14
1.140000000000
1.13999999999999990230
```

在输出整数类型时指定参数 precision，也会影响输出格式。如果在输出整数类型时不指定或者指定的位数小于数值本身的长度，则没有效果；如果指定位数大于数值本身的长度，则在前面补全 "0"。举例如下：

```
from std import format.Formatter

main() {
    println(12345.format(".4"))   // 指定位数小于数值本身长度，无效
    println(10.format(".10"))     // 指定位数大于数值本身长度，前面补 0
}
```

编译并执行以上代码，输出结果为：

```
12345
0000000010
```

#### 5. 控制输出宽度

结合使用参数 width 和 precision 可以控制数值的输出宽度。

对于整数，如果数值本身的宽度小于指定的输出宽度，那么在默认的情况下，系统会在数值前面补全空格，输出的内容在指定输出宽度内是右对齐的。如果需要输出内容左对齐，可以使用 flags 参数 "-"。如果数值本身的宽度大于指定的输出宽度，那么对输出格式无影响。如果使用了 flags 参数 "0"，那么系统会在需要补全空格的位置补全 "0"。

对于浮点数，除了要考虑参数 width，还要考虑参数 precision。如果不指定参数 precision，那么浮点数一定会输出 6 位小数，在计算数值本身宽度时要将小数部分计算为 6 位。如果指定了参数 precision，且根据 precision 得到的数值宽度超出了参数 width 指定的输出宽度，那么对输出格式无影响。

举例如下：

```
from std import format.Formatter

main() {
    println("控制整数的输出宽度")
    // 输出宽度6位，默认右对齐
    println("\"${123.format("6")}\"")   // 输出:"   123"
    // 输出宽度6位，左对齐
    println("\"${123.format("-6")}\"")   // 输出:"123   "
    // 输出宽度6位，右对齐，前面补0
    println("\"${123.format("06")}\"")   // 输出:"000123"
    // 实际长度超出了指定输出宽度，指定输出宽度无效
    println("\"${123456789.format("6")}\"")   // 输出:"123456789"

    println("\n控制浮点数的输出宽度，不指定参数precision")
    // 实际宽度8位（包括6位小数），输出宽度10位，右对齐
    println("\"${5.69.format("10")}\"")   // 输出:"  5.690000"
    // 实际宽度8位，输出宽度10位，左对齐
    println("\"${5.69.format("-10")}\"")   // 输出:"5.690000  "
    // 实际宽度8位，输出宽度10位，右对齐，前面补0
    println("\"${5.69.format("010")}\"")   // 输出:"005.690000"
    // 实际宽度8位，输出宽度6位，指定输出宽度无效
    println("\"${5.69.format("6")}\"")   // 输出:"5.690000"

    println("\n控制浮点数的输出宽度，指定参数precision")
    // 实际宽度4位（包括2位小数），输出宽度10位，右对齐
    println("\"${5.6983.format("10.2")}\"")   // 输出:"      5.70"
    // 实际宽度4位，输出宽度10位，左对齐
    println("\"${5.6983.format("-10.2")}\"")   // 输出:"5.70      "
    // 实际宽度4位，输出宽度10位，右对齐，前面补0
    println("\"${5.6983.format("010.2")}\"")   // 输出:"0000005.70"
    // 实际宽度6位，输出宽度5位，指定输出宽度无效
    println("\"${5.6983.format("5.4")}\"")   // 输出:"5.6983"
}
```

关于 format 函数的介绍就到这里。以下是两个综合的示例：

```
from std import format.Formatter

main() {
    // 非负数加上"+"，输出宽度15，输出小数位数4，使用科学记数法
    println("\"${9876.5432168.format("+15.4E")}\"")

    // 输出为二进制，加"0B"前缀，输出宽度16
    println("\"${456.format("#16B")}\"")
}
```

编译并执行以上代码，输出结果为：

```
"    +9.8765E+03"
"      0B111001000"
```

# 15.5　字符串操作

字符串（String）类型是一种非常常用的数据类型。第 2 章已经介绍了 String 类型的一些基础知识，本节将学习各种字符串操作。

仓颉的 String 类型不是一种内置类型，它是定义在仓颉标准库 core 包中的 struct 类型，因此 String 类型是一种值类型。String 类型实现了接口 Collection、Equatable、Comparable、Hashable 以及 ToString。core 包中的顶层声明在使用时不需要使用 import 导入，可以直接使用。String 类型的主要成员函数如图 15-5 所示。

| 函　数 | 功　能 |
| --- | --- |
| isEmpty | 判断字符串是否为空 |
| contains | 判断字符串中是否包含指定子字符串 |
| count | 统计字符串中指定子字符串出现的次数 |
| startsWith | 判断字符串是否以指定子字符串开头 |
| endsWith | 判断字符串是否以指定子字符串结尾 |
| indexOf | 获取指定子字符串首次出现时首字符的索引 |
| lastIndexOf | 获取指定子字符串最后一次出现时首字符的索引 |
| trimLeft | 去除前缀 |
| trimRight | 去除后缀 |
| trimAscii | 去除字符串前导和后续的whitespace字符 |
| trimAsciiLeft | 去除字符串前导的whitespace字符 |
| trimAsciiRight | 去除字符串后续的whitespace字符 |
| replace | 替换字符串中的部分字符 |
| split | 根据指定分隔符将字符串分割为String类型的数组 |
| toRuneArray | 将字符串中所有的字符转换为一个字符数组 |
| join | 将字符数组连接为字符串 |
| toAsciiLower | 将字符串中所有ASCII大写字母转换为小写字母 |
| toAsciiUpper | 将字符串中所有ASCII小写字母转换为大写字母 |
| toAsciiTitle | 将字符串中标题化 |

图 15-5　String 类型的主要成员函数

### 1.　将字符串转换为字符数组

字符串类型提供了 **toRuneArray 函数**用于将字符串转换为字符数组。该函数的定义如下：

```
// 返回字符串的字符数组，如果原字符串为空字符串，则返回空数组
public func toRuneArray(): Array<Rune>
```

举例如下：

```
main() {
    var str = "ABCDEFG"
    println(str.toRuneArray())  // 输出: [A, B, C, D, E, F, G]

    str = "图解仓颉编程"
    println(str.toRuneArray())  // 输出: [图, 解, 仓, 颉, 编, 程]
}
```

如前所述，String 类型已经实现了 Collection 接口，因此 String 类型也包含成员 **size**、**isEmpty** 和 **toArray**。String 类型的属性 size 的作用是返回字符串对应的 UTF-8 编码的字节长度。在 UTF-8 编码方案中，一个英文字符占用 1 字节，一个中文字符占用 3 字节，其他语言的字

符可能占用2～4字节。举例如下：

```
main() {
    var str = "ABC"
    println(str.size)   // 输出：3

    str = "图解仓颉编程"
    println(str.size)   // 输出：18
}
```

String 类型的 toArray 函数的定义如下：

```
// 将字符串转换为字节数组，Byte 为 UInt8 类型的别名
public func toArray(): Array<Byte>
```

举例如下：

```
main() {
    var str = "A"
    println(str.toArray())   // 输出：[65]

    str = "仓"
    println(str.toArray())   // 输出：[228, 187, 147]
}
```

String 类型的某些成员是以字节为单位来处理字符串的。因此，如需以字符为单位来进行字符串操作，就需要先通过 toRuneArray 函数将字符串转换为字符数组，再进行其他操作。例如，下面的示例代码先将字符串转换为字符数组，然后获取了字符数组的长度，从而获取了字符串的字符个数。

```
main() {
    var str = "ABC"
    println(str.toRuneArray().size)   // 输出：3

    str = "图解仓颉编程"
    println(str.toRuneArray().size)   // 输出：6
}
```

### 2. 统计和查找

#### ■ 判断字符串中是否包含指定子字符串

使用 **contains** 函数可以判断字符串中是否包含指定的子字符串。该函数的定义如下：

```
// 判断原字符串中是否包含字符串 str（当 str 为空字符串时，始终返回 true）
public func contains(str: String): Bool
```

举例如下：

```
main() {
    let str = "ABCABCABC"
    println(str.contains("BC"))   // 输出：true
    println(str.contains("AC"))   // 输出：false
    println(str.contains(""))     // 输出：true
}
```

### ■ 统计字符串中指定子字符串出现的次数

通过 **count 函数**可以统计字符串中指定的子字符串出现的次数。该函数的定义如下：

```
// 返回字符串 str 在原字符串中出现的次数（当 str 为空字符串时，返回原字符串长度加 1）
public func count(str: String): Int64
```

举例如下：

```
main() {
    let str = "ABCABCABC"
    println(str.count("CA"))   // 输出：2
    println(str.count(""))     // 输出：10
}
```

### ■ 判断字符串是否以指定子字符串开头或结尾

**startsWith 函数**用于判断字符串是否以指定的子字符串开头，**endsWith 函数**用于判断字符串是否以指定的子字符串结尾。这两个函数的定义如下：

```
// 判断原字符串是否以 prefix 作为开头（当 prefix 的长度为 0 时，始终返回 true）
public func startsWith(prefix: String): Bool

// 判断原字符串是否以 suffix 作为结尾（当 suffix 的长度为 0 时，始终返回 true）
public func endsWith(suffix: String): Bool
```

举例如下：

```
main() {
    var str = "www.huawei.com"
    println(str.startsWith("www"))   // 输出：true
    println(str.endsWith("com"))     // 输出：true

    str = #"E:\pictures\flowers.jpg"#
    println(str.startsWith("C:"))    // 输出：false
    println(str.endsWith("jpg"))     // 输出：true
}
```

### ■ 获得指定子字符串的起始字节索引

字符串类型提供了 **indexOf 函数**用于获取指定的子字符串第一次出现时首字节的索引。indexOf 函数的定义如下：

```
public func indexOf(str: String): Option<Int64>

public func indexOf(str: String, fromIndex: Int64): Option<Int64>
```

其中，参数 str 表示指定的子字符串，参数 fromIndex 表示开始搜索的字节的索引，默认从索引 0 处开始搜索。当 fromIndex 小于 0 时从索引 0 处开始搜索，当 fromIndex 大于等于原字符串长度时返回 Option<Int64>.None。如果指定的子字符串 str 在索引 fromIndex 及其之后没有出现，则返回 Option<Int64>.None。

indexOf 函数的工作原理示意图如图 15-6 所示。

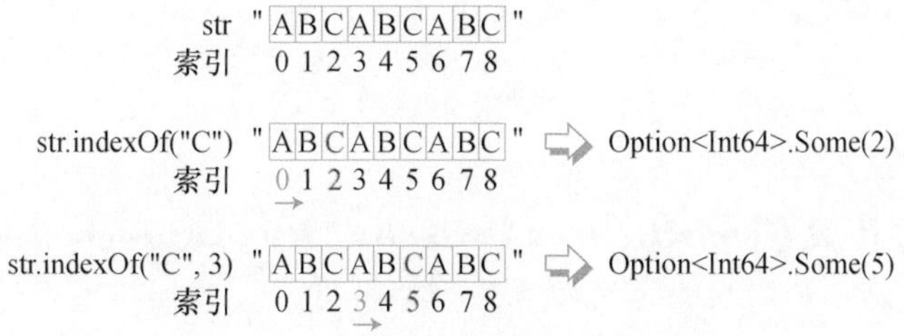

图 15-6　indexOf 函数的工作原理示意图

**函数 lastIndexOf** 和 indexOf 的用法是类似的，不同的是 lastIndexOf 返回的是指定的子字符串最后一次出现时首字节的索引。该函数的定义如下：

```
public func lastIndexOf(str: String): Option<Int64>

public func lastIndexOf(str: String, fromIndex: Int64): Option<Int64>
```

函数 indexOf 和 lastIndexOf 的用法举例如下：

```
main() {
    let str = "ABCABCABC"

    // indexOf
    println(str.indexOf("C"))      // 输出：Some(2)
    println(str.indexOf("C", 3))   // 输出：Some(5)
    println(str.indexOf("C", -3))  // 输出：Some(2)
    println(str.indexOf("C", 10))  // 输出：None
    println(str.indexOf("CA"))     // 输出：Some(2)
    println(str.indexOf("CA", 5))  // 输出：Some(5)

    // lastIndexOf
    println(str.lastIndexOf("A"))      // 输出：Some(6)
    println(str.lastIndexOf("CA"))     // 输出：Some(5)
    println(str.lastIndexOf("CA", 7))  // 输出：None
}
```

### 3. 去除前缀和后缀

使用**函数 trimLeft 和 trimRight** 可以去除字符串的前缀和后缀。这两个函数的定义如下：

```
// 若原字符串的前缀是prefix，则返回去除前缀prefix的字符串，否则返回原字符串的副本
public func trimLeft(prefix: String): String

// 若原字符串的后缀是suffix，则返回去除后缀suffix的字符串，否则返回原字符串的副本
public func trimRight(suffix: String): String
```

注意，**所有对字符串进行修改操作的函数得到的都是新字符串**，并不是对原字符串进行原地修改。举例如下：

```
main() {
    let str = "ABCDEFG"
    println(str.trimLeft("ABC"))   // 输出：DEFG
    println(str.trimLeft("abc"))   // 输出：ABCDEFG
```

```
    println(str.trimRight("FG"))   // 输出: ABCDE
    println(str.trimRight("H"))    // 输出: ABCDEFG
    println(str)   // 输出: ABCDEFG, 原字符串没有发生改变
}
```

另外，可以使用**函数 trimAscii、trimAsciiLeft 和 trimAsciiRight** 去除字符串前导或后续的 whitespace 字符。这 3 个函数的定义如下：

```
// 去除原字符串开头和结尾以 whitespace 字符组成的子字符串
public func trimAscii(): String

// 去除原字符串开头以 whitespace 字符组成的子字符串
public func trimAsciiLeft(): String

// 去除原字符串结尾以 whitespace 字符组成的子字符串
public func trimAsciiRight(): String
```

空格、制表符和换行符都属于 whitespace 字符。举例如下：

```
main() {
    let str = " \t a b c d  "
    println("\"${str.trimAsciiLeft()}\"")    // 输出: "a b c d  "
    println("\"${str.trimAsciiRight()}\"")   // 输出: "        a b c d"
    println("\"${str.trimAscii()}\"")        // 输出: "a b c d"
}
```

注意，以上 3 个函数只能去除字符串前导或后续的 whitespace 字符，并不会去除字符串中间的 whitespace 字符。

### 4. 替换子字符串

使用 **replace 函数**可以替换字符串中的子字符串。该函数的定义如下：

```
// 使用新字符串 new 替换原字符串中旧字符串 old, 返回替换后的新字符串
public func replace(old: String, new: String): String
```

举例如下：

```
main() {
    var str = "江苏省 南京市 秦淮区"
    println(str.replace(" ", "-"))

    str = "GNSS可以提供精确的定位服务"
    println(str.replace("GNSS", "全球导航卫星系统"))
}
```

编译并执行以上代码，输出结果为：

```
江苏省-南京市-秦淮区
全球导航卫星系统可以提供精确的定位服务
```

### 5. 分割和连接

使用 **split 函数**可以根据指定的分割符将字符串分割为字符串数组，并且返回分割后的字符串数组。该函数的定义如下：

```
public func split(str: String, removeEmpty!: Bool = false): Array<String>

public func split(str: String, maxSplits: Int64, removeEmpty!: Bool = false):
Array<String>
```

其中，参数 str 表示分割符。当 str 未出现在原字符串中时，返回长度为 1 的字符串数组，唯一的元素为原字符串。参数 removeEmpty 表示是否移除分割结果中的空字符串，默认值为 false。

参数 maxSplits 表示分割后所有子字符串的最大个数。当 maxSplits 为 0 时，返回空的字符串数组；当 maxSplits 为 1 时，返回长度为 1 的字符串数组，唯一的元素为原字符串；当 maxSplits 为负数或者大于完整分割出来的子字符串数量时，返回完整分割后的字符串数组。

split 函数的工作原理如图 15-7 所示。

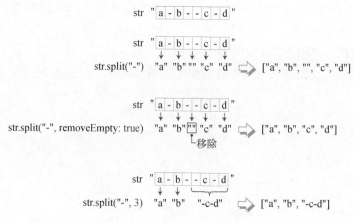

图 15-7　split 函数的工作原理

举例如下：

```
main() {
    let str = "a-b--c-d"
    println(str.split("-"))  // 输出：[a, b, , c, d]
    println(str.split("-", removeEmpty: true))      // 输出：[a, b, c, d]
    println(str.split("-", 3))   // 输出：[a, b, -c-d]
    println(str.split("-", 3, removeEmpty: true))  // 输出：[a, b, c-d]
    println(str.split("-", 0))   // 输出：[]
    println(str.split("-", -1))  // 输出：[a, b, , c, d]
}
```

使用 String 类型的**静态成员函数 join** 可以将字符串数组连接成字符串。该函数的定义如下：

```
/*
 * 连接字符串数组中的所有字符串，返回连接后的新字符串
 * 参数 strArray 表示需要被连接的字符串数组，当数组为空时，返回空字符串
 * 参数 delimiter 表示用于连接的连接符，缺省为空字符串
 */
public static func join(strArray: Array<String>, delimiter!: String = String.empty):
String
```

join 函数的工作过程可以参照图 15-8 来理解。

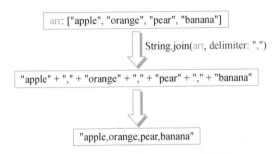

图 15-8　join 函数的工作过程示意图

将函数 split 和 join 结合使用，可以快速对字符串进行一些去重或修改的操作。在以下的示例代码中，字符串 str 中包含一些连续的空格。我们首先使用 " "（空格）作为分隔符将字符串分割为字符串数组，并将数组中的空字符串移除，然后调用 String 类的静态成员函数 join 将得到的字符串数组以指定的连接符 "," 连接成字符串。

```
main() {
    var str = "apple  orange    pear  banana"
    println(str)  // 输出: apple  orange    pear  banana

    let arr = str.split(" ", removeEmpty: true)
    println(arr)  // 输出: [apple, orange, pear, banana]

    str = String.join(arr, delimiter: ",")
    println(str)  // 输出: apple,orange,pear,banana
}
```

### 6. 大小写转换

字符串提供了函数 **toAsciiLower**、**toAsciiUpper** 和 **toAsciiTitle** 用于对字符串中的 ASCII 字符进行大小写转换。这 3 个函数的定义如下：

```
// 将字符串中所有ASCII大写字母转换为小写字母
public func toAsciiLower(): String

// 将字符串中所有ASCII小写字母转换为大写字母
public func toAsciiUpper(): String

/*
 * 将字符串标题化，只转换ASCII字符
 * 当某个英文字符是字符串的首字符，或该字符的前一个字符不是英文字符时，将该英文字符转换为大写字母
 * 其他字符不变
 */
public func toAsciiTitle(): String
```

举例如下：

```
main() {
    let str1 = "123abcABC测试字符串"
```

```
    println(str1.toAsciiLower())   // 输出: 123abcabc测试字符串
    println(str1.toAsciiUpper())   // 输出: 123ABCABC测试字符串

    let str2 = "john doe"
    println(str2.toAsciiTitle())   // 输出: John Doe
}
```

### 7. 类型转换

有时需要将其他类型的数据转换为字符串类型。对于数值类型、字符类型、布尔类型、Array 类型和 ArrayList 类型等，可以直接调用 **toString 函数**来实现转换，因为这些类型都实现了 ToString 接口。

如果需要将字符串转换为其他类型的实例，则可以借助标准库 convert 包中提供的 Parsable 接口。该接口中定义了两个**静态成员函数 parse 和 tryParse**，如下所示：

```
public interface Parsable<T> {
    static func parse(value: String): T
    static func tryParse(value: String): Option<T>
}
```

对于指定的字符串 value 和指定的类型 T，如果确定 value 一定能转换为 T 的实例，那么可以调用 parse 函数，该函数的返回值类型为 T；如果不确定是否能够转换成功，那么可以调用 tryParse 函数，该函数的返回值类型为 Option<T>。

在 convert 包中，不仅定义了 Parsable 接口，还定义了一些常见类型的接口扩展，使得这些类型实现了 Parsable 接口。这些类型包括 Bool、Rune、Int8、Int16、Int32、Int64、UInt8、UInt16、UInt32、UInt64、Float16、Float32 和 Float64 类型。

例如，布尔类型的接口扩展定义如下：

```
extend Bool <: Parsable<Bool> {
    public static func parse(data: String): Bool
    public static func tryParse(data: String): Option<Bool>
}
```

根据接口扩展的导出和导入规则，只要导入 convert 包中的 Parsable 接口，就会自动导入 convert 包中上述类型的接口扩展。举例如下：

```
from std import convert.Parsable   // 导入标准库 convert 包中的 Parsable 接口

main() {
    println(Bool.parse("true"))      // 输出: true
    println(Bool.tryParse("true"))   // 输出: Some(true)

    println(Int64.parse("18"))       // 输出: 18
    println(Int64.tryParse("18"))    // 输出: Some(18)
}
```

### 8. StringBuilder

标准库中的 core 包提供了 **StringBuilder 类**，该类专门用于字符串的拼接和构建，并且在效率上要高于 String，因此推荐使用 StringBuilder 类进行字符串的拼接和构建。StringBuilder
类提供了多个重载的 **append 函数**，可以方便高效地将多个不同数据类型的值所对应的字符串
进行拼接。StringBuilder 类实现了 ToString 接口，可以调用 **toString 函数**将 StringBuilder 实例
转换为 String 类型。

举例如下：

```
main() {
    let strBuilder = StringBuilder("")
    strBuilder.append('H')
    strBuilder.append("ello")
    strBuilder.append(18)
    strBuilder.append(true)
    strBuilder.append(1.23)
    println(strBuilder)  // 输出：Hello18true1.230000
}
```

接下来看一个字符串操作的应用示例：生成一个 9 位的随机整数，然后找出由这个随机整
数的 9 个数位上的数字组成的最大的九位数和最小的九位数。例如，对于随机数 702003658，
由该数的 9 个数位上的数字组成的最大的数为 876532000，最小的数为 200035678。这个例子
的解决方案很简单，其流程图如图 15-9 所示，具体实现如代码清单 15-2 所示。

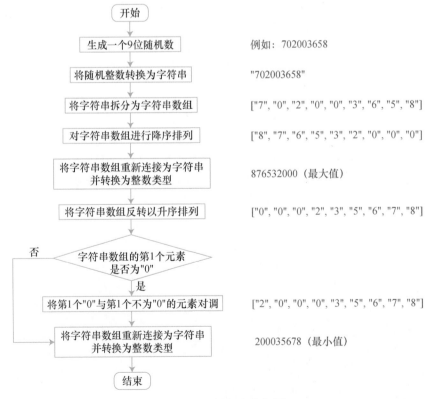

图 15-9　示例程序流程图

代码清单 15-2　string_demo.cj

```
01  from std import random.Random
02  from std import sort.SortExtension
03  from std import convert.Parsable
04
05  // 将传入的整数转换为字符串，再拆分为字符串数组，进行降序排列，返回字符串数组
06  func intToDescendingDigits(num: Int64) {
07      let arr = num.toString().split("")
08      arr.sortDescending()    // 对字符串数组降序排序
09      return arr
10  }
11
12  // 将传入的字符串数组反转，并处理第1个字符，返回处理过的字符串数组
13  func reverseAndExchange(arr: Array<String>) {
14      arr.reverse()    // 将字符串数组反转，使其按升序排列
15      // 将第1个不为0的元素与第1个0对调，如果第1个元素不为0，不做任何操作
16      if (arr[0] == "0") {
17          for (i in 1..arr.size) {
18              if (arr[i] != "0") {
19                  arr[0] = arr[i]
20                  arr[i] = "0"
21                  break
22              }
23          }
24      }
25      return arr
26  }
27
28  main() {
29      let rnd = Random(6)
30      let rndNum = rnd.nextInt64(900000000) + 100000000   // 生成一个随机的九位数
31      println("原始的九位数: ${rndNum}")
32
33      var arr = intToDescendingDigits(rndNum)
34
35      // 由9位数字组成的最大的九位数
36      let max = Int64.parse(String.join(arr))
37      println("最大的数: ${max}")
38
39      arr = reverseAndExchange(arr)
40
41      // 由9位数字组成的最小的九位数
42      let min = Int64.parse(String.join(arr))
43      println("最小的数: ${min}")
44  }
```

编译并执行以上程序，输出结果可能为：

原始的九位数: 120517074
最大的数: 775421100
最小的数: 100124577

在这个程序中，我们使用了 split 函数对字符串进行了拆分，并且使用空字符串作为分隔符（第 7 行）。之所以没有使用函数 toRuneArray，是因为函数 toRuneArray 得到的结果类型为 Array<Rune>，而之后需要使用 join 函数将数组连接为字符串，但 join 函数要求的参数类型为 Array<String>。

在对数组进行降序排列时，使用了数组的函数 sortDescending（第 8 行）。在标准库的 sort 包中提供了一个 SortExtension 接口，并且对 Array<T> 进行了接口扩展，以实现对数组的排序，相关代码如下：

```
extend Array<T> <: SortExtension where T <: Comparable<T> {
    // 以升序的方式排序Array，参数stable表示是否使用稳定排序
    public func sort(stable!: Bool = false): Unit

    // 以降序的方式排序Array，参数stable表示是否使用稳定排序
    public func sortDescending(stable!: Bool = false): Unit
}
```

另外，在对数组进行反转时，调用了数组的函数 reverse（第 14 行）。ArrayList 类型也有成员函数 reverse。

## 15.6  小结

本章主要介绍了标准库中一些包的应用，主要目的是希望通过几个常用包帮助大家学会如何使用模块中的包。对于本章中没有介绍的包，大家可以通过阅读仓颉的文档来自行学习。本章的主要内容如图 15-10 所示。

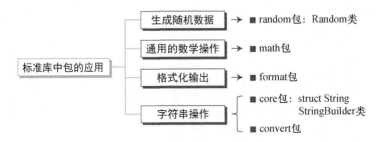

图 15-10  标准库中包的应用小结